Markus Becker

Modellierung anisothermer Argonplasmen

Markus Becker

Modellierung anisothermer Argonplasmen

Hydrodynamische Modelle, numerische Verfahren und Anwendungen

Südwestdeutscher Verlag für Hochschulschriften

Impressum/Imprint (nur für Deutschland/only for Germany)
Bibliografische Information der Deutschen Nationalbibliothek: Die Deutsche Nationalbibliothek verzeichnet diese Publikation in der Deutschen Nationalbibliografie; detaillierte bibliografische Daten sind im Internet über http://dnb.d-nb.de abrufbar.
Alle in diesem Buch genannten Marken und Produktnamen unterliegen warenzeichen-, marken- oder patentrechtlichem Schutz bzw. sind Warenzeichen oder eingetragene Warenzeichen der jeweiligen Inhaber. Die Wiedergabe von Marken, Produktnamen, Gebrauchsnamen, Handelsnamen, Warenbezeichnungen u.s.w. in diesem Werk berechtigt auch ohne besondere Kennzeichnung nicht zu der Annahme, dass solche Namen im Sinne der Warenzeichen- und Markenschutzgesetzgebung als frei zu betrachten wären und daher von jedermann benutzt werden dürften.

Coverbild: www.ingimage.com

Verlag: Südwestdeutscher Verlag für Hochschulschriften GmbH & Co. KG
Heinrich-Böcking-Str. 6-8, 66121 Saarbrücken, Deutschland
Telefon +49 681 37 20 271-1, Telefax +49 681 37 20 271-0
Email: info@svh-verlag.de

Zugl.: Greifswald, Universität, Dissertation, 2012

Herstellung in Deutschland (siehe letzte Seite)
ISBN: 978-3-8381-3355-3

Imprint (only for USA, GB)
Bibliographic information published by the Deutsche Nationalbibliothek: The Deutsche Nationalbibliothek lists this publication in the Deutsche Nationalbibliografie; detailed bibliographic data are available in the Internet at http://dnb.d-nb.de.
Any brand names and product names mentioned in this book are subject to trademark, brand or patent protection and are trademarks or registered trademarks of their respective holders. The use of brand names, product names, common names, trade names, product descriptions etc. even without a particular marking in this works is in no way to be construed to mean that such names may be regarded as unrestricted in respect of trademark and brand protection legislation and could thus be used by anyone.

Cover image: www.ingimage.com

Publisher: Südwestdeutscher Verlag für Hochschulschriften GmbH & Co. KG
Heinrich-Böcking-Str. 6-8, 66121 Saarbrücken, Germany
Phone +49 681 37 20 271-1, Fax +49 681 37 20 271-0
Email: info@svh-verlag.de

Printed in the U.S.A.
Printed in the U.K. by (see last page)
ISBN: 978-3-8381-3355-3

Copyright © 2012 by the author and Südwestdeutscher Verlag für Hochschulschriften GmbH & Co. KG and licensors
All rights reserved. Saarbrücken 2012

"Essentially, all models are wrong, but some are useful"
George E. P. Box

Inhaltsverzeichnis

1 Einleitung — 7

2 Herleitung der Modellgleichungen — 14
- 2.1 Hydrodynamische Bilanzgleichungen 16
  - 2.1.1 Bilanzgleichungen für die Elektronen 17
  - 2.1.2 Bilanzgleichungen für Ionen und angeregte Teilchen 21
- 2.2 Bestimmung des elektrischen Potenzials 22
- 2.3 Fluid-Poisson-Modelle im räumlich eindimensionalen Fall 23
  - 2.3.1 Hydrodynamisches Mehr-Momenten-Modell 25
  - 2.3.2 Vier-Momenten-Modell zur Beschreibung der Elektronen ... 28
  - 2.3.3 Drift-Diffusionsmodell 30

3 Klassifizierung der Modellgleichungen — 37
- 3.1 Klassifizierung von Systemen partieller Differenzialgleichungen 37
- 3.2 Analyse des Mehr-Momenten-Modells 39
  - 3.2.1 Bilanzgleichungen für die Elektronen 39
  - 3.2.2 Bilanzgleichungen für die Schwerteilchen 41
- 3.3 Analyse des Vier-Momenten-Modells 42
- 3.4 Analyse des Drift-Diffusionsmodells 44
- 3.5 Poisson-Gleichung 44

4 Anfangswerte und Randbedingungen — 46
- 4.1 Charakteristische Wellen hyperbolischer Differenzialgleichungssysteme 47
- 4.2 Randbedingungen für die Elektronen 49
- 4.3 Randbedingungen für die Schwerteilchen 53
- 4.4 Randbedingungen für das elektrische Potenzial 56
- 4.5 Numerische Randbedingungen 58

5 Numerische Lösungsverfahren — 60
- 5.1 Zeitschrittverfahren 61
  - 5.1.1 Explizite und implizite Zeitschrittverfahren 61
  - 5.1.2 Schrittweitensteuerung bei expliziten Verfahren 63
  - 5.1.3 Schrittweitensteuerung bei impliziten Verfahren 64

Inhaltsverzeichnis

    5.2   Ortsdiskretisierungsverfahren 69
            5.2.1   Finite-Differenzen-Verfahren 70
            5.2.2   FCT-Verfahren auf der Basis finiter Differenzen 72
            5.2.3   Finite-Elemente-Verfahren 81
            5.2.4   FCT-Verfahren auf der Basis finiter Elemente 83
    5.3   Diskretisierung der Modellgleichungen 87
            5.3.1   Diskretisierung der Mehr-Momenten-Modelle 88
            5.3.2   Diskretisierung des Drift-Diffusionsmodells 90
            5.3.3   Semi-implizite Kopplung der Poisson-Gleichung 91
    5.4   Programmtechnische Umsetzung 92

6 Ergebnisse der Modellierung anisothermer Argonplasmen   95
    6.1   Anwendbarkeit von FCT-Verfahren 95
    6.2   Vergleich und Diskussion der Fluid-Modelle 101
            6.2.1   Beschreibung der Elektronen 101
            6.2.2   Einfluss der Energietransportkoeffizienten 107
            6.2.3   Einfluss der Drift-Diffusionsnäherung 117
    6.3   Modellierung einer kapazitiv gekoppelten RF-Entladung 122
    6.4   Analyse einer gepulsten Atmosphärendruckentladung 130
            6.4.1   Strom-Spannungscharakteristik 134
            6.4.2   Raumzeitliches Entladungsverhalten 134
            6.4.3   Quasistationärer Zustand 137
            6.4.4   Energiehaushalt der Elektronen 143
    6.5   Mikroentladungen in dielektrisch behinderten Entladungen 145
            6.5.1   Experimenteller Hintergrund und erste Ergebnisse 145
            6.5.2   Theoretisches Modell der Entladungssituation 148
            6.5.3   Strom-Spannungscharakteristik 149
            6.5.4   Analyse der Mikroentladungen 153

7 Schlussbetrachtung und Ausblick   166

Literaturverzeichnis   173

A Reaktionskinetisches Modell für Argon   199

B Anhang zu Kapitel 2   208
    B.1   Herleitung der allgemeinen Momentengleichung 208
    B.2   Herleitung der Impulsbilanzgleichung für die Elektronen 209
    B.3   Herleitung der Energiebilanzgleichung für die Elektronen 210

B.4 Entwicklungsansatz zur Herleitung von Bilanzgleichungen 211
B.5 Transport- und Ratenkoeffizienten 214
    B.5.1 Transportkoeffizienten der Elektronen und Ratenkoeffizienten der Elektron-Neutralteilchenstöße 214
    B.5.2 Transportkoeffizienten der Schwerteilchen 219

C Anhang zu Kapitel 4   220

D Anhang zu Kapitel 5   222
D.1 Herleitung von EFCT 222
D.2 Monotone Matrizen 224
D.3 Modifizierter Thomas-Algorithmus 224

E Anhang zu Kapitel 6   227

Literaturverzeichnis des Anhangs   229

Dank   233

Inhaltsverzeichnis

1 Einleitung

Plasma – ein (teilweise) ionisiertes Gas – ist sowohl in der Natur als auch in vielen technischen Geräten anzutreffen. Typische Beispiele für das natürliche Vorkommen von Plasmen sind Polarlichter und die Sonne. Grundsätzlich muss zwischen Niedertemperaturplasmen ($\approx$ 300–1000 K) und Hochtemperaturplasmen ($\approx 10^8$ K) unterschieden werden. Erstere stehen im Fokus dieser Arbeit und finden vorwiegend in technischen Geräten Anwendung [1–5]. Ein wichtiges Einsatzgebiet von Hochtemperaturplasmen ist die Energieerzeugung in Fusionsreaktoren.

Die hier betrachteten anisothermen Niedertemperaturplasmen sind dadurch charakterisiert, dass die mittlere Energie der Elektronen signifikant größer ist als die Temperatur der Schwerteilchen. Die mittlere Energie der Elektronen liegt in der Größenordnung 1–10 eV ($\approx 5 \times 10^3$–10^5 K), während die Schwerteilchentemperatur typischerweise etwa 300 K beträgt. Anisotherme Plasmen dieser Art werden insbesondere dann eingesetzt, wenn hohe Gastemperaturen vermieden werden müssen, wie z. B. bei der Lichttechnik oder der Funktionalisierung von Oberflächen.

Ziel der Modellierung von Entladungsplasmen ist es, das raumzeitliche Verhalten von Gasentladungen theoretisch zu beschreiben, um ergänzend zu experimentellen Versuchen physikalische Prozesse detailliert studieren zu können. In den letzten Jahrzehnten wurde die Plasmamodellierung insbesondere auch unterstützend bei der Entwicklung und Optimierung technischer Produkte eingesetzt. Mit Hilfe eines validierten Modells können umfangreiche Parameterstudien durchgeführt werden, die zur Senkung von Entwicklungs- und Produktionskosten sowie zur Qualitätsverbesserung beitragen können. Modelle zur theoretischen Beschreibung von Plasmen können kategorisiert werden in [6–10]

- *hydrodynamische Modelle*[1], bei denen jede berücksichtigte Spezies, wie Elektronen, Ionen und Neutralteilchen, als Flüssigkeit beschrieben wird,

- *kinetische Modelle*, bei denen durch das Lösen kinetischer Gleichungen die Verteilungsfunktionen aller relevanten Spezies bestimmt werden bzw. die Bewegung einzelner Teilchen oder Teilchengruppen mittels Teilchenmethoden simuliert wird und

---

[1]Hydrodynamische Modelle werden auch als Fluid-Modelle bezeichnet.

1 Einleitung

- sogenannte *Hybrid-Modelle*, bei denen diese beiden Ansätze kombiniert werden.

Der Vorteil hydrodynamischer Modelle gegenüber kinetischen Modellen ist, dass diese bei der Computersimulation vergleichsweise kurze Rechenzeiten erfordern. Jedoch müssen bei der Modellbildung gewisse Annahmen getroffen werden, da die Betrachtung der Momente einer kinetischen Gleichung ein unendliches System hydrodynamischer Gleichungen liefert, welches auf eine endliche Zahl von Gleichungen reduziert werden muss. Unter der Annahme, dass die Schwerteilchentemperatur bekannt ist, müssen zur Beschreibung der Schwerteilchen nur die ersten zwei Momente (Teilchen- und Impulsbilanz) betrachtet werden. Die Elektronen bestimmen wesentlich den nichtlokalen[2] Energietransport [11], so dass eine weitere Momentengleichung (Energiebilanz) berücksichtigt werden sollte. Im Gegensatz dazu ist bei kinetischen Modellen keine A-priori-Näherung erforderlich. Hybrid-Modelle versuchen die Vorteile beider Ansätze zu nutzen, indem z. B. Schwerteilchen und langsame Elektronen mittels Fluid-Modellen und die schnellen Elektronen, deren totale Energie[3] größer als die Energieschwelle für unelastische Stöße ist, mit Hilfe eines kinetischen Modells beschrieben werden [12–18]. In anderen Hybrid-Modellen werden die Transportkoeffizienten der Elektronen und die Ratenkoeffizienten der Elektronenstoßprozesse kinetisch bestimmt und zur Beschreibung der Schwerteilchen Fluid-Modelle eingesetzt [7]. Kinetische oder Hybrid-Modelle sollten insbesondere dann eingesetzt werden, wenn die Geschwindigkeitsverteilungsfunktion der Elektronen stark von einer Gleichgewichtsverteilung abweicht und nichtlokale Effekte eine wesentliche Rolle spielen. Hydrodynamische Modelle eignen sich insbesondere zur Modellierung von Plasmen bei moderaten und hohen Drücken, wenn die charakteristische Dimension des Systems größer ist als die Energierelaxationslänge der Elektronen [19].

In dieser Arbeit werden hydrodynamische Modelle zur theoretischen Beschreibung anisothermer Entladungsplasmen untersucht und angewendet. Einleitend werden hierzu im Folgenden unter anderem einige wichtige Bemerkungen bezüglich der Formulierung adäquater Modellgleichungen zusammengefasst. Zudem wird der aktuelle Stand der Forschung skizziert und es werden die Zielsetzung und die Strukturierung der Arbeit motiviert.

Der grundlegende Ansatz hydrodynamischer Modelle besteht darin, geladene Teilchen und Neutralteilchen als Flüssigkeiten zu beschreiben, die in einem neutralen

---

[2]Der Ausdruck *nichtlokal* meint in diesem Zusammenhang, dass die Energieverteilungsfunktion der Elektronen in einem Ortspunkt nicht nur von den lokalen Energiegewinn- und Energieverlustprozessen, sondern auch maßgeblich durch Energietransportprozesse beeinflusst wird.
[3]Die Summe der kinetischen Energie und der Potenzialenergie wird als totale Energie bezeichnet.

Hintergrundgas transportiert werden. Zur Beschreibung des raumzeitlichen Verhaltens eines Plasmas werden für alle relevanten Spezies hydrodynamische Transportgleichungen gelöst. Für die Herleitung der Transportgleichungen werden die ersten Geschwindigkeitsmomente einer kinetischen Gleichung – hier der Boltzmann-Gleichung[4] – bestimmt, indem die kinetische Gleichung mit Potenzen der Geschwindigkeit multipliziert und über den Geschwindigkeitsraum integriert wird. Obgleich der analogen Beschreibung von Plasmen und Flüssigkeiten gibt es zwei wesentliche Unterschiede, die bei der Modellierung berücksichtigt werden müssen. Zum einen ist Plasma ein reaktives Medium, in dem Teilchen aufgrund von Stoß-, Strahlungs- und Wandwechselwirkungsprozessen erzeugt und vernichtet werden. Zum anderen bildet sich aufgrund unterschiedlicher Transporteigenschaften der geladenen Teilchen beim Zünden einer Entladung ein Raumladungsfeld aus. Dieses hat einen wesentlichen Einfluss auf die raumzeitliche Variation der Lösungsgrößen. Um das Raumladungsfeld in Abhängigkeit von der Raumladungsdichte selbstkonsistent zu bestimmen, wird meist die Poisson-Gleichung für das elektrische Potenzial gelöst. Derartige Modelle, bei denen die Poisson-Gleichung gekoppelt mit den Fluid-Gleichungen gelöst wird, werden im Folgenden als Fluid-Poisson-Modelle bezeichnet.

Eine hydrodynamische Beschreibung von Entladungsplasmen ist gerechtfertigt, wenn die sogenannte Knudsen-Zahl[5] $Kn = l_e/L$ deutlich kleiner als Eins ist [20]. Die Knudsen-Zahl beschreibt das Verhältnis der mittleren freien Weglänge der Elektronen l_e zu der charakteristischen Dimension L des Reaktors. Ist die Bedingung $l_e \ll L$ verletzt, sollten die Resultate von Fluid-Modellen besonders kritisch betrachtet werden. Eine Übersicht über die Grenzen und typische Einsatzbereiche von Fluid-, Hybrid- und kinetischen Modellen in Abhängigkeit von der Reaktorgröße und dem Gasdruck ist in Abbildung 1.1 dargestellt.

Abhängig von der Frequenz, mit der sich das elektrische Feld ändert, können hydrodynamische Zwei- bzw. Drei-Momenten-Modelle weiter vereinfacht werden. Ist die Impulsübertragungsfrequenz einer Spezies wesentlich größer als die Feldänderungsfrequenz, kann die zugehörige Teilchenstromdichte quasistationär beschrieben werden [21]. Dieser Ansatz wird als Drift-Diffusionsnäherung bezeichnet [22]. Häufig wird sowohl zur Beschreibung der Schwerteilchen als auch der Elektronen die Drift-Diffusionsnäherung verwendet [22-43]. Weiterhin finden insbesondere zur Modellierung von RF-Entladungen Modelle Anwendung, in denen die zeitliche Änderung der Schwerteilchenstromdichte berücksichtigt wird, die Elektronen aber mittels der Drift-Diffusionsnäherung beschrieben werden [44-48]. Die Teilchenstromdichte der Elektronen wird im Allgemeinen nur zur Modellierung von RF-Entladungen bei

---

[4]Die Boltzmann-Gleichung ist benannt nach Ludwig E. Boltzmann (1844-1906).
[5]Die Knudsen-Zahl ist benannt nach Martin H. Chr. Knudsen (1871-1949).

1 Einleitung

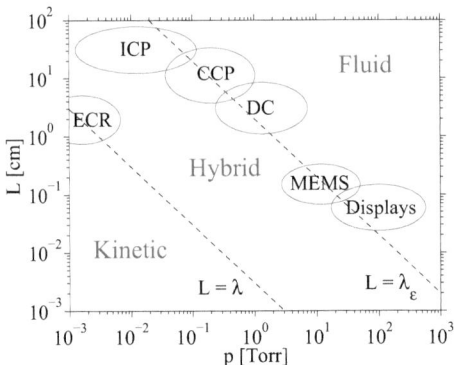

Abbildung 1.1: Übersicht über Grenzen und Einsatzbereiche von Fluid-, Hybrid- und kinetischen Modellen in Anlehnung an Kolobov [19]. Es ist L: charakteristische Dimension des Reaktors, λ: mittlere freie Weglänge, λ_ε: Energierelaxationslänge, ICP: Inductively Coupled Plasma, CCP: Capacitively Coupled Plasma, DC: Direct Current, ECR: Electron Cyclotron Resonance, MEMS: Microelectromechanical Systems.

kleinem Gasdruck ($p \approx 1\,\text{Pa}$) zeitabhängig beschrieben [49–54].

Da die Elektronen wesentlich das Entladungsverhalten bestimmen, müssen die Transportkoeffizienten der Elektronen und die Ratenkoeffizienten der Elektronenstoßprozesse möglichst exakt bestimmt werden. Hierzu wird üblicherweise die stationäre Boltzmann-Gleichung für vorgegebene räumlich homogene elektrische Felder gelöst und die resultierenden Koeffizienten als Funktion der mittleren Elektronenenergie tabellarisch bereitgestellt [55]. Dieser Ansatz wird als lokale mittlere Energienäherung (LMEA) bezeichnet und in vielen Fluid-Modellen verwendet [11, 20, 27, 33, 35, 37, 43, 49, 51, 56–67]. Gelegentlich kommen erweiterte Ansätze zum Einsatz, in denen zusätzlich z. B. die Abhängigkeit der Koeffizienten von der Dichte metastabiler Atome [37] oder der Gastemperatur und dem Ionisationsgrad [67] berücksichtigt wird.

Vor Einführung der LMEA wurden die Koeffizienten in der Regel als Funktion der reduzierten elektrischen Feldstärke tabellarisiert [25, 26, 68, 69]. Dieser Ansatz wird als lokale Feldnäherung (LFA) bezeichnet und beinhaltet die Annahme, dass zu jedem Zeitpunkt der Entladung der Energiegewinn der Elektronen aus dem elektrischen Feld exakt kompensiert wird durch den Energieverlust in Stoßprozessen [11]. Weitere Ansätze, wie die Bestimmung von Transportkoeffizienten in Abhängigkeit von der Driftgeschwindigkeit und Leistungsaufnahme, werden unter anderem in [70] diskutiert. Heute wird die LFA insbesondere noch bei der Modellierung von Streamerentladungen eingesetzt [39, 71–74]. Die Gültigkeit der LFA ist dann gewährleistet, wenn die Stoßfrequenz der Elektronen groß genug ist, um die Annahme eines lokalen Gleichgewichts der Elektronen mit dem elektrischen Feld zu rechtfertigen und die Relaxationslänge der Elektronen groß gegenüber der räumlichen Änderungsrate des elektrischen Feldes ist [75, 76]. Diese Voraussetzung ist jedoch in der Regel zumindest im Kathodengebiet nicht erfüllt und die mittels der LFA bestimmten Transportkoeffizienten zeigen dort ein unphysikalisches Verhalten [18, 66, 76]. Ein detaillierter Vergleich der lokalen Feldnäherung mit der lokalen mittleren Energienäherung für Argon- und Sauerstoffplasmen bei Gasdrücken von 50–2500 Pa hat gezeigt, dass die LMEA sowohl zur Beschreibung von Gleichspannungsentladungen als auch von RF-Entladungen besser geeignet ist [**66**].

Ein aktueller Gegenstand der Plasmaforschung sind Atmosphärendruckplasmen [77, 78]. Diese finden zunehmend in vielen technischen Anwendungen Verwendung, wie z. B. bei der Behandlung von Oberflächen [79–83], in der Lichttechnik [1, 64], bei der Ozonerzeugung [84, 85] und in der Plasmamedizin [47, 86–89]. Da die Feldänderungsfrequenz in den meisten Atmosphärendruckplasmaquellen wesentlich kleiner als die Impulsübertragungsfrequenzen der geladenen und neutralen Teilchen im Plasma ist, werden bei der anwendungsbezogenen Modellierung in der Regel Drift-Diffusionsmodelle basierend auf der LMEA eingesetzt [38, 85, 90–93]. Seltener findet die LFA zur Bestimmung der Transport- und Ratenkoeffizienten Anwendung [73, 94–96]. Gelegentlich werden kinetische Modelle zur Beschreibung von Atmosphärendruckplasmen verwendet [97–99].

Werden im Drift-Diffusionsansatz die konsistent aus der Lösung der stationären Boltzmann-Gleichung im Rahmen der LMEA als Funktion der mittleren Energie bereitgestellten Transportkoeffizienten für die Teilchendichte und die Energiedichte der Elektronen verwendet [**66**],[55], kann in vielen Fällen das raumzeitliche Verhalten des Entladungsprozesses numerisch nicht beschrieben werden. Es treten unphysikalische Lösungssituationen auf, die zu einem Abbruch der Modellrechnungen führen. Dies scheint der Grund dafür zu sein, dass insbesondere bei der Modellierung komplexer Entladungsverhalten im Allgemeinen die Energietransportkoeffizienten der Elektronen unter vereinfachenden Annahmen bestimmt werden [28, 100, 101]. Es ist anzumerken, dass dem Autor keine detaillierte Diskussion des Einflusses dieser vereinfachenden Annahmen bekannt ist. Im Rahmen dieser Arbeit werden am Beispiel ausgewählter Entladungssituationen Vergleiche durchgeführt und mögliche Ursachen der Probleme aufgezeigt. Des Weiteren wird für den hier betrachteten Fall räumlich eindimensionaler Entladungsmodelle ein neuartiger Modellansatz vorgeschlagen, bei dem die genannten Probleme nicht auftreten.

Aufgrund der Komplexität von Fluid-Modellen müssen im Allgemeinen nume-

1 Einleitung

rische Methoden verwendet werden, um diese zu lösen. Nur für stark vereinfachte Modelle, in denen Nichtlinearitäten vernachlässigt und die Koeffizienten als konstant angenommen werden, können analytische Lösungen gefunden werden [63, 102, 103]. Bei der Diskretisierung der Modellgleichungen kommen sowohl klassische Finite-Differenzen- (FDM) [22, 46, 52, 104] und Finite-Elemente-Methoden (FEM) [28, 32, 33, 35, 50] als auch moderne Verfahren höherer Ordnung, wie beispielsweise ENO[6]-Verfahren [53, 54], FCT[7]-Verfahren [105–121] und TVD[8]-Verfahren [122, 123] zum Einsatz. Klassische Diskretisierungsverfahren unterliegen der Beschränkung, dass eine sehr feine räumliche Auflösung verwendet werden muss, um hinreichend genaue Lösungen zu erreichen. Dieser Nachteil wird von modernen Verfahren umgangen, indem nichtlineare Ansätze verfolgt werden.

Zielsetzung dieser Arbeit ist zum einen die Umsetzung und der Vergleich verschiedener hydrodynamischer Modelle zur Beschreibung anisothermer Plasmen, wobei außer Drift-Diffusionsmodellen insbesondere auch ein Zwei-Momenten-Modell zur Beschreibung der Schwerteilchen gekoppelt mit einem Drei-Momenten-Modell zur Beschreibung der Elektronen untersucht werden sollen. Anders als bei den weitaus häufiger eingesetzten Drift-Diffusionsmodellen wird bei diesen Mehr-Momenten-Modellen die Zeitableitung in der Bilanzgleichung für die Teilchenstromdichte nicht vernachlässigt. Mehr-Momenten-Modelle werden bei der Modellierung von Plasmen bei niedrigen Drücken und von Hochfrequenzentladungen benötigt, wenn die Feldänderungsfrequenz in der gleichen Größenordnung oder größer als die Impulsübertragungsfrequenz der Teilchen ist. Zum anderen sollen numerische Methoden zur Diskretisierung von Mehr-Momenten-Modellen verglichen, bewertet und verbessert werden. Dabei sollen implizite Methoden eingesetzt werden, um die restriktiven Stabilitätsbedingungen expliziter Verfahren an die Zeitschrittweite zu umgehen. Die entwickelten Methoden und Verfahren sollen zur theoretischen Beschreibung anwendungsbezogener Argonplasmen eingesetzt werden.

Die Herleitung allgemeiner Momentengleichungen und die Einführung eines neuen Modellansatzes erfolgt in dem Kapitel 2. Um die Systeme nichtlinear gekoppelter partieller Differenzialgleichungen mit geeigneten Randbedingungen abschließen zu können und um eine adäquate numerische Beschreibung zu ermöglichen, werden die Differenzialgleichungssysteme in dem Kapitel 3 klassifiziert. Die verwendeten Randbedingungen werden in dem Kapitel 4 angegeben. Anschließend werden in dem Kapitel 5 numerische Verfahren zur Diskretisierung der Modellgleichungen vorgestellt,

---
[6]ENO = Essentially Non-Oscillatory
[7]FCT = Flux-Corrected Transport
[8]TVD = Total Variation Diminishing

wobei insbesondere auf FCT-Verfahren eingegangen wird. Es wird ein neues implizites FDM-basiertes FCT-Verfahren eingeführt und ein Ansatz zur Verbesserung eines impliziten FEM-basierten FCT-Verfahrens vorgeschlagen. Der Vergleich und die Bewertung der hergeleiteten Modelle und numerischen Verfahren erfolgt in dem Kapitel 6 am Beispiel einer anomalen Glimmentladung in Argon bei Niederdruck. Darüber hinaus werden in dem Kapitel 6 anwendungsbezogene Entladungssituationen sowohl bei Niederdruck als auch bei Atmosphärendruck modelliert. Dabei liegt der Schwerpunkt auf der Analyse des Verhaltens von Mikroentladungen in einer dielektrisch behinderten Entladung in Argon.

2 Herleitung der Modellgleichungen

Die Auswahl eines adäquaten theoretischen Modells zur Beschreibung von Gasentladungen erfordert die Kenntnis der physikalischen Effekte, die für die betrachtete Entladungssituation relevant sind. Dazu zählen sowohl Oberflächenprozesse, wie z. B. die Sekundärelektronenemission, als auch Volumenprozesse. Aus diesem Grund werden in diesem Kapitel zunächst einige grundlegende Eigenschaften der wichtigsten Entladungstypen zusammengefasst. Dabei wird in Anlehnung an [124] vorgegangen.

Prinzipiell muss zwischen selbsterhaltenden und nichtselbsterhaltenden Entladungen unterschieden werden. Letztere können nur mit Hilfsmitteln, wie z. B. einer externen Aufheizung der Kathode oder externen Ionisationsquellen, fortbestehen und sind nicht Gegenstand dieser Arbeit. Selbsterhaltende Entladungen können auf unterschiedliche Weise gezündet werden. Häufig werden Gleichspannungsquellen, kapazitiv oder induktiv gekoppelte RF-Spannungen und Mikrowellen verwendet. Insbesondere in modernen Anwendungen kommen dielektrisch behinderte Entladungen zum Einsatz, die in der Regel mit Frequenzen im Kilohertzbereich betrieben werden.

Gleichspannungsentladungen zwischen zwei Elektroden werden basierend auf ihrer Strom-Spannungscharakteristik klassifiziert [124, 125]. Abbildung 2.1 zeigt die qualitative Abhängigkeit der Zündspannung von dem Entladungsstrom. In dem Bereich

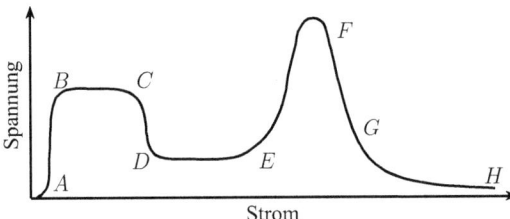

Abbildung 2.1: Strom-Spannungscharakteristik für Gleichspannungsentladungen, die zwischen zwei Elektroden gezündet werden nach Raizer [124]

$\overline{AB}$ treten ausschließlich nichtselbsterhaltende Entladungen auf. Ist die Zündspannung erreicht, kommt es zu einer Townsend-Entladung[1] – einer Dunkelentladung, die bei sehr kleinem Strom $I \approx 10^{-10}$–10^{-5} A brennt. Bei der Townsend-Entladung wird eine kleine Anzahl freier Elektronen durch das elektrische Feld beschleunigt,

---
[1] Die Townsend-Entladung ist benannt nach John S. E. Townsend (1868–1957).

so dass es zu einer schwachen Leitfähigkeit des Gases kommt. Bei höherem Strom treten in dem Bereich $\overline{DE}$ sogenannte normale Glimmentladungen auf. Diese sind dadurch charakterisiert, dass bei einer Änderung des Entladungsstroms die Stromdichte auf der Kathode gleich bleibt und sich lediglich die Fläche ändert, durch die der Strom fließt. Ist die gesamte Elektrodenfläche belegt, steigt der Strom bei wachsender Spannung an (Bereich $\overline{EF}$) und es kommt zu einer anomalen Glimmentladung. Aufgrund der stark steigenden Stromdichte erhitzt sich die Kathode bei einer weiteren Erhöhung der Spannung. Dieser Effekt hat schließlich den Übergang $\overline{FG}$ von einer Glimm- zu einer Bogenentladung zur Folge. Bogenentladungen sind durch einen hohen Strom $I > 1\,\text{A}$ bei geringen Spannungen von einigen $10\,\text{V}$ charakterisiert. Glimmentladungen und Bogenentladungen unterscheiden sich insbesondere in zwei Punkten. Zum einen werden bei Glimmentladungen durch einschlagende Ionen Elektronen aus der Kathode herausgelöst, wogegen bei Bogenentladungen die thermische Emission von Elektronen eine wesentliche Rolle spielt. Zum anderen sind Glimmentladungen anisotherm, wogegen sich Bogenentladungen in der Regel im thermodynamischen Gleichgewicht befinden. Die im Rahmen dieser Arbeit untersuchten Entladungsplasmen können als Glimmentladungen klassifiziert werden bzw. zeigen charakteristische Eigenschaften einer Glimmentladung.

In dieser Arbeit wird ein hydrodynamischer Ansatz zur Modellierung von anisothermen Entladungsplasmen verfolgt. Ausgehend von einer kinetischen Gleichung werden Bilanzgleichungen für makroskopische Größen abgeleitet und diese anstelle der kinetischen Gleichung gelöst. Bei der Herleitung der Bilanzgleichungen müssen gewisse Annahmen getroffen werden, um ein geschlossenes, lösbares System zu erhalten. In dem Abschnitt 2.1 werden die hier verwendeten Annahmen diskutiert und allgemeine Bilanzgleichungen zur Beschreibung der Elektronen und der Schwerteilchen in einem anisothermen Plasma vorgestellt. Auf die Bestimmung des elektrischen Feldes, das aufgrund der extern angelegten Spannung und des Raumladungspotenzials bei der Modellierung zu berücksichtigen ist, wird in Abschnitt 2.2 eingegangen.

Nach Einführung der allgemeinen Momentengleichungen wird in Abschnitt 2.3 auf Fluid-Modelle eingegangen, die auf der hier verwendeten räumlich eindimensionalen Plasmabeschreibung basieren. Insbesondere werden Probleme, die bei konventionellen Modellen auftreten können, diskutiert und alternative Ansätze vorgeschlagen.

2.1 Hydrodynamische Bilanzgleichungen

In einem Gas mit N_s Komponenten genügt die Geschwindigkeitsverteilungsfunktion $f_s(\boldsymbol{r}, \boldsymbol{v}, t)$ jeder Spezies s der Boltzmann-Gleichung [126, 127]

$$\partial_t f_s + \boldsymbol{v} \cdot \nabla f_s + \boldsymbol{F}_s/m_s \cdot \nabla_v f_s = \sum_{i=1}^{N_s} \left.\frac{\mathrm{d}f_s}{\mathrm{d}t}\right|_{\mathrm{col}}^{(s,i)}. \tag{2.1}$$

In dieser Gleichung ist $\boldsymbol{r} = (x, y, z) \in \mathrm{R}^3$ ein Ortspunkt und $\boldsymbol{v} = (v_x, v_y, v_z) \in \mathrm{R}^3$ die Geschwindigkeit. Der Vektor $\boldsymbol{F}_s = q_s(\boldsymbol{E} + \boldsymbol{v} \times \boldsymbol{B})$, mit dem elektrischen Feld $\boldsymbol{E}$ und der magnetischen Flussdichte $\boldsymbol{B}$, bezeichnet die Lorentzkraft[2], die auf Teilchen der Spezies s mit der elektrischen Ladung q_s und der Masse m_s wirkt. Die Geschwindigkeitsverteilungsfunktion f_s ist so definiert, dass die Anzahl der Teilchen der Spezies s, die sich zum Zeitpunkt t in dem Volumenelement $\mathrm{d}\boldsymbol{r} = \mathrm{d}x\,\mathrm{d}y\,\mathrm{d}z$ um $\boldsymbol{r}$ und dem Geschwindigkeitsbereich $\mathrm{d}\boldsymbol{v} = \mathrm{d}v_x\,\mathrm{d}v_y\,\mathrm{d}v_z$ um $\boldsymbol{v}$ aufhalten, gegeben ist mit $f_s(\boldsymbol{r}, \boldsymbol{v}, t)\,\mathrm{d}\boldsymbol{r}\,\mathrm{d}\boldsymbol{v}$. Das heißt, zum Zeitpunkt t ist die Teilchendichte $n_s(\boldsymbol{r}, t)$ der Spezies s im Punkt $\boldsymbol{r}$ gegeben durch

$$n_s(\boldsymbol{r}, t) = \int f_s(\boldsymbol{r}, \boldsymbol{v}, t)\,\mathrm{d}\boldsymbol{v}. \tag{2.2}$$

Der Term $\mathrm{d}f_s/\mathrm{d}t|_{\mathrm{col}}^{(s,i)}$ in Gleichung (2.1) beschreibt die Änderungsrate von f_s durch Stöße mit der i-ten Spezies. Hier und im Folgenden sind Volumenintegrale der Form

$$\int \ldots \mathrm{d}\boldsymbol{v} = \iiint \ldots \mathrm{d}v_x\,\mathrm{d}v_y\,\mathrm{d}v_z \tag{2.3}$$

als Integrale über den gesamten Geschwindigkeitsraum zu verstehen, sofern nichts anderes angegeben ist.

Im Folgenden wird die magnetische Kraftkomponente vernachlässigt, so dass $\boldsymbol{F}_s = q_s \boldsymbol{E}$ ist. Die Änderung der Verteilungsfunktion durch elastische, unelastische und superelastische Stöße mit Schwerteilchen der Spezies h wird durch Stoßintegrale $C_h^{\mathrm{el}}(f_s)$ und $C_{h,r}^{\mathrm{in}}(f_s)$ beschrieben. Es wird somit die kinetische Gleichung

$$\partial_t f_s + \boldsymbol{v} \cdot \nabla f_s + \frac{q_s}{m_s}\boldsymbol{E} \cdot \nabla_v f_s = \sum_h \left(C_h^{\mathrm{el}}(f_s) + \sum_r C_{h,r}^{\mathrm{in}}(f_s) \right) \tag{2.4}$$

betrachtet. Um ausgehend von dieser Gleichung hydrodynamische Bilanzgleichungen für makroskopische Größen – sogenannte Momente – abzuleiten, werden Mittelungen

---

[2] Die Lorentzkraft ist benannt nach Hendrik A. Lorentz (1853–1928). In der Literatur wird gelegentlich auch nur die magnetische Komponente als Lorentzkraft bezeichnet.

2.1 Hydrodynamische Bilanzgleichungen

über die Geschwindigkeit $\boldsymbol{v}$ von skalaren Funktionen $\Theta = \Theta(\boldsymbol{v})$ der Form

$$\langle \Theta \rangle_s := \int \Theta f_s \, \mathrm{d}\boldsymbol{v} \Big/ \int f_s \, \mathrm{d}\boldsymbol{v} = \frac{1}{n_s} \int \Theta f_s \, \mathrm{d}\boldsymbol{v} \qquad (2.5)$$

betrachtet. Wird die Gleichung (2.4) mit Θ multipliziert und über den Geschwindigkeitsraum integriert, resultiert nach geschickter Umformung (vgl. Anhang B.1) der Ausdruck

$$\partial_t \Big(n_s \langle \Theta \rangle_s \Big) + \nabla \cdot \Big(n_s \langle \Theta \boldsymbol{v} \rangle_s \Big) - n_s \frac{q_s}{m_s} \langle \boldsymbol{E} \cdot \nabla_v \Theta \rangle_s$$
$$= \int \Theta \sum_h \Big(C_h^{\mathrm{el}}(f_s) + \sum_r C_{h,r}^{\mathrm{in}}(f_s) \Big) \mathrm{d}\boldsymbol{v}. \qquad (2.6)$$

Diese Gleichung beschreibt für $\Theta = 1$ das raumzeitliche Verhalten der Teilchendichte n_s (Moment nullter Ordnung), für $\Theta = v_k$ das raumzeitliche Verhalten der Teilchenstromdichten $\Gamma_{k,s} = n_s \langle v_k \rangle_s$ in Richtung $k = x, y, z$ (Momente erster Ordnung) und für $\Theta = m_s v^2/2$ das raumzeitliche Verhalten der Energiedichte $w_s = n_s m_s \langle v^2 \rangle_s /2$ (Moment zweiter Ordnung). Ausgehend von der allgemeinen Momentengleichung (2.6) werden im Folgenden für alle relevanten Spezies Bilanzgleichungen hergeleitet, die für die betrachteten Entladungsplasmen eine hinreichend genaue Beschreibung des raumzeitlichen Verhaltens ermöglichen. Es sei darauf hingewiesen, dass jede Momentengleichung ein Moment höherer Ordnung enthält und geeignete Annahmen zum Abschluss des Systems getroffen werden müssen. Mögliche Ansätze werden z. B. in Robson et al. [103, 128] diskutiert. Die im Rahmen dieser Arbeit vorausgesetzten Annahmen werden folgend bei der Diskussion der jeweiligen Momentengleichung genannt.

2.1.1 Bilanzgleichungen für die Elektronen

Einleitend wurde bemerkt, dass für eine korrekte Beschreibung der Elektronen, zusätzlich zu der Teilchendichte und der Teilchenstromdichte, auch die Energiedichte bilanziert werden muss. Für diese drei Erhaltungsgrößen wird nun ein geeignetes System partieller Differenzialgleichungen hergeleitet.

Bilanzierung der Teilchendichte

Wird die Funktion $\Theta = 1$ in die Gleichung (2.6) eingesetzt, resultiert unmittelbar die Kontinuitätsgleichung für die Teilchendichte $n_\mathrm{e}(\boldsymbol{r}, t)$ der Elektronen

$$\partial_t n_\mathrm{e} + \nabla \cdot \boldsymbol{\Gamma}_\mathrm{e} = S_\mathrm{e}. \qquad (2.7)$$

2 Herleitung der Modellgleichungen

Diese Gleichung beschreibt die zeitliche Änderung der Elektronendichte (Term $\partial_t n_e$) in einem Punkt r infolge von ein- und ausströmenden Teilchen (Term $\nabla \cdot \boldsymbol{\Gamma}_e$) sowie durch Teilchenstöße (Term S_e) in diesem Punkt. Die rechte Seite der Gleichung (2.7) kann bei geeigneter Bestimmung von Ratenkoeffizienten k (vgl. Anhang B.5) geschrieben werden als

$$S_e = \underbrace{\sum_{r \in \mathcal{R}_e^g} k_r g_{e,r} \prod_{i=1}^{N_s} n_i^{\beta_{i,r}}}_{\text{Gewinnprozesse}} - \underbrace{\sum_{r \in \mathcal{R}_e^l} k_r g_{e,r} \prod_{i=1}^{N_s} n_i^{\beta_{i,r}}}_{\text{Verlustprozesse}}. \qquad (2.8)$$

Hier beschreibt $\mathcal{R}_e^g$ bzw. $\mathcal{R}_e^l$ die Menge aller Indizes derjenigen Reaktionsprozesse, die Elektronen erzeugen (gain) bzw. vernichten (loss). Die Faktoren $g_{e,r} \in \mathbb{N}^+$ entsprechen der Anzahl der Elektronen, die in Reaktion r erzeugt bzw. vernichtet werden und $\beta_{i,r} \in \mathbb{N}$ gibt an, wie viele Teilchen der i-ten Teilchensorte an Reaktion r beteiligt sind.

Bilanzierung der Teilchenstromdichte

Wie im Anhang B.2 beschrieben, können ausgehend von der allgemeinen Momentengleichung (2.6) mit $\Theta = v_k$, $k = x, y, z$ die Impulsbilanzgleichungen

$$\partial_t \Gamma_{k,e} + \nabla \cdot \left(\Gamma_{k,e} \bar{\boldsymbol{v}}_e \right) + \partial_k \left(\frac{p_e}{m_e} \right) = -\frac{e_0}{m_e} n_e E_k - \nu_e \Gamma_{k,e}, \quad k = x, y, z \qquad (2.9)$$

zur Bestimmung der Teilchenstromdichte $\boldsymbol{\Gamma}_e(\boldsymbol{r}, t) = n_e(\boldsymbol{r}, t) \bar{\boldsymbol{v}}_e(\boldsymbol{r}, t)$ der Elektronen hergeleitet werden. Mit $\bar{\boldsymbol{v}}_e := \langle \boldsymbol{v} \rangle_e$ wird die mittlere (gerichtete) Geschwindigkeit der Elektronen bezeichnet. Die Gleichungen (2.9) beschreiben die zeitliche Änderungen der drei Komponenten der Teilchenstromdichte (Term $\partial_t \Gamma_{k,e}$) in einem Punkt r infolge des Impulsstroms (Terme $\nabla \cdot (\Gamma_{k,e} \bar{\boldsymbol{v}}_e)$ und $\partial_k p_e / m_e$), der Wirkung des elektrischen Feldes (Term $-e_0 n_e E_k / m_e$) und der Impulsdissipation durch Stoßprozesse mit der Impulsübertragungsfrequenz der Elektronen ν_e (Term $-\nu_e \Gamma_{k,e}$) in diesem Punkt. Auf die Bestimmung der Impulsübertragungsfrequenz wird im Anhang B.5 eingegangen. Bei der Herleitung von (2.9) wurde die übliche Annahme verwendet, dass die Verteilungsfunktion über die Relativgeschwindigkeit $\tilde{\boldsymbol{v}}_e = \boldsymbol{v} - \bar{\boldsymbol{v}}_e$ der Elektronen isotrop ist, das heißt nur vom Betrag der Geschwindigkeit abhängig ist und somit in alle Richtungen gleiche Eigenschaften aufweist. Andernfalls müsste anstelle des skalaren Drucks $p_e = m_e n_e \langle \tilde{v}_e^2 \rangle_e / 3$ der Spannungstensor $\mathsf{p}_{kl,e} = n_e m_e \langle \tilde{v}_k \tilde{v}_l \rangle$, $k, l = x, y, z$ berücksichtigt werden. Dieser kann jedoch nur bei Kenntnis der Verteilungsfunktion exakt bestimmt werden [129]. Approximationen höherer Ordnung können z. B. mit der Methode von Chapman und Enskog erreicht werden [126]. Der skalare Druck p_e

2.1 Hydrodynamische Bilanzgleichungen

ist aufgrund der Beziehung $\langle \tilde{v}^2 \rangle_e = \langle v^2 \rangle_e - \bar{v}_e^2$ gegeben durch

$$p_e = \frac{2}{3} w_e - \frac{m_e}{3} n_e \bar{v}_e^2, \qquad (2.10)$$

wobei w_e die Energiedichte der Elektronen bezeichnet.

Bilanzierung der Energiedichte

Um eine Bilanzgleichung zur Bestimmung der Energiedichte $w_e(\boldsymbol{r}, t)$ der Elektronen abzuleiten, wird in der allgemeinen Momentengleichung (2.6) die Funktion $\Theta = m_e \langle v^2 \rangle_e / 2$ eingesetzt. Dieses Vorgehen liefert wie im Anhang B.3 dokumentiert die Gleichung

$$\partial_t w_e + \nabla \cdot \big((w_e + p_e) \bar{\boldsymbol{v}}_e + \dot{\boldsymbol{q}}_e \big) = -e_0 \boldsymbol{E} \cdot \boldsymbol{\Gamma}_e + \tilde{S}_e \qquad (2.11)$$

mit der Wärmestromdichte $\dot{\boldsymbol{q}}_e = n_e m_e \langle \tilde{v}_e^2 \tilde{\boldsymbol{v}}_e \rangle_e / 2$ der Elektronen. Die Gleichung (2.11) beschreibt die zeitliche Änderung der Energiedichte (Term $\partial_t w_e$) in einem Punkt $\boldsymbol{r}$ infolge des Energiestroms (Term $\nabla \cdot ((w_e + p_e) \bar{\boldsymbol{v}}_e + \dot{\boldsymbol{q}}_e)$), der Energieeinkopplung durch das elektrische Feld (Term $-e_0 \boldsymbol{E} \cdot \boldsymbol{\Gamma}_e$) sowie durch Teilchenstöße (Term $\tilde{S}_e$) in diesem Punkt. Analog zu dem Teilchengewinn und -verlust wird auch der Energiegewinn und -verlust durch Stoßprozesse in der Form

$$\tilde{S}_e = \sum_{r \in \bar{\mathcal{R}}_e^g} h_r k_r \prod_{i=1}^{N_s} n_i^{\beta_{i,r}} - \sum_{r \in \bar{\mathcal{R}}_e^l} h_r k_r \prod_{i=1}^{N_s} n_i^{\beta_{i,r}} - n_e P^{\mathrm{el}} \qquad (2.12)$$

beschrieben. Die beiden ersten Terme beschreiben den Energiegewinn und Energieverlust in unelastischen Stoßprozessen mit der Energieschwelle h_r, wobei anregende, abregende und ionisierende Stöße berücksichtigt werden. Der zusätzliche Term $n_e P^{\mathrm{el}}$ berücksichtigt den Energieverlust in elastischen Stößen, wobei die Verlustfrequenz P^{el} als Funktion der mittleren Energie der Elektronen gegeben ist (vgl. Anhang B.5). Wie bei der Herleitung der Impulsbilanzgleichung wird auch bei der Herleitung der Gleichung (2.11) zur Approximation des Druckterms eine isotrope Verteilung der thermischen Geschwindigkeitskomponente angenommen.

Die Wärmestromdichte $\dot{\boldsymbol{q}}_e$ ist ein Moment dritter Ordnung und kann im Rahmen eines Drei-Momenten-Modells für die Momente nullter, erster und zweiter Ordnung nicht exakt bestimmt werden. Wird analog zur Approximation des Druckterms die Annahme einer isotropen Geschwindigkeitsverteilungsfunktion getroffen, folgt $\dot{\boldsymbol{q}}_e = n_e m_e \langle \tilde{v}_e^2 \tilde{\boldsymbol{v}}_e \rangle_e / 2 = 0$. Dieser Ansatz wird gelegentlich genutzt [52, 56], jedoch kann die Wärmestromdichte in vielen Fällen nicht vernachlässigt werden [9, 103, 130]. Häufig

2 Herleitung der Modellgleichungen

wird eine Näherung gemäß des Fourierschen Gesetzes[3]

$$\dot{\boldsymbol{q}}_e = -\kappa_e \nabla T_e, \qquad (2.13)$$

mit der Wärmeleitfähigkeit κ_e und der mittleren Energie der Relativbewegung

$$\frac{m_e}{2}\langle \tilde{v}_e^2 \rangle_e = \frac{3}{2}k_B T_e \qquad (2.14)$$

verwendet [20, 27, 28, 32, 33, 57]. Die Gleichung (2.13) resultiert, wenn die erste Näherung der Chapman-Enskog-Methode zur Approximation der Wärmestromdichte verwendet wird [126] bzw. wenn in der Momentengleichung dritter Ordnung für die Wärmestromdichte unter anderem die Zeitableitung vernachlässigt und eine geschwindigkeitsunabhängige Impulsübertragungsfrequenz der Elektronen angenommen wird [21]. Die Wärmeleitfähigkeit ist in diesem Fall gegeben durch [21]

$$\kappa_e = \frac{5}{2}\frac{n_e k_B^2 T_e}{m_e \nu_e}. \qquad (2.15)$$

Aufgrund der Beziehungen

$$\varepsilon = \frac{3}{2}k_B T_e \quad \text{und} \quad D_e = \frac{k_B T_e}{m_e \nu_e} \qquad (2.16)$$

für die mittlere Energie $\varepsilon = w_e/n_e$ und den Diffusionskoeffizienten[4] D_e der Elektronen, die dann gültig sind, wenn die Geschwindigkeitsverteilungsfunktion der Elektronen einer Maxwell-Verteilung entspricht und die Impulsübertragungsfrequenz ν_e konstant ist [55, 124], wird häufig der Ausdruck

$$\dot{\boldsymbol{q}}_e = -\frac{2}{3}\frac{\kappa_e}{k_B}\nabla \varepsilon \quad \text{mit} \quad \kappa_e = -\frac{5}{2}k_B D_e n_e \qquad (2.17)$$

zur Bestimmung der Wärmestromdichte verwendet [27, 28, 33]. Im Rahmen dieser Arbeit durchgeführte Untersuchungen haben gezeigt, dass die Approximation $\varepsilon = 3k_B T_e/2$ nur einen geringen Einfluss auf die Ergebnisse der betrachteten Entladungssituation hat, die Modellergebnisse aber sensitiv gegenüber Variationen der Wärmeleitfähigkeit κ_e sind. Auf diesen Aspekt wird in Abschnitt 2.3 genauer eingegangen. An dieser Stelle sei lediglich bemerkt, dass eine adäquate Beschreibung des Wärme- bzw. Energietransports der Elektronen wesentlich für eine genaue Beschreibung des Entladungsverhaltens ist. Aufgrund dieser Tatsache werden gele-

---
[3]Das Fouriersche Gesetz ist benannt nach Jean B. J. Fourier (1768–1830).
[4]Diffusion wird hier als isotrop angenommen, so dass der Diffusionskoeffizient ein Skalar ist.

gentlich alternative Ansätze verfolgt, die z. B. auf einer nichtlokalen Beschreibung des Wärmetransports [131–133] oder der Analyse vereinfachter analytischer Modelle [9, 103, 134] beruhen. Diese Ansätze können jedoch nicht unmittelbar auf allgemeinere Entladungsmodelle übertragen werden.

2.1.2 Bilanzgleichungen für Ionen und angeregte Teilchen

Aufgrund des schnellen Energieaustausches der Schwerteilchen in elastischen Stößen kann die Schwerteilchentemperatur T_g als konstant angenommen werden. Aus diesem Grund müssen lediglich Bilanzgleichungen zur Bestimmung der Teilchendichte n_h und den Komponenten der Teilchenstromdichte $\Gamma_{k,h}$, $k = x, y, z$ von Schwerteilchen der Spezies h gelöst werden. Analog zu der Herleitung der Bilanzgleichungen für die Teilchendichte und die Teilchenstromdichte der Elektronen kann das folgende Zwei-Momenten-Modell zur Beschreibung des raumzeitlichen Verhaltens der Schwerteilchen im Plasma hergeleitet werden

$$\partial_t n_h + \nabla \cdot \boldsymbol{\Gamma}_h = S_h \tag{2.18a}$$

$$\partial_t \Gamma_{k,h} + \nabla \cdot \left(\Gamma_{k,h} \bar{\boldsymbol{v}}_h \right) + \partial_k \left(\frac{p_h}{m_h} \right) = \frac{q_h}{m_h} n_h E_k - \nu_h \Gamma_{k,h}. \tag{2.18b}$$

Die rechte Seite der Gleichung (2.18a) ist in der Form (2.8) gegeben und beschreibt den Gewinn und Verlust von Teilchen in Stoßprozessen. Abgesehen von den metastabilen Atomzuständen des Argon wird für die weiteren angeregten Zustände in dem Quellterm zusätzlich der Gewinn und Verlust durch Strahlungsprozesse berücksichtigt. Hierbei findet zur Beschreibung der Resonanzstrahlung der Ansatz einer effektiven Lebensdauer basierend auf der Holsteinschen Strahlungstheorie [135–137] Anwendung. Aufgrund der langen Lebensdauer metastabiler Teilchen werden für diese keine Strahlungsprozesse berücksichtigt. Der Term $q_h n_h E_k / m_h$ verschwindet im Fall neutraler Teilchen, da diese die Ladung $q_h = 0$ haben. Für die strahlenden angeregten Zustände des Argon wird der Teilchentransport durch Diffusion vernachlässigt und die Reaktionsgleichung

$$\partial_t n_h = S_h \tag{2.19}$$

gelöst. Diese Vereinfachung ist infolge der kurzen Lebensdauer der nichtmetastabilen Neutralteilchen gerechtfertigt. Die weitere Diskussion in diesem Abschnitt bezieht sich somit auf die Ionen und metastabilen Atomzuständen des Argon, für die das System (2.18) gelöst wird.

Schwerteilchen besitzen in einem anisothermen Plasma, in dem die Schwerteil-

2 Herleitung der Modellgleichungen

chentemperatur signifikant kleiner als die mittlere Energie der Elektronen ist, näherungsweise eine Maxwell-Verteilung [21]. Somit ist der Druck p_h jeder Schwerteilchenspezies gegeben durch

$$p_h = n_h k_B T_g. \tag{2.20}$$

Die Impulsübertragungsfrequenzen ν_h der Ionen und der metastabilen Teilchen kann gemäß den Relationen [21]

$$\nu_h = \frac{|q_h|}{m_h b_h} \quad \text{(Ionen)} \tag{2.21a}$$

$$\nu_h = \frac{k_B T_g}{m_h D_h} \quad \text{(metastabile Atome)} \tag{2.21b}$$

bestimmt werden. Hier bezeichnen b_h und D_h die Beweglichkeiten und die Diffusionskoeffizienten von Teilchen der Teilchensorte h. Für die Ionen resultiert die Gleichheit der beiden Ausdrücke in (2.21) aus der Annahme einer Maxwell-Verteilung, da in diesem Fall die Einstein-Relation[5]

$$D_h = \frac{k_B T_g}{|q_h|} b_h \tag{2.22}$$

gilt [21]. Auf die Bestimmung der Beweglichkeiten und Diffusionskoeffizienten der Schwerteilchen wird im Anhang B.5 eingegangen.

2.2 Bestimmung des elektrischen Potenzials

Zur Modellierung des Transports von Ladungsträgern in Entladungsplasmen wird eine genaue Beschreibung des elektrischen Feldes $\boldsymbol{E}$ benötigt. Um den Einfluss von Raumladungen adäquat zu berücksichtigen wird die Poisson-Gleichung

$$-\varepsilon_0 \Delta \Phi(\boldsymbol{r}, t) = \sum_{s=1}^{N_s} q_s n_s(\boldsymbol{r}, t) \tag{2.23}$$

zur Bestimmung des elektrischen Potenzials Φ gelöst. Hier bezeichnet ε_0 die elektrische Feldkonstante (Permittivität des Vakuums). Das elektrische Feld wird gemäß der Gleichung

$$\boldsymbol{E}(\boldsymbol{r}, t) = -\nabla \Phi(\boldsymbol{r}, t) \tag{2.24}$$

bestimmt.

---

[5]Die Einstein-Relation ist benannt nach Albert Einstein (1879–1955).

2.3 Fluid-Poisson-Modelle im räumlich eindimensionalen Fall

In der vorliegenden Arbeit werden räumlich eindimensionale Entladungsgeometrien betrachtet. Ein großer Vorteil von 1D-Modellen gegenüber 2D- und 3D-Modellen ist, dass aufgrund der wesentlich kürzeren Rechenzeiten eine detaillierte Reaktionskinetik berücksichtigt und eine lange zeitliche Entwicklung beschrieben werden kann. Dies erlaubt die Modellierung komplexer Entladungsphänomene, die mit 2D- oder 3D-Modellen nicht beschrieben werden können. Des Weiteren eignen sich 1D-Modelle besser für die Entwicklung und den Test numerischer Verfahren, die dann gegebenenfalls auf mehrere Raumdimensionen verallgemeinert werden können. Der Einsatz räumlich eindimensionaler Entladungsmodelle ist insbesondere zur Modellierung anomaler Glimmentladungen mit planparallel angeordneten Elektroden gerechtfertigt, deren Fläche groß gegenüber dem Elektrodenabstand ist [49]. Ist der Radius der Entladung vergleichbar oder kleiner als der Elektrodenabstand bzw. bedeckt das Plasma, wie beispielsweise in normalen Glimmentladungen, nicht die gesamte Oberfläche der Elektroden, müssen die Ergebnisse von 1D-Modellen kritisch betrachtet werden [40, 138].

Die Geometrien der im Rahmen dieser Arbeit modellierten Entladungstypen sind in Abbildung 2.2 dargestellt. Bei der Modellierung von Gleichspannungsentladungen

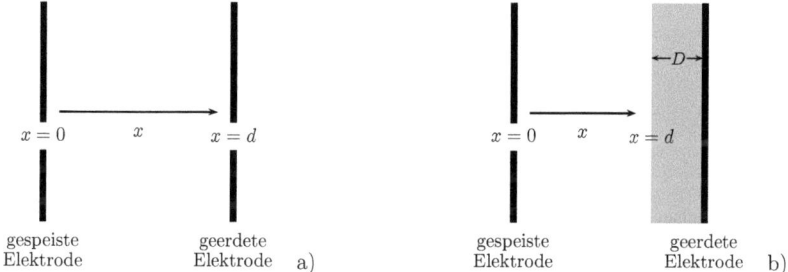

Abbildung 2.2: Entladungsgeometrien mit planparallel angeordneten metallischen Elektroden (a) und mit einseitigem Dielektrikum (b)

(vgl. Abschnitt 6.2) und RF-Entladungen (vgl. Abschnitt 6.3) wird die in Abbildung 2.2a dargestellte Entladungsgeometrie verwendet. Zum Zünden der Entladung wird an der gespeisten Elektrode bei $x = 0$ eine externe Spannung der Form

$$\Phi(0,t) = V_0\left(1 - e^{-t/\tau_\Phi}\right) \qquad \text{(Gleichspannungsentladungen)} \qquad (2.25)$$

2 Herleitung der Modellgleichungen

bzw.

$$\Phi(0,t) = V_0 \sin(2\pi f t) - V_{\text{bias}} \quad \text{(RF-Entladungen)} \quad (2.26)$$

angelegt. Hier bezeichnet V_0 die Spannungsamplitude, τ_Φ ist eine Zeitkonstante, die der Einschaltzeit der Spannungsquelle entspricht und f ist die Frequenz der angelegten Spannung. Die Bias-Spannung V_{bias} ist ungleich Null, wenn die beiden Elektroden unterschiedlich große Flächen haben. Hierauf wird in Abschnitt 6.3 genauer eingegangen. An der geerdeten Elektrode bei $x = d$ ist $\Phi(d,t) = 0$, der Elektrodenabstand d variiert.

Die Abbildung 2.3 zeigt eine Entladungskonfiguration, die zur Erzeugung homogener Glimmentladungen bei atmosphärem Druck entwickelt wurde [139, 140] und hier bei der Modellierung einer Argonhochdruckglimmentladung eingesetzt wird (vgl. Abschnitt 6.4). Das Entladungsgebiet entspricht der in Abbildung 2.2a dargestell-

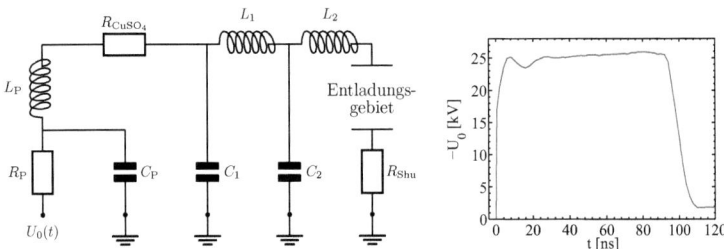

Abbildung 2.3: Ersatzschaltkreis der Entladungskonfiguration einer gepulsten Atmosphärendruckentladung (links) mit extern vorgegebenem Spannungspuls (rechts)

ten Geometrie. Die Entladungsspannung $\Phi(0,t) = U_d(t)$ wird in Abhängigkeit von der extern vorgegebenen Pulsspannung $U_0(t)$ durch das Lösen der gewöhnlichen Differenzialgleichungen, die den externen Schaltkreis beschreiben, bestimmt.

Zur Modellierung asymmetrischer Mikroentladungen in dielektrisch behinderten Entladungen [141] (vgl. Abschnitt 6.5) findet die Entladungsgeometrie 2.2b Anwendung. An der gespeisten Elektrode wird die sinusförmige Spannung

$$\Phi(0,t) = V_0 \sin(2\pi f t) \quad (2.27)$$

mit der Frequenz f vorgegeben und die geerdete Elektrode ($x = d+D$) ist mit einer dielektrischen Schicht der Dicke D bedeckt. Die Spannung $\Phi(d,t)$ am Dielektrikum kann aus den Eigenschaften des Dielektrikums abgeleitet werden. Hierauf wird in Abschnitt 4.4 genauer eingegangen.

2.3 Fluid-Poisson-Modelle im räumlich eindimensionalen Fall

Nachdem nun allgemeine hydrodynamische Gleichungen zur Beschreibung des raumzeitlichen Verhaltens der Ladungsträger und angeregten Teilchen sowie die Poisson-Gleichung zur Bestimmung des elektrischen Potenzials angegeben und die betrachteten Entladungsgeometrien vorgestellt wurden, sollen im Folgenden angepasste Fluid-Modelle für den hier betrachteten eindimensionalen Fall diskutiert werden. Zunächst werden die in den Abschnitten 2.1 und 2.2 vorgestellten Modellgleichungen zusammengefasst und der Einfluss der Bestimmung der Wärmestromdichte untersucht. Anschließend wird ein neues Vorgehen zur Beschreibung der Elektronen vorgeschlagen.

2.3.1 Hydrodynamisches Mehr-Momenten-Modell

Die in den Abschnitten 2.1.1 und 2.1.2 aufgeführten Bilanzgleichungen zur Bestimmung der Teilchendichte und Teilchenstromdichten der Elektronen und Schwerteilchen sowie die Bilanzgleichung zur Bestimmung der Energiedichte der Elektronen und die Poisson-Gleichung für das elektrische Potenzial stellen ein System nichtlinear gekoppelter partieller Differenzialgleichungen dar. Mit der Gleichung (2.17) zur Bestimmung der Wärmestromdichte der Elektronen kann dieses im räumlich eindimensionalen Fall wie folgt zusammengefasst werden

Elektronen:

$$\partial_t n_e(x,t) + \partial_x \Gamma_e(x,t) = S_e(x,t) \tag{2.28a}$$

$$\partial_t \Gamma_e(x,t) + \partial_x \left(\frac{2}{3} \Gamma_e(x,t) \bar{v}_e(x,t) + \frac{2}{3 m_e} w_e(x,t) \right)$$
$$= -\frac{e_0}{m_e} n_e(x,t) E(x,t) - \nu_e(x,t) \Gamma_e(x,t) \tag{2.28b}$$

$$\partial_t w_e(x,t) + \partial_x \left(\frac{5}{3} w_e(x,t) \bar{v}_e(x,t) - \frac{m_e}{3} \Gamma_e(x,t) \bar{v}_e^2(x,t) + \dot{q}_e(x,t) \right)$$
$$= -e_0 \Gamma_e(x,t) E(x,t) + \tilde{S}_e(x,t) \tag{2.28c}$$

Ionen und metastabile Atome:

$$\partial_t n_h(x,t) + \partial_x \Gamma_h(x,t) = S_h(x,t) \tag{2.28d}$$

$$\partial_t \Gamma_h(x,t) + \partial_x \left(\Gamma_h(x,t) \bar{v}_h(x,t) + \frac{k_B T_g}{m_h} n_h(x,t) \right)$$
$$= \frac{q_h}{m_h} n_h(x,t) E(x,t) - \nu_h(x,t) \Gamma_h(x,t) \tag{2.28e}$$

2 Herleitung der Modellgleichungen

angeregte Teilchen (ohne metastabile Atome):

$$\partial_t n_h(x,t) = S_h(x,t) \tag{2.28f}$$

elektrisches Potenzial:

$$-\varepsilon_0 \partial_x^2 \Phi(x,t) = \sum_{s=1}^{N_s} q_s n_s(x,t)\,. \tag{2.28g}$$

Um den Einfluss der Bestimmung der Wärmestromdichte der Elektronen in diesem Mehr-Momenten-Modell (TMM) zu untersuchen, wurde der stationäre Zustand einer anomalen Glimmentladung in Argon zwischen planaren Elektroden mit 1 cm Abstand bei einem Gasdruck von $p = 1$ Torr, einer Schwerteilchentemperatur von $T_g = 300$ K und einer äußeren Spannung von $V_0 = -250$ V für unterschiedliche Näherungen der Wärmeleitfähigkeit κ_e der Elektronen berechnet. Die Parameter dieser Modellsituation sind im Anhang A in der Tabelle A.5, und die berücksichtigten Reaktionsprozesse in den Tabellen A.2 und A.3 zusammengefasst. Dieses Modell wird im Folgenden als Referenzmodell bezeichnet. Die Wärmeleitfähigkeit wird bestimmt gemäß

$$\kappa_e = \kappa_\nu := \frac{5}{2} \frac{n_e k_B^2 T_e}{m_e \nu_e} \quad \text{bzw.} \quad \kappa_e = \kappa_{De} := \frac{5}{2} k_B D_e n_e\,. \tag{2.29}$$

Des Weiteren motiviert die in Abschnitt 2.3.3 durchgeführte Betrachtung der Drift-Diffusionsnäherung die Bestimmung der Wärmeleitfähigkeit gemäß

$$\kappa_e = \kappa_{\text{Deps}} := \frac{3}{2} \frac{\tilde{D}_e}{\varepsilon} k_B n_e \tag{2.30}$$

mit dem Energiediffusionskoeffizienten $\tilde{D}_e$ [66]. Die Koeffizienten ν_e, D_e und $\tilde{D}_e$ sind hier als Funktion der mittleren Energie der Elektronen gegeben (vgl. Anhang B.5). In Abbildung 2.4 sind die Elektronendichte und die mittlere Elektronenenergie im stationären Zustand dargestellt. Die Ergebnisse zeigen, dass sich Änderungen in der Bestimmung der Wärmeleitfähigkeit insbesondere auf den Verlauf der mittleren Energie im Kathodengebiet auswirken. Dies ist darauf zurückzuführen, dass der Gradient der mittleren Energie dort groß ist. Die Darstellung des axialen Verlaufs der Elektronendichte macht zudem deutlich, dass die Beschreibung der Wärmestromdichte einen starken Einfluss auf das Entladungsverhalten in dem gesamten Entladungsgebiet hat.

Aufgrund der Sensitivität der Modellergebnisse gegenüber den Annahmen zur Bestimmung des Wärmestroms bzw. der Wärmeleitfähigkeit wurde im Rahmen dieser

2.3 Fluid-Poisson-Modelle im räumlich eindimensionalen Fall

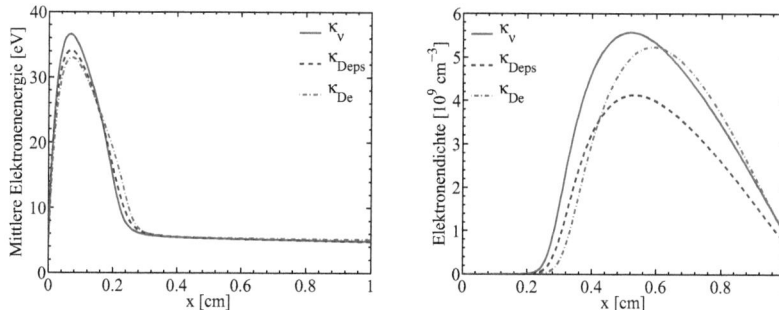

Abbildung 2.4: Vergleich der mittleren Energie (links) und der Dichte (rechts) der Elektronen für verschiedene Approximationen der Wärmeleitfähigkeit κ_e

Arbeit untersucht, ob das betrachtete System von Momentengleichungen zur Beschreibung der Elektronen anstatt über die Wärmestromdichte, durch eine geeignete alternative Approximation der Energiestromdichte

$$Q_e = \frac{5}{3} w_e \bar{v}_e - \frac{m_e}{3} \Gamma_e \bar{v}_e^2 + \dot{q}_e = \left(\frac{5}{3}\varepsilon - \frac{m_e}{3}\bar{v}_e^2\right)\Gamma_e + \dot{q}_e \qquad (2.31)$$

abgeschlossen werden kann. Eine Möglichkeit der Herleitung eines expliziten Ausdrucks für die Energiestromdichte bietet die Entwicklung der stationären Boltzmann-Gleichung in Legendre-Polynomen (hierauf wird in Abschnitt 2.3.3 genauer eingegangen). Dieser Ansatz führt auf die Drift-Diffusionsnäherung für die Energiestromdichte [142]

$$Q_e^{\mathrm{DDA}} = -\partial_x\left(\tilde{D}_e n_e\right) - \tilde{b}_e E n_e \qquad (2.32)$$

mit dem Diffusionskoeffizienten $\tilde{D}_e$ und der Beweglichkeit $\tilde{b}_e$ der Energiedichte [**66**]. Wird anstelle des Ausdrucks (2.31) die Gleichung (2.32) in der Energiebilanzgleichung der Elektronen (2.28c) verwendet und werden die Transportkoeffizienten $\tilde{D}_e$ und $\tilde{b}_e$ dabei konsistent als Funktion der mittleren Energie der Elektronen bestimmt, zeigen die Modellergebnisse der zuvor betrachteten Entladungssituation ein unphysikalisches Verhalten. In Abbildung 2.5 ist die mittlere Energie der Elektronen während der zeitlichen Entwicklung bei $t = 1\,\mathrm{ns}$ für das Referenzmodell gezeigt. Die dargestellten Ergebnisse verdeutlichen, dass dieser Ansatz zur Beschreibung der betrachteten Entladungssituation ungeeignet ist. Aufgrund der oszillierenden Lösungsgrößen kommt es nach wenigen Zeitschritten zu einem Abbruch der Modellrechnungen.

Eine mathematische Betrachtung der Modellgleichungen deutet darauf hin, dass

2 Herleitung der Modellgleichungen

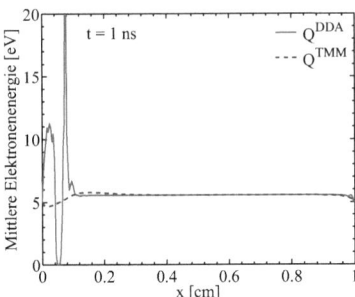

Abbildung 2.5: Mittlere Energie der Elektronen bei Verwendung der Drift-Diffusionsnäherung zur Bestimmung von Q_e (Q^{DDA}) im Vergleich mit den Ergebnissen des Modells (2.28) mit $\kappa_e = \kappa_{De}$ (Q^{TMM})

das Problem (2.28) bei Verwendung der Drift-Diffusionsnäherung (2.32) nicht sachgemäß gestellt ist. Die Lösungsgröße Γ_e, die den Transport der Teilchen beschreibt, hat bei Verwendung von (2.32) keinen direkten Einfluss auf den Transport der Energie. Im Gegensatz dazu zeigt Gleichung (2.31), dass die Energiestromdichte zumindest dort proportional zu Γ_e ist, wo $\dot{q}_e$ klein gegenüber den übrigen Termen in (2.32) ist. Des Weiteren kann das System partieller Differenzialgleichungen (2.28) bei Verwendung von (2.32) nicht als hyperbolisch, parabolisch oder elliptisch klassifiziert werden.[6]

Um die genannten Probleme, die bei dem eben betrachteten hydrodynamischen Modell auftreten zu umgehen, wird ein weiterer, neuartiger Ansatz zur Herleitung makroskopischer Bilanzgleichungen verfolgt. Hierauf wird in dem folgenden Abschnitt eingegangen.

2.3.2 Vier-Momenten-Modell zur Beschreibung der Elektronen

Unter der Annahme, dass die Richtung des elektrischen Feldes parallel zu der betrachteten Ortskoordinate x ist und Inhomogenitäten, die nichtparallel zu der Feldrichtung auftreten, gering sind,[7] kann die Geschwindigkeitsverteilungsfunktion der Elektronen bezüglich $v_x/|v| = \cos(\theta)$ nach Legendre-Polynomen[8] entwickelt werden

$$f_e(x, \boldsymbol{v}, t) = \sum_{l=0}^{\infty} \tilde{f}_l(x, |v|, t) P_l\big(\cos(\theta)\big). \tag{2.33}$$

---

[6]Die Untersuchung wurde mittels des in Kapitel 3 beschriebenen Vorgehens durchgeführt.
[7]Im hier betrachteten 1D-Fall ist dies natürlich ohnehin vorausgesetzt.
[8]Die Legendre-Polynome sind benannt nach Adrien-Marie Legendre (1752–1833).

Hier bezeichnet θ den Winkel zwischen der Feldrichtung und der Richtung der Geschwindigkeit $\boldsymbol{v}$. Wird (2.33) mit einer endlichen Anzahl N_l an Entwicklungstermen in die Boltzmann-Gleichung (2.4) eingesetzt und die Entwicklungskoeffizienten $\tilde{f}_l$ gemäß der Beziehung

$$f_l(x, U, t) = 2\pi \left(\frac{2}{m_\mathrm{e}}\right)^{3/2} \tilde{f}_l(x, |v|, t) \tag{2.34}$$

in den Raum der kinetischen Energie $U = m_\mathrm{e} v^2/2$ der Elektronen transformiert, resultiert mit Integration über den Energieraum und geeigneter Approximation der Stoßintegrale das folgende Vier-Momenten-Modell (4MM) zur Beschreibung der zeitlichen Änderung der Teilchendichte n_e, der Teilchenstromdichte Γ_e, der Energiedichte w_e sowie der Energiestromdichte Q_e der Elektronen

$$\partial_t n_\mathrm{e}(x,t) + \partial_x \Gamma_\mathrm{e}(x,t) = S_\mathrm{e}(x,t) \tag{2.35a}$$

$$\partial_t \Gamma_\mathrm{e}(x,t) + \partial_x \left(\frac{2}{3 m_\mathrm{e}} w_\mathrm{e}(x,t) + \xi_2(x,t)\Gamma_\mathrm{e}(x,t)\bar{v}_\mathrm{e}(x,t)\right)$$
$$= -\frac{e_0}{m_\mathrm{e}} E(x,t) n_\mathrm{e}(x,t) - \nu_\mathrm{e}(x,t)\Gamma_\mathrm{e}(x,t) \tag{2.35b}$$

$$\partial_t w_\mathrm{e}(x,t) + \partial_x Q_\mathrm{e}(x,t) = -e_0 \Gamma_\mathrm{e}(x,t) E(x,t) + \tilde{S}_\mathrm{e}(x,t) \tag{2.35c}$$

$$\partial_t Q_\mathrm{e}(x,t) + \partial_x \left(\tilde{\xi}_0(x,t) n_\mathrm{e}(x,t) + \tilde{\xi}_2(x,t) Q_\mathrm{e}(x,t) \bar{v}_\mathrm{e}(x,t)\right)$$
$$= -e_0 \left(\frac{5}{3 m_\mathrm{e}} w_\mathrm{e}(x,t) + \xi_1(x,t) n_\mathrm{e}(x,t)\right) E(x,t) - \tilde{\nu}_\mathrm{e}(x,t) Q_\mathrm{e}(x,t). \tag{2.35d}$$

Die Koeffizienten ξ_1, ξ_2, $\tilde{\xi}_0$, $\tilde{\xi}_2$, ν_e und $\tilde{\nu}_\mathrm{e}$ dieses Systems sind gemäß

$$\xi_1(x,t) = \frac{4}{15 m_\mathrm{e}} \int_0^\infty U^{3/2} f_2(x,U,t)\,\mathrm{d}U \Big/ n_\mathrm{e}(x,t) \tag{2.36a}$$

$$\xi_2(x,t) = \frac{4}{15 m_\mathrm{e}} \int_0^\infty U^{3/2} f_2(x,U,t)\,\mathrm{d}U \Big/ \frac{\Gamma_\mathrm{e}(x,t)^2}{n_\mathrm{e}(x,t)} \tag{2.36b}$$

$$\tilde{\xi}_0(x,t) = \frac{2}{3 m_\mathrm{e}} \int_0^\infty U^{5/2} f_0(x,U,t)\,\mathrm{d}U \Big/ n_\mathrm{e}(x,t) \tag{2.36c}$$

$$\tilde{\xi}_2(x,t) = \frac{4}{15 m_\mathrm{e}} \int_0^\infty U^{5/2} f_2(x,U,t)\,\mathrm{d}U \Big/ \frac{Q_\mathrm{e}(x,t)\Gamma_\mathrm{e}(x,t)}{n_\mathrm{e}(x,t)} \tag{2.36d}$$

$$\nu_\mathrm{e}(x,t) = \frac{2}{3 m_\mathrm{e}} \int_0^\infty U^{3/2} f_1(x,U,t) \bigl(l_\mathrm{e}(U)\bigr)^{-1}\,\mathrm{d}U \Big/ \Gamma_\mathrm{e}(x,t) \tag{2.36e}$$

$$\tilde{\nu}_\mathrm{e}(x,t) = \frac{2}{3 m_\mathrm{e}} \int_0^\infty U^{5/2} f_1(x,U,t) \bigl(l_\mathrm{e}(U)\bigr)^{-1}\,\mathrm{d}U \Big/ Q_\mathrm{e}(x,t) \tag{2.36f}$$

gegeben. Hier ist l_e die mittlere freie Weglänge der Elektronen (vgl. Gleichung (B.23) im Anhang B.4). Die Herleitung dieses Systems wird im Anhang B.4 näher erläutert.

2 Herleitung der Modellgleichungen

Im Rahmen der hydrodynamischen Modellierung werden die Koeffizienten (2.36) mittels Lösung der stationären, räumlich homogenen Boltzmann-Gleichung der Elektronen bestimmt und als Funktion der mittleren Energie der Elektronen in dem Fluid-Modell verwendet. Die entsprechenden Ausdrücke sind im Anhang B.5 angegeben. Zur Bestimmung der Koeffizienten findet eine modifizierte Form des in [143] veröffentlichten Verfahrens Anwendung. Die Berechnung der Koeffizienten war nicht Gegenstand dieser Arbeit und wurde von D. Loffhagen durchgeführt.

Es sei darauf hingewiesen, dass für $\xi_2 = 2/3$ die Impulsbilanzgleichung (2.35b) des Vier-Momenten-Modells (4MM) für die Elektronen in Übereinstimmung mit der Impulsbilanzgleichung (2.28b) des Drei-Momenten-Modells (3MMk) für die Elektronen ist. Das Vier-Momenten-Modell (2.35) für die Elektronen wird ergänzt durch die Gleichungen (2.28d)–(2.28g) des Mehr-Momenten-Modells (2.28) für die Schwerteilchen und das elektrische Potenzial.

2.3.3 Drift-Diffusionsmodell

Es wurde bereits bemerkt, dass die Zeitableitung in der Impulsbilanzgleichung für die Elektronen (2.28b) bzw. (2.35b) vernachlässigt werden kann, wenn die Annahme gerechtfertigt ist, dass sich die Teilchenstromdichte der Elektronen zu jedem Zeitpunkt der Entladung quasistationär einstellt. Wie Abbildung 2.6 zeigt, liegen die Werte der Dissipationsfrequenz der Energiestromdichte $\tilde{\nu}_e$ in der gleichen Größenordnung wie die Werte der Impulsübertragungsfrequenz ν_e der Elektronen. Somit ist auch die

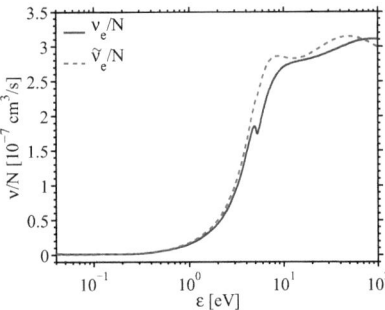

Abbildung 2.6: Impulsübertragungsfrequenz und Dissipationsfrequenz der Energiestromdichte der Elektronen als Funktion der mittleren Energie

Vernachlässigung des Terms $\partial_t Q_e$ in der Gleichung (2.35d) unter den gleichen Voraussetzungen gerechtfertigt. Wie im Anhang B.4 näher beschrieben wird, führt die

2.3 Fluid-Poisson-Modelle im räumlich eindimensionalen Fall

Vernachlässigung der Terme $\partial_t \Gamma_e$ und $\partial_t Q_e$ auf die Drift-Diffusionsnäherungen

$$\Gamma_e = -\frac{1}{\nu_e}\partial_x\left(\left(\frac{2\varepsilon}{3m_e}+\xi_1\right)n_e\right) - \frac{e_0}{m_e\nu_e}En_e \qquad (2.37a)$$

$$Q_e = -\frac{1}{\tilde{\nu}_e}\partial_x\left(\tilde{\xi}_1 n_e\right) - \frac{e_0}{\tilde{\nu}_e}\left(\frac{5}{3}\frac{\varepsilon}{m_e}+\xi_1\right)En_e \qquad (2.37b)$$

für die Teilchenstromdichte und die Energiestromdichte der Elektronen mit den Koeffizienten (2.36) und

$$\tilde{\xi}_1(x,t) = \frac{2}{3m_e}\int_0^\infty U^{5/2}\left(f_0(x,U,t)+\frac{2}{5}f_2(x,U,t)\right)\mathrm{d}U \bigg/ n_e(x,t). \qquad (2.38)$$

Damit ergeben sich die Bilanzgleichungen

$$\partial_t n_e(x,t) + \partial_x \Gamma_e(x,t) = S_e(x,t) \qquad (2.39a)$$
$$\partial_t w_e(x,t) + \partial_x Q_e(x,t) = -e_0\Gamma_e(x,t)E(x,t) + \tilde{S}_e(x,t) \qquad (2.39b)$$

zur Bestimmung der Teilchendichte und der Energiedichte der Elektronen, wobei Γ_e und Q_e in Drift-Diffusionsnäherung durch (2.37a) bzw. (2.37b) gegeben sind.

In Analogie zu dem konventionellen Drei-Momenten-Modell für die Elektronen (3MMk), in dem die Bilanzgleichungen (2.28a)–(2.28c) mit der Wärmestromdichte (2.17) gelöst werden, kann aus dem Vier-Momenten-Modell (2.35) unmittelbar ein neues Drei-Momenten-Modell für die Elektronen (3MMn) hergeleitet werden. Dazu wird zwar die zeitabhängige Bilanzgleichung (2.35b) für die Teilchenstromdichte berücksichtigt, die Bilanzgleichung (2.35d) für die Energiestromdichte Q_e der Elektronen aber ersetzt durch die Drift-Diffusionsnäherung (2.37b). Anders als der zuvor betrachtete Ansatz, bei dem der Ausdruck (2.32) für die Energiestromdichte in der Energiebilanzgleichung (2.28c) des konventionellen Drei-Momenten-Modells verwendet wird, kann das 3MMn-Modell zur Beschreibung von Plasmen eingesetzt werden. Ein Vergleich der verschiedenen Modelle zur Beschreibung der Elektronen erfolgt in Abschnitt 6.2.1.

Die Herleitung der neuen Drift-Diffusionsnäherung (2.37) basiert auf den zeitabhängigen Bilanzgleichungen für die Teilchen- und die Energiestromdichte der Elektronen. Im Gegensatz dazu wird bei der Herleitung der konventionellen Drift-Diffusionsnäherung die Zeitableitung der kinetischen Gleichung für die f_1-Komponente der Energieverteilungsfunktion der Elektronen vernachlässigt und der resultierende

2 Herleitung der Modellgleichungen

explizite Ausdruck für f_1 in die Gleichung

$$\Gamma_{\mathrm{e}}(x,t) = \frac{1}{3}\left(\frac{2}{m_{\mathrm{e}}}\right)^{1/2} \int_0^\infty U f_1(x,U,t)\,\mathrm{d}U \tag{2.40}$$

für die Teilchenstromdichte bzw. die Gleichung

$$Q_{\mathrm{e}}(x,t) = \frac{1}{3}\left(\frac{2}{m_{\mathrm{e}}}\right)^{1/2} \int_0^\infty U^2 f_1(x,U,t)\,\mathrm{d}U \tag{2.41}$$

für die Energiestromdichte eingesetzt (vgl. Anhang B.4). Dieses Vorgehen liefert die Ausdrücke

$$\Gamma_{\mathrm{e}} = -\partial_x\!\left(D_{\mathrm{e}} n_{\mathrm{e}}\right) - b_{\mathrm{e}} E\, n_{\mathrm{e}} \tag{2.42a}$$

$$Q_{\mathrm{e}} = -\partial_x\!\left(\tilde{D}_{\mathrm{e}} n_{\mathrm{e}}\right) - \tilde{b}_{\mathrm{e}} E\, n_{\mathrm{e}} \tag{2.42b}$$

mit den Diffusionkoeffizienten

$$D_{\mathrm{e}}(x,t) = \frac{1}{3\,n_{\mathrm{e}}(x,t)}\left(\frac{2}{m_{\mathrm{e}}}\right)^{1/2}\int_0^\infty U l_{\mathrm{e}}(U)\left(f_0(x,U,t) + \frac{2}{5}f_2(x,U,t)\right)\mathrm{d}U \tag{2.43a}$$

$$\tilde{D}_{\mathrm{e}}(x,t) = \frac{1}{3\,n_{\mathrm{e}}(x,t)}\left(\frac{2}{m_{\mathrm{e}}}\right)^{1/2}\int_0^\infty U^2 l_{\mathrm{e}}(U)\left(f_0(x,U,t) + \frac{2}{5}f_2(x,U,t)\right)\mathrm{d}U \tag{2.43b}$$

sowie den Beweglichkeiten

$$\begin{aligned}b_{\mathrm{e}}(x,t) = -\frac{e_0}{3\,n_{\mathrm{e}}(x,t)}\left(\frac{2}{m_{\mathrm{e}}}\right)^{1/2}\int_0^\infty l_{\mathrm{e}}(U)\bigg(&U\partial_U f_0(x,U,t)\\&+ U\frac{2}{5}\partial_U f_2(x,U,t) + \frac{3}{5}f_2(x,U,t)\bigg)\mathrm{d}U\end{aligned} \tag{2.43c}$$

$$\begin{aligned}\tilde{b}_{\mathrm{e}}(x,t) = -\frac{e_0}{3\,n_{\mathrm{e}}(x,t)}\left(\frac{2}{m_{\mathrm{e}}}\right)^{1/2}\int_0^\infty U l_{\mathrm{e}}(U)\bigg(&U\partial_U f_0(x,U,t)\\&+ U\frac{2}{5}\partial_U f_2(x,U,t) + \frac{3}{5}f_2(x,U,t)\bigg)\mathrm{d}U\end{aligned} \tag{2.43d}$$

für die Teilchen- und Energiedichte der Elektronen [66]. Diese Koeffizienten werden analog zu (2.36) bestimmt und in dem Fluid-Modell als Funktion der mittleren Energie verwendet. Es sei darauf hingewiesen, dass (2.42b) in Übereinstimmung mit der bereits zuvor genannten Approximation (2.32) der Energiestromdichte der Elektronen ist.

Werden auch die Zeitableitung der Impulsbilanzgleichung für die Schwerteilchen und zusätzlich in dieser Gleichung der Term $\partial_x(\Gamma_h \bar{v}_h)$ vernachlässigt, ergibt sich

2.3 Fluid-Poisson-Modelle im räumlich eindimensionalen Fall

zusammenfassend das Drift-Diffusionsmodell

Elektronen:

$$\partial_t n_e(x,t) + \partial_x \Gamma_e(x,t) = S_e(x,t) \tag{2.44a}$$

$$\partial_t w_e(x,t) + \partial_x Q_e(x,t) = -e_0 \Gamma_e(x,t) E(x,t) + \tilde{S}_e(x,t) \tag{2.44b}$$

Ionen und metastabile Atome:

$$\partial_t n_h(x,t) + \partial_x \Big(-D_h(x,t) \partial_x n_h(x,t)$$
$$+ \operatorname{sgn}(q_h) b_h(x,t) E(x,t) n_h(x,t) \Big) = S_h(x,t) \tag{2.44c}$$

angeregte Teilchen (ohne metastabile Atome):

$$\partial_t n_h(x,t) = S_h(x,t) \tag{2.44d}$$

elektrisches Potenzial:

$$-\varepsilon_0 \partial_x^2 \Phi(x,t) = \sum_{s=1}^{N_s} q_s n_s(x,t). \tag{2.44e}$$

Die Teilchen- und Energiestromdichten der Elektronen in (2.44a) und (2.44b) wird gemäß (2.37) (neues Drift-Diffusionsmodell, DDAn) bzw. gemäß (2.42) (konventionelles Drift-Diffusionsmodell, DDAk) bestimmt.

Die vorgestellte Form der konventionellen Drift-Diffusionsnäherung ist nur sehr eingeschränkt anwendbar. In vielen Entladungssituationen treten während der zeitlichen Entwicklung negative Werte der mittleren Elektronenenergie auf und es kommt zu einem unphysikalischen Lösungsverhalten. Aus diesem Grund werden in der Literatur anstelle der konsistenten Energietransportkoeffizienten (2.43b) und (2.43d) häufig die vereinfachenden Ausdrücke

$$\tilde{b}_e = \frac{5}{3} b_e \varepsilon \quad \text{und} \quad \tilde{D}_e = \frac{5}{3} D_e \varepsilon \tag{2.45}$$

verwendet [28, 100, 101]. Diese Näherung ist dann gültig, wenn die Impulsübertragungsfrequenz konstant ist und die Energieverteilungsfunktion der Elektronen einer Maxwell-Verteilung entspricht [11]. Das DDAk-Modell mit Verwendung von

2 Herleitung der Modellgleichungen

(2.45) zur Bestimmung der Energietransportkoeffizienten wird folgend als DDA5/3 bezeichnet. In dem Abschnitt 6.2.2 wird am Beispiel einer Niederdruckglimmentladung in Argon der Einfluss der Näherung (2.45) diskutiert und es werden die Vorteile des neuen Drift-Diffusionsmodells vorgestellt. Welchen Einfluss die Drift-Diffusionsannahme für die Elektronen und die Schwerteilchen auf die Ergebnisse der betrachteten Entladungssituation hat wird in dem Abschnitt 6.2.3 untersucht.

In dem Kapitel 2 wurden allgemeine Momentengleichungen hergeleitet und neue Ansätze zum Abschluss der Momentengleichungen für den betrachteten eindimensionalen Fall vorgestellt. Die Tabellen 2.1 und 2.2 zeigen eine Übersicht über die betrachteten Mehr-Momenten- und Drift-Diffusionsmodelle. In dem nachfolgenden Kapitel wird der Typ des jeweiligen Systems partieller Differenzialgleichungen festgestellt. Dies ist erforderlich, um adäquate Randbedingungen und geeignete Diskretisierungsverfahren auswählen zu können.

2.3 Fluid-Poisson-Modelle im räumlich eindimensionalen Fall

Tabelle 2.1: Übersicht über Modellgleichungen der Mehr-Momenten-Modelle

Bezeichnung	Modell	Elektronen	Schwerteilchen
TMM	Mehr-Momenten-Modell	Teilchendichtebilanz (2.28a), Teilchenstrombilanz (2.28b), Energiedichtebilanz (2.28c), Wärmestrom (2.17)	Teilchendichtebilanz (2.28d) bzw. (2.28f), Teilchenstrombilanz (2.28e)
4MM	Vier-Momenten-Modell für die Elektronen	Teilchendichtebilanz (2.35a), Teilchenstrombilanz (2.35b), Energiedichtebilanz (2.35c), Energiestrombilanz (2.35d)	analog zu TMM
3MMn	neues Drei-Momenten-Modell für die Elektronen	Teilchendichtebilanz (2.35a), Teilchenstrombilanz (2.35b), Energiedichtebilanz (2.35c), Energiestrom (2.37b)	analog zu TMM
3MMk	konventionelles Drei-Momenten-Modell für die Elektronen	analog zu TMM	analog zu TMM

2 Herleitung der Modellgleichungen

Tabelle 2.2: Übersicht über Modellgleichungen der Drift-Diffusionsmodelle

Bezeichnung	Modell	Elektronen	Schwerteilchen
DDA	Drift-Diffusionsmodell	Teilchendichtebilanz (2.44a), Teilchenstrom (2.42a), Energiedichtebilanz (2.44b), Energiestrom (2.42b) mit (2.45)	Teilchendichtebilanz (2.44c) bzw. (2.44d)
DDAn	neues Drift-Diffusionsmodell für die Elektronen	Teilchendichtebilanz (2.44a), Teilchenstrom (2.37a), Energiedichtebilanz (2.44b), Energiestrom (2.37b)	analog zu DDA
DDAk	konventionelles Drift-Diffusionsmodell für die Elektronen	Teilchendichtebilanz (2.44a), Teilchenstrom (2.42a), Energiedichtebilanz (2.44b), Energiestrom (2.42b)	analog zu DDA
DDA5/3	vereinfachtes Drift-Diffusionsmodell für die Elektronen	analog zu DDA	analog zu DDA

3 Klassifizierung der Modellgleichungen

In Kapitel 2 wurden mit dem Mehr-Momenten-Modell (2.28), dem Vier-Momenten-Modell für die Elektronen (2.35) und dem Drift-Diffusionsmodell (2.44) drei mathematische Modelle zur theoretischen Beschreibung von Gasentladungsplasmen vorgestellt. Aufgrund der nichtlinearen Kopplung der Modellgleichungen untereinander und der nichtkonstanten Transport- und Ratenkoeffizienten können diese Systeme partieller Differenzialgleichungen analytisch nicht gelöst werden, so dass eine numerische Beschreibung unumgänglich ist. Lediglich stark vereinfachte Modelle, die nur eine bestimmte Region der Entladung – wie z. B. das Kathodengebiet [102] oder ein asymptotisches Gebiet [103] – beschreiben, erlauben die Angabe einer exakten Lösung.

Um die Auswahl eines adäquaten Diskretisierungsverfahrens und insbesondere auch die notwendige Ergänzung der Differenzialgleichungen mit der korrekten Anzahl an Randbedingungen zu ermöglichen, werden die Modellgleichungen der Systeme (2.28), (2.35) und (2.44) in diesem Kapitel genauer analysiert. Sowohl die Wahl des numerischen Verfahrens als auch die Anzahl und die Art der vorzugebenden Randbedingungen hängen von dem Typ der Differenzialgleichungen ab. In dem Abschnitt 3.1 wird ein allgemeines Vorgehen zur Klassifizierung eines gegebenen Systems partieller Differenzialgleichungen erläutert. Anschließend werden in dem Abschnitt 3.2 die Bilanzgleichungen des Mehr-Momenten-Modells (2.28), in dem Abschnitt 3.3 das Vier-Momenten-Modell (2.35), in dem Abschnitt 3.4 die Bilanzgleichungen des Drift-Diffusionsmodells (2.44) und in dem Abschnitt 3.5 die Poisson-Gleichung untersucht.

3.1 Klassifizierung von Systemen partieller Differenzialgleichungen

Bei der Einführung der mathematischen Theorie zur Klassifizierung von Systemen partieller Differenzialgleichungen wird in Anlehnung an Hirsch [144] und Wesseling [145] vorgegangen. Ausgangspunkt des Vorgehens ist die Tatsache, dass jedes System partieller Differenzialgleichungen als ein System erster Ordnung in m unbe-

3 Klassifizierung der Modellgleichungen

kannten Variablen $\boldsymbol{U} = (U_1, \ldots, U_m)$ in der Form

$$\sum_{\alpha=1}^{d} A_\alpha \partial_{x_\alpha} \boldsymbol{U} = \boldsymbol{R} \qquad (3.1)$$

geschrieben werden kann [144]. Hier bezeichnet $d \in \mathbb{N}_+$ die Summe der Zeit- und Raumdimensionen, $\boldsymbol{R} = (R_1, \ldots, R_m)$ ist der Vektor der rechten Seiten und $A_\alpha = A_\alpha(\boldsymbol{r}, t, \boldsymbol{U})$, $\alpha = 1, \ldots, d$, sind Matrizen der Dimension $m \times m$. Zur Klassifizierung von Systemen der Form (3.1) werden die Matrizen A_α in einem Punkt $(\boldsymbol{r}_0, t_0, \boldsymbol{U}_0)$ eingefroren und untersucht, wie viele wellenartige Lösungen der Form

$$\boldsymbol{U} = \hat{\boldsymbol{U}} e^{i\boldsymbol{\nu}\cdot\boldsymbol{r}}, \qquad (3.2)$$

mit der Amplitude $\hat{\boldsymbol{U}}$ und dem Wellenvektor $\boldsymbol{\nu} \in \mathbb{R}^d$, des homogenen Systems

$$\sum_{\alpha=1}^{d} A_\alpha \partial_{x_\alpha} \boldsymbol{U} = 0 \qquad (3.3)$$

existieren. Der Wellenvektor $\boldsymbol{\nu}$ beschreibt die Richtung, in die sich die entsprechende Welle ausbreitet und wird auch als charakteristische Normale bezeichnet [144]. Mit Einsetzen des Ausdrucks (3.2) in die Gleichung (3.3) folgt unmittelbar, dass eine Funktion $\boldsymbol{U}$ der Form (3.2) genau dann eine Lösung von (3.3) ist, wenn nichttriviale Lösungen des linearen Gleichungssystems

$$\left[\sum_{\alpha=1}^{d} \nu_\alpha A_\alpha\right] \hat{\boldsymbol{U}} = \boldsymbol{0} \qquad (3.4)$$

existieren. Dies ist genau dann der Fall, wenn für $\boldsymbol{\nu} = (\nu_1, \ldots, \nu_d)$ die Gleichung

$$\det\left[\sum_{\alpha=1}^{d} \nu_\alpha A_\alpha\right] = 0 \qquad (3.5)$$

erfüllt ist. Da die linke Seite dieser Gleichung ein Polynom m-ten Grades in $\boldsymbol{\nu}$ beschreibt, existieren maximal m Lösungen $\boldsymbol{\nu}^k$, $k = 1, \ldots, m$. Systeme partieller Differenzialgleichungen der Form (3.1) heißen in dem Punkt $(\boldsymbol{r}_0, t_0, \boldsymbol{U}_0)$

- *hyperbolisch*, wenn m reelle Lösungen $\boldsymbol{\nu}^k$ von (3.5) existieren und alle zugehörigen Lösungen $\hat{\boldsymbol{U}}^k$ von (3.3) linear unabhängig sind,

- *parabolisch*, wenn alle Lösungen $\boldsymbol{\nu}^k$ von (3.5) reell sind, aber nur $(m-1)$ der zugehörigen Lösungen von (3.3) linear unabhängig sind und

- *elliptisch*, wenn (3.5) keine reellen Lösungen besitzt.

Kann das System in keine dieser drei Klassen eingeteilt werden, wird es als *hybrid* bezeichnet [145].

3.2 Analyse des Mehr-Momenten-Modells

3.2.1 Bilanzgleichungen für die Elektronen

Um das System partieller Differenzialgleichungen (2.28a)–(2.28c) zur Beschreibung der Elektronen nach dem beschriebenen Vorgehen klassifizieren zu können, muss dieses als quasilineares System partieller Differenzialgleichungen erster Ordnung in der Form (3.1) geschrieben werden. Dazu ist es nützlich, anstelle der Erhaltungsgrößen $\boldsymbol{U} = \boldsymbol{U}(\boldsymbol{V})$, zugehörige primitive Variablen $\boldsymbol{V}$ zu betrachten. Für die drei Erhaltungsgrößen Teilchendichte n_e, Teilchenstromdichte $\Gamma_e = n_e \bar{v}_e$ und Energiedichte $w_e = m_e n_e \bar{v}_e^2/2 + 3p_e/2$ ist z. B. $\boldsymbol{V} = (n_e, \bar{v}_e, p_e)$ eine geeignete Wahl. Wird die Wärmestromdichte der Elektronen in der Form (2.17) approximiert, können die Gleichungen (2.28a)–(2.28c) wegen $\varepsilon = w_e/n_e$ mit Einführung der Hilfsvariablen $\dot{\varepsilon} := \partial_x(w_e/n_e)$ geschrieben werden als

$$A_0 \partial_t \boldsymbol{U} + \partial_x \boldsymbol{F}(\boldsymbol{U}) = \boldsymbol{R}(\boldsymbol{U}) \,. \tag{3.6}$$

Hier ist $\boldsymbol{U} = (n_e, \Gamma_e, w_e, \dot{\varepsilon})$ der Vektor der Lösungsvariablen,

$$\boldsymbol{F}(\boldsymbol{U}) = \begin{pmatrix} \Gamma_e \\ \frac{2}{3}\Gamma_e \bar{v}_e + \frac{2}{3}\frac{w_e}{m_e} \\ \frac{5}{3}w_e \bar{v}_e - \frac{m_e}{3}\Gamma_e \bar{v}_e^2 - \frac{2}{3}\frac{\kappa_e}{k_B}\dot{\varepsilon} \\ \frac{w_e}{n_e} \end{pmatrix} \tag{3.7}$$

ist eine Flussfunktion, die von $\boldsymbol{U}$ abhängt aber keine weiteren Ableitungen von $\boldsymbol{U}$ enthält und $\boldsymbol{R} = (S_e, -e_0 n_e E/m_e - \nu_e \Gamma_e, -e_0 \Gamma_e E + \tilde{S}_e, \dot{\varepsilon})$ ist der Vektor der rechten Seiten. Die Matrix A_0 ist gegeben durch

$$A_0 := \begin{pmatrix} I & \vdots \\ \cdots & 0 \end{pmatrix}, \tag{3.8}$$

wobei I die (3×3)-Einheitsmatrix ist. Mit den Jacobi-Matrizen[1] $P := \partial \boldsymbol{U}/\partial \boldsymbol{V}$ und $A_2 := \partial \boldsymbol{F}/\partial \boldsymbol{V}$ bezüglich des Vektors der primitiven Variablen $\boldsymbol{V} = (n_e, \bar{v}_e, p_e, \dot{\varepsilon})$

---

[1] Jacobi-Matrizen sind benannt nach Carl G. J. Jacobi (1804–1851).

3 Klassifizierung der Modellgleichungen

sowie der Matrix $A_1 := A_0 P$ kann (3.6) in der quasilinearen Form

$$A_1 \partial_t \boldsymbol{V} + A_2 \partial_x \boldsymbol{V} = \boldsymbol{R} \tag{3.9}$$

geschrieben werden. Nach den Betrachtungen in Abschnitt 3.1 müssen zur Klassifizierung des Systems (3.9) die Nullstellen der Gleichung

$$\det\left(A_1 \nu_1 + A_2 \nu_2\right) = 0 \tag{3.10}$$

bestimmt werden. Diese sind gegeben durch[2]

$$\nu_1 = -\frac{2}{3}\nu_2 \bar{v}_e \pm \frac{\nu_2}{3}\left(\frac{9p_e + m_e n_e \bar{v}_e^2}{m_e n_e}\right)^{1/2} \quad \text{und} \quad \nu_2 = 0\,, \tag{3.11}$$

wobei $\nu_2 = 0$ zweifache Nullstelle ist. Somit sind alle Nullstellen der Gleichung (3.10) reell, es sind jedoch nur drei der vier zugehörigen Lösungen der Gleichung

$$\left(A_1 \nu_1 + A_2 \nu_2\right)\hat{\boldsymbol{U}} = \boldsymbol{0} \tag{3.12}$$

linear unabhängig. Gemäß der in Abschnitt 3.1 eingeführten Klassifizierung ist das System partieller Differenzialgleichungen (2.28a)–(2.28c) damit parabolisch.

In den betrachteten Entladungsplasmen kann die Situation eintreten, dass zumindest lokal $\dot{\varepsilon} = 0$ ist. In diesem Fall reduziert sich (3.9) auf ein quasilineares System für die drei primitiven Variablen $\boldsymbol{V} = (n_e, \bar{v}_e, p_e)$. Die drei Nullstellen der Gleichung (3.10) sind dann gegeben durch

$$\nu_1 = -\nu_2 \bar{v}_e \pm \nu_2 \left(\frac{5}{3}\frac{p_e}{m_e n_e}\right)^{1/2} \quad \text{und} \quad \nu_1 = -\nu_2 \bar{v}_e\,. \tag{3.13}$$

Die zugehörigen Lösungen der Gleichung (3.12) sind in diesem Fall offensichtlich linear unabhängig. Daraus folgt, dass das betrachtete System zur Beschreibung der Elektronen hyperbolisch ist, sofern $\dot{\varepsilon} = 0$ gilt. Ebenso können die Gleichungen (2.28a) und (2.28b) für gegebene mittlere Energie der Elektronen ε als hyperbolisch identifiziert werden (vgl. Abschnitt 3.2.2). Systeme partieller Differenzialgleichungen mit dieser Eigenschaft werden als hyperbolisch-parabolische Systeme[3] bezeichnet.

Insbesondere bei Annäherung an den stationären Zustands einer Glimmentladung,

---

[2] Die Berechnung der Determinanten, die Bestimmung der Nullstellen sowie der Test auf lineare Unabhängigkeit wurde mit dem Computeralgebrasystem MATHEMATICA durchgeführt.

[3] Hyperbolisch-parabolische Systeme werden in der Literatur auch als unvollständig parabolische Systeme bezeichnet [146–148]. Ein prominentes Beispiel eines unvollständig parabolischen Systems sind die kompressiblen Navier-Stokes-Gleichungen.

3.2 Analyse des Mehr-Momenten-Modells

das heißt es ist $\partial_t \Gamma_e = 0$, kann abhängig von den Entladungsbedingungen die Situation eintreten, dass die Relationen

$$\partial_x(\Gamma_e \bar{v}_e) = 0 \quad \text{und} \quad w_e = \frac{3}{2} p_e \qquad (3.14)$$

zumindest lokal näherungsweise erfüllt sind. Wird die Klassifizierung unter Berücksichtigung von $\partial_t \Gamma_e = 0$ sowie (3.14) durchgeführt und auch hier wieder angenommen, dass $\dot{\varepsilon} = 0$ ist, ergeben sich die Nullstellen

$$\nu_1 = -\nu_2 \bar{v}_e \quad \text{und} \quad \nu_2 = 0 \, , \qquad (3.15)$$

wobei $\nu_2 = 0$ zweifache Nullstelle ist. In diesem Fall ist das System (2.28a)–(2.28c) also auch dann parabolisch, wenn die Wärmestromdichte in Gleichung (2.28c) verschwindet.

Werden die Momentengleichungen für die Elektronen anstatt über die Wärmestromdichte durch Verwendung des Ausdrucks (2.32) für die Energiestromdichte abgeschlossen, liefert die Nullstellensuche

$$\nu_1 = -\frac{2}{3} \nu_2 \bar{v}_e \pm \mathrm{i} \frac{\sqrt{2}}{3} \nu_2 \bar{v}_e \quad \text{und} \quad \nu_2 = 0 \qquad (3.16)$$

mit der imaginären Einheit $\mathrm{i} = \sqrt{-1}$, wobei $\nu_2 = 0$ zweifache Nullstelle ist. Somit kann das System in diesem Fall nicht nach der in Abschnitt 3.1 angegebenen Klassifikation eingeordnet werden und wird als hybrid bezeichnet.

3.2.2 Bilanzgleichungen für die Schwerteilchen

Bei der Klassifizierung der Bilanzgleichungen (2.28d)–(2.28e) für die Ionen und metastabilen Teilchen wird analog zu Abschnitt 3.2.1 vorgegangen. Die Gleichungen (2.28f) für die **neutralen nichtmetastabilen Teilchen** stellen ein System gewöhnlicher Differenzialgleichungen erster Ordnung dar, das für geeignete Anfangswerte ohne die Vorgabe weiterer Randbedingungen mit Standardverfahren für gewöhnliche Differenzialgleichungen gelöst werden kann. Bei der Auswahl des Verfahrens sollte berücksichtigt werden, dass das zu lösende System, abhängig von der Modellsituation, steif sein kann.

Zur Klassifizierung von (2.28d)–(2.28e) werden die primitiven Variablen $\boldsymbol{V} = (n_h, \bar{v}_h)$ anstelle der Erhaltungsgrößen $\boldsymbol{U} = (n_h, \Gamma_h)$ betrachtet. Mit Einführung der

3 Klassifizierung der Modellgleichungen

Jacobi-Matrizen $P := \partial \boldsymbol{U}/\partial \boldsymbol{V}$ und $A_2 := \partial \boldsymbol{F}/\partial \boldsymbol{V}$ für die Flussfunktion

$$\boldsymbol{F} = \begin{pmatrix} \Gamma_h \\ \Gamma_h \bar{v}_h + \frac{k_B T_g}{m_h} n_h \end{pmatrix} \tag{3.17}$$

können die Gleichungen (2.28d)–(2.28e) geschrieben werden als

$$A_1 \partial_t \boldsymbol{V} + A_2 \partial_x \boldsymbol{V} = \boldsymbol{R}. \tag{3.18}$$

Hier ist $A_1 = P$ und $\boldsymbol{R} = (S_h, q_h n_h E/m_h - \nu_h \Gamma_h)$ der Vektor der rechten Seiten. Die Nullstellen der Gleichung

$$\det\!\left(A_1 \nu_1 + A_2 \nu_2\right) = 0 \tag{3.19}$$

sind gegeben durch

$$\nu_1 = -\nu_2 \bar{v}_h \pm \nu_2 \left(\frac{k_B T_g}{m_h}\right)^{1/2}. \tag{3.20}$$

Mit der linearen Unabhängigkeit der zugehörigen Lösungen von

$$\left(A_1 \nu_1 + A_2 \nu_2\right)\hat{\boldsymbol{U}} = \boldsymbol{0} \tag{3.21}$$

folgt, dass das System (2.28d)–(2.28e) zur Beschreibung der Ionen und metastabilen Atome hyperbolisch ist.

Tritt die Situation ein, dass für die Schwerteilchen die Terme $\partial_t \Gamma_h$ und $\partial_x(\Gamma_h \bar{v}_h)$ vernachlässigt werden können, liefert die Gleichung (3.19) die zweifache Nullstelle $\nu_1 = 0$. In diesem Fall ist das System (2.28d)–(2.28e) somit parabolisch.

3.3 Analyse des Vier-Momenten-Modells

Das System partieller Differenzialgleichungen (2.35) kann vektoriell geschrieben werden als

$$\partial_t \boldsymbol{U} + \partial_x \boldsymbol{F}(\boldsymbol{U}) = \boldsymbol{R}(\boldsymbol{U}) \tag{3.22}$$

mit dem Vektor der Erhaltungsgrößen $\boldsymbol{U} = (n_e, \Gamma_e, w_e, Q_e)$ sowie der Flussfunktion $\boldsymbol{F}$ und der rechten Seite $\boldsymbol{R}$ gemäß

$$\boldsymbol{F} = \begin{pmatrix} \Gamma_e \\ \xi_2 \Gamma_e \bar{v}_e + \frac{2}{3}\frac{w_e}{m_e} \\ Q_e \\ \tilde{\xi}_2 Q_e \bar{v}_e + \tilde{\xi}_0 n_e \end{pmatrix} \quad \text{und} \quad \boldsymbol{R} = \begin{pmatrix} S_e \\ -\frac{e_0}{m_e} E n_e - \nu_e \Gamma_e \\ -e_0 E \Gamma_e + \tilde{S}_e \\ -e_0 \left(\frac{5}{3 m_e} + \xi_1 n_e\right) E - \tilde{\nu}_e Q_e \end{pmatrix}. \tag{3.23}$$

Da der Druck p_e nicht explizit in diesem System auftaucht, ist zur Klassifizierung die Verwendung der primitiven Variablen $\boldsymbol{V} = (n_e, \bar{v}_e, w_e, \hat{v}_e)$ mit $\hat{v}_e = Q_e/w_e$ naheliegend. In der zugehörigen quasilinearen Form

$$A_1 \partial_t \boldsymbol{V} + A_2 \partial_x \boldsymbol{V} - \boldsymbol{R} \tag{3.24}$$

sind die Matrizen A_1 und A_2 gegeben durch $A_1 = \partial \boldsymbol{U}/\partial \boldsymbol{V}$ und $A_2 = \partial \boldsymbol{F}/\partial \boldsymbol{V}$. Aufgrund der zusätzlichen Kopplung der zeitabhängigen Bilanzgleichungen für die Teilchendichte, die Teilchenstromdichte sowie die Energiedichte der Elektronen mit der zeitabhängigen Bilanzgleichung für die Energiestromdichte können die Nullstellen des Systems

$$\det\left(A_1 \nu_1 + A_2 \nu_2\right) = 0 \tag{3.25}$$

nicht mehr übersichtlich dargestellt werden. Das Computeralgebrasystem MATHEMATICA liefert für diese zwar noch einen länglichen geschlossenen Ausdruck, der jedoch zu keiner eindeutigen Klassifikation führt und hier nicht angegeben werden soll. Werden für gegebenes w_e die Teilchen- und die Impulsbilanzgleichung separat betrachtet, ergeben sich die Nullstellen

$$\nu_1 = -\nu_2 \bar{v}_e \xi_2 \pm \nu_2 \bar{v}_2 \sqrt{\xi_2(\xi_2 - 1)}\,. \tag{3.26}$$

Das reduzierte System für n_e und Γ_e ist somit hyperbolisch, falls $\xi_2 > 1$. Für $\xi_2 = 1$, ist $\nu_1 = -\nu_2 \bar{v}_e$ zweifache Nullstelle und das System somit parabolisch. Die grafische Darstellung des Koeffizienten ξ_2 in Abbildung B.2 im Anhang B.5 zeigt, dass die Bedingung $\xi_2 \geq 1$ für $\varepsilon > 5\,\mathrm{eV}$ erfüllt ist. Andernfalls existieren keine reellen Nullstellen und das System ist formal elliptisch. Umgekehrt liefert die Betrachtung des reduzierten Systems für die Energiedichte und die Energiestromdichte für gegebenes n_e und $\bar{v}_e$ die Nullstellen

$$\nu_1 = -\nu_2 \bar{v}_e \tilde{\xi}_2 \quad \text{und} \quad \nu_1 = 0\,. \tag{3.27}$$

Das entkoppelte System für die Energiegleichungen ist somit hyperbolisch.

Weiter ist die Betrachtung des Drei-Momenten-Modells (3MMn) für die Teilchendichte, Stromdichte und Energiedichte basierend auf dem Vier-Momenten-Modell interessant. Wie in Abschnitt 2.3.3 diskutiert, führt die Vernachlässigung der Zeitableitung in Gleichung (2.35d) ohne weitere Annahmen auf den expliziten Ausdruck (2.37b) für Q_e. Wird dieser anstelle der Gleichung (2.35d) zum Abschluss der Momentengleichungen verwendet, lässt sich das zugehörige System partieller Differenzialgleichungen als parabolisch klassifizieren, sofern die Bedingung $\xi_2 > 1$ erfüllt

3 Klassifizierung der Modellgleichungen

ist. Die Nullstellen der Gleichung 3.25 sind bei Verwendung von (2.37b) gegeben durch

$$\nu_1 = -\nu_2 \bar{v}_\mathrm{e} \xi_2 \pm \nu_2 \bar{v}_2 \sqrt{\xi_2(\xi_2 - 1)} \quad \text{und} \quad \nu_2 = 0\,, \tag{3.28}$$

wobei $\nu_2 = 0$ zweifache Nullstelle ist.

3.4 Analyse des Drift-Diffusionsmodells

Die Bilanzgleichungen, die im Rahmen des Drift-Diffusionsmodells (2.44) zur Beschreibung der Elektronen und Schwerteilchen gelöst werden, können alle in der Form

$$\partial_t u + \partial_x\bigl(-D\partial_x u + v_\mathrm{d} u\bigr) = R \tag{3.29}$$

geschrieben werden, wobei u die jeweilige Lösungsvariable, D den Diffusionskoeffizienten und v_d die Driftgeschwindigkeit der jeweiligen Teilchensorte bzw. die Driftgeschwindigkeit der Energiedichte der Elektronen bezeichnet. Für die metastabilen Teilchen ist $v_\mathrm{d} = 0$ und für die strahlenden Zustände entfällt auch der Term $-D\partial_x u$.

Die Einordnung von partiellen Differenzialgleichungen der Form (3.29) kann mit dem Standardverfahren zur Klassifizierung linearer partieller Differenzialgleichungen zweiter Ordnung vorgenommen werden [149]. Es ist bekannt, dass Gleichungen der Form (3.29) parabolisch sind [144]. Ist jedoch der Driftterm $v_\mathrm{d} u$ groß gegenüber dem Diffusionsterm $-D\partial_x u$, so dass die Péclet-Zahl[4]

$$\mathrm{Pe} = L\,\frac{|v_\mathrm{d}|}{D}\,, \tag{3.30}$$

die das Verhältnis der Geschwindigkeit zu der Diffusion in einem System mit der charakteristischen Dimension L repräsentiert, deutlich größer als Eins ist, dominiert der hyperbolische Anteil der Gleichung (3.29). In diesem Fall können insbesondere nahe der Ränder und im Bereich steiler Gradienten numerische Probleme auftreten, wenn zur Diskretisierung von (3.29) Standardverfahren für parabolische Differenzialgleichungen verwendet werden [65],[150].

3.5 Poisson-Gleichung

Die Poisson-Gleichung (2.23), die zur Bestimmung des elektrischen Potenzials gelöst wird, ist bekanntermaßen elliptisch. In dem hier betrachteten räumlich eindimensionalen Fall reduziert sich diese partielle Differenzialgleichung auf eine gewöhnliche Differenzialgleichung zweiter Ordnung, die zu jedem Zeitpunkt gekoppelt mit den

---
[4]Die Péclet-Zahl ist benannt nach Jean C. E. Péclet (1793–1857).

Bilanzgleichungen für die Teilchendichten aller Spezies und die Energiedichte der Elektronen sowie gegebenenfalls den Bilanzgleichungen für die Stromdichten der Elektronen, Ionen und metastabilen Atome und die Energiestromdichte der Elektronen zu lösen ist. Dabei kann zur Lösung der Poisson-Gleichung ein Standardverfahren für Zweipunkt-Randwertprobleme, wie z. B. die Galerkin-Finite-Elemente-Methode, eingesetzt werden [151]. Es sei jedoch angemerkt, dass Konvergenzprobleme auftreten können, wenn die Poisson-Gleichung implizit gekoppelt mit den Bilanzgleichungen gelöst wird. Aus diesem Grund werden in der Regel semi-implizite Kopplungsverfahren eingesetzt [152, 153]. Auf das im Rahmen dieser Arbeit verwendete Vorgehen wird in Abschnitt 5.3 genauer eingegangen.

Die in dem Kapitel 3 durchgeführten Betrachtungen haben gezeigt, dass sich das qualitative Verhalten der Lösungen der Bilanzgleichungen, abhängig von der Dominanz hyperbolischer bzw. parabolischer Terme, sowohl im Ort als auch in der Zeit stark ändern kann. Diese Tatsache ist bei der Auswahl der Randbedingungen und der numerischen Verfahren zur Diskretisierung der Modellgleichungen zu berücksichtigen [144, 147, 148, 154].

4 Anfangswerte und Randbedingungen

Die Vorgabe von Anfangswerten und Randbedingungen ist erforderlich, um die in dem Kapitel 2 hergeleiteten Systeme partieller Differenzialgleichungen eindeutig lösen zu können. Als Anfangszustand des Gases kann beispielsweise zum Zeitpunkt $t = 0$ eine räumlich homogene Dichteverteilung aller Spezies und eine konstante mittlere Elektronenenergie in einem quasineutralen Plasma angenommen werden. Eine Schwierigkeit bei der Spezifizierung von Randbedingungen besteht darin, dass diese sowohl physikalisch sinnvoll als auch mathematisch und numerisch beschreibbar sein müssen. Physikalisch sinnvoll meint an dieser Stelle, dass die Randbedingungen die stattfindenden Plasma-Wand-Wechselwirkungen, wie z. B. die Emission und Rekombination von Teilchen, näherungsweise beschreiben müssen. Des Weiteren ist zu beachten, dass bei einer ungünstigen Wahl der Randbedingungen mathematisch nichtsachgemäß gestellte Probleme resultieren können, für die keine Lösung existiert [155]. Bei der Auswahl der Randbedingungen ist zu berücksichtigen, dass die Anzahl der vorzugebenden Randbedingungen von dem Typ der jeweiligen Differenzialgleichung abhängt. Dazu wurde in Kapitel 3 eine Klassifizierung der betrachteten Differenzialgleichungen vorgenommen. Grundsätzlich gelten die folgenden Regeln [144, 145]:

- Bei *hyperbolischen Systemen* partieller Differenzialgleichungen erster Ordnung entspricht die Anzahl der vorzugebenden Randbedingungen der Anzahl der charakteristischen Wellen, die an einem Randpunkt in das Lösungsgebiet münden.

- Bei *parabolischen* und *elliptischen Differenzialgleichungen* müssen an allen Rändern Randbedingungen vorgegeben werden.

- Bei *hyperbolisch-parabolischen Systemen*, wie z. B. das System (2.28), müssen außer den Randbedingungen, die auf den hyperbolischen Teil zurückzuführen sind, auf allen Rändern zusätzliche Bedingungen für die parabolische Gleichung vorgegeben werden.

Diese Betrachtungen zeigen, dass sowohl bei hyperbolischen als auch bei hyperbolisch-parabolischen Systemen nicht alle Lösungsgrößen auf allen Rändern durch die Randbedingungen spezifiziert werden können. Aus diesem Grund müssen bei den numerischen Berechnungen zusätzlich zu den *physikalischen Randbedingungen* auch sogenannte *numerische Randbedingungen* vorgegeben werden. Hierauf wird in dem Abschnitt 4.5 genauer eingegangen. In dem folgenden Abschnitt 4.1 wird gezeigt, wie die Anzahl der vorzugebenden physikalischen Randbedingungen mittels Bestimmung der charakteristischen Wellen hyperbolischer Systeme partieller Differenzialgleichungen bestimmt werden kann. Daran anschließend werden die Randbedingungen für die Elektronen (Abschnitt 4.2), die Schwerteilchen (Abschnitt 4.3) und das elektrische Potenzial (Abschnitt 4.4) spezifiziert.

4.1 Charakteristische Wellen hyperbolischer Differenzialgleichungssysteme

Wie in Kapitel 4 einleitend bemerkt, erfordert die Bestimmung der Anzahl der vorzugebenden Randbedingungen für hyperbolische Bilanzgleichungen eine Analyse der charakteristischen Wellen an den entsprechenden Rändern des Lösungsgebiets [144, 145, 156, 157]. Auch bei hyperbolisch-parabolischen Systemen kann analog vorgegangen werden, indem bei der Analyse nur die hyperbolischen Terme berücksichtigt werden und zusätzliche Randbedingungen für die Gleichungen vorgegeben werden, die parabolische Terme enthalten [154, 158–160]. Es wird also ein System von Bilanzgleichungen für m Erhaltungsgrößen $\boldsymbol{U} = (U_1, \ldots, U_m)$ der Form

$$\partial_t \boldsymbol{U} + \sum_{\alpha=1}^{d} \partial_{x_\alpha} \boldsymbol{F}_\alpha(\boldsymbol{U}) = \boldsymbol{R} \tag{4.1}$$

betrachtet. Hier ist $d \in \mathbb{N}_+$ die Anzahl der Raumdimensionen, $\boldsymbol{F}_\alpha : \mathbb{R}^m \to \mathbb{R}^m$, $\alpha = 1, \ldots, d$, sind Flussfunktionen, die von $\boldsymbol{U}$ abhängig sind aber keine Ableitungen von $\boldsymbol{U}$ enthalten und $\boldsymbol{R} = (R_1, \ldots, R_m)$ ist der Vektor der rechten Seiten inklusive evtl. vorhandener parabolischer Terme, das heißt Ableitungen höherer Ordnung als Eins. Wie für die Klassifizierung der Differenzialgleichungen (vgl. Kapitel 3), ist es auch für die Analyse charakteristischer Wellen nützlich, anstelle der abgeleiteten Erhaltungsgrößen $\boldsymbol{U} = \boldsymbol{U}(\boldsymbol{V})$, zugehörige primitive Variablen $\boldsymbol{V} = (V_1, \ldots, V_m)$ zu betrachten. Mit den Matrizen

$$P := \frac{\partial \boldsymbol{U}}{\partial \boldsymbol{V}}, \qquad Q_1 := \frac{\partial \boldsymbol{F}_1}{\partial \boldsymbol{V}} \qquad \text{und} \qquad A_1 := P^{-1} Q_1 \tag{4.2}$$

4 Anfangswerte und Randbedingungen

kann das System (4.1) geschrieben werden als

$$\partial_t \boldsymbol{U} + \partial_{x_1}\boldsymbol{F}_1(\boldsymbol{U}) + \sum_{\alpha=2}^{d}\partial_{x_\alpha}\boldsymbol{F}_\alpha(\boldsymbol{U}) = \boldsymbol{R} \tag{4.3}$$

$$\Leftrightarrow \quad \partial_t \boldsymbol{U} + PP^{-1}Q_1\partial_{x_1}\boldsymbol{V} + \sum_{\alpha=2}^{d}\partial_{x_\alpha}\boldsymbol{F}_\alpha(\boldsymbol{U}) = \boldsymbol{R} \tag{4.4}$$

$$\Leftrightarrow \quad \partial_t \boldsymbol{U} + PA_1\partial_{x_1}\boldsymbol{V} + \sum_{\alpha=2}^{d}\partial_{x_\alpha}\boldsymbol{F}_\alpha(\boldsymbol{U}) = \boldsymbol{R}. \tag{4.5}$$

Aufgrund der vorausgesetzten Hyperbolizität des Systems 4.1 hat die Matrix A_1 genau m reelle Eigenwerte $\lambda_1 \leq \cdots \leq \lambda_m$ mit m zugehörigen linearunabhängigen Eigenvektoren und ist somit diagonalisierbar [161]. Es existiert also eine invertierbare Matrix S und eine Diagonalmatrix Λ derart, dass

$$\Lambda = S^{-1}A_1 S \quad \Rightarrow \quad A_1 = S\Lambda S^{-1}. \tag{4.6}$$

Somit kann die Gleichung (4.5) geschrieben werden als

$$\partial_t \boldsymbol{U} + PS\Lambda S^{-1}\partial_{x_1}\boldsymbol{V} + \sum_{\alpha=2}^{d}\partial_{x_\alpha}\boldsymbol{F}_\alpha(\boldsymbol{U}) = \boldsymbol{R} \tag{4.7}$$

$$\Leftrightarrow \quad \partial_t \boldsymbol{U} + PS\mathscr{L} + \sum_{\alpha=2}^{d}\partial_{x_\alpha}\boldsymbol{F}_\alpha(\boldsymbol{U}) = \boldsymbol{R}, \tag{4.8}$$

wobei $\mathscr{L} = (\mathscr{L}_1, \ldots, \mathscr{L}_m) = \Lambda S^{-1}\partial_{x_1}\boldsymbol{V}$ der Vektor der Amplituden der charakteristischen Wellen mit den zugehörigen charakteristischen Geschwindigkeiten $\lambda_1, \ldots, \lambda_m$ ist, die in Richtung x_1 in das Lösungsgebiet münden bzw. das Lösungsgebiet in diese Richtung verlassen. Es gelten folgende Regeln [157]:

- $\lambda_k > 0$ bedeutet, dass die zugehörige charakteristische Welle das Lösungsgebiet verlässt. In einem Randpunkt mit dieser Eigenschaft ist eine numerische Randbedingung vorzugeben.

- $\lambda_k < 0$ bedeutet, dass die zugehörige charakteristische Welle in das Lösungsgebiet mündet. In einem Randpunkt mit dieser Eigenschaft ist eine physikalische Randbedingung vorzugeben.

Die Untersuchung für gegebenenfalls weitere berücksichtigte Raumdimensionen erfolgt analog.

Mit der Auswertung der λ_k in einem Randpunkt des Lösungsgebiets kann also festgestellt werden, ob eine physikalische oder eine numerische Randbedingung vorzugeben ist. Das Vorgehen ist am Beispiel einer Raumdimension in Abbildung 4.1

veranschaulicht. In der dargestellten Situation münden zum Zeitpunkt $t = t_k$ drei

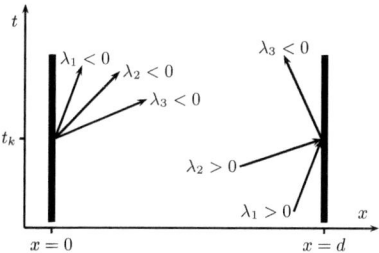

Abbildung 4.1: Charakteristische Wellen an den Randpunkten $x = 0$ und $x = d$ zum Zeitpunkt $t = t_k$

charakteristische Wellen bei $x = 0$ in das Lösungsgebiet und in dem Randpunkt $x = d$ mündet eine Welle in das Gebiet und zwei verlassen das Lösungsgebiet. Somit sind zum betrachteten Zeitpunkt in dem Randpunkt $x = 0$ drei physikalische Randbedingungen und bei $x = d$ eine physikalische sowie zwei numerische Randbedingungen vorzugeben. Bei den betrachteten Problemstellungen kann sich infolge des dynamischen Entladungsverhaltens die Richtung charakteristischer Wellen natürlich zeitlich schnell ändern, so dass diese zu jedem Zeitpunkt ausgewertet werden müssen.

4.2 Randbedingungen für die Elektronen

In dem Kapitel 2 wurden mit den drei Momentengleichungen (2.28a)–(2.28c), den vier Momentengleichungen (2.35) und dem Drift-Diffusionsmodell (2.44a)–(2.44b) drei Systeme partieller Differenzialgleichungen zur Beschreibung der Elektronen angegeben. In dem Kapitel 3 wurde gezeigt, dass das System (2.28a)–(2.28c) hyperbolisch-parabolisch ist. Die Anzahl der vorzugebenden Randbedingungen hängt folglich von der Richtung der charakteristischen Wellen an den Rändern des Lösungsgebiets ab. Die Drift-Diffusionsgleichungen (2.44a) und (2.44b) sind bekanntermaßen parabolisch, so dass an beiden Randpunkten für jede Gleichung eine Randbedingung vorzugeben ist. Das Vier-Momenten-Modell (2.35) konnte nicht eindeutig klassifiziert werden. Aufgrund der Tatsache, dass die separierten Teilsysteme für Teilchen und Energie unter den genannten Voraussetzungen jeweils hyperbolisch sind, werden für dieses System bei den Modellrechnungen Randbedingungen analog zu dem Drei-Momenten-Modell (2.28a)–(2.28c) vorgegeben.

Um die zu den drei Modellgleichungen (2.28a)–(2.28c) gehörenden Amplituden $\mathscr{L}_k$

4 Anfangswerte und Randbedingungen

der charakteristischen Wellen zu bestimmen, werden in Anlehnung an das Vorgehen in Kapitel 3 die primitiven Variablen $\boldsymbol{V} = (n_\mathrm{e}, \bar{v}_\mathrm{e}, p_\mathrm{e})$ und die Flussfunktion

$$\boldsymbol{F} = \begin{pmatrix} \Gamma_\mathrm{e} \\ \frac{2}{3}\Gamma_\mathrm{e}\bar{v}_\mathrm{e} + \frac{2}{3}\frac{w_\mathrm{e}}{m_\mathrm{e}} \\ \frac{5}{3}w_\mathrm{e}\bar{v}_\mathrm{e} - \frac{m_\mathrm{e}}{3}\Gamma_\mathrm{e}\bar{v}_\mathrm{e}^2 \end{pmatrix} \qquad (4.9)$$

eingeführt. Hier wird die Wärmestromdichte $\dot{q}_\mathrm{e}$ vernachlässigt, woraus nach den Betrachtungen in Abschnitt 3.2.1 die Hyperbolizität des Systems folgt und somit das in Abschnitt 4.1 vorgestellte Verfahren zur Bestimmung der $\mathscr{L}_k$ angewendet werden kann. Die dort angegebenen Matrixoperationen[1] liefern mit Einführung der Schallgeschwindigkeit der Elektronen

$$c_\mathrm{e} = \sqrt{\frac{5}{3}\frac{p_\mathrm{e}}{m_\mathrm{e} n_\mathrm{e}}} \qquad (4.10)$$

das Ergebnis

$$\mathscr{L} = \begin{pmatrix} \lambda_1 \bigl(\partial_x p_\mathrm{e} - c_\mathrm{e} m_\mathrm{e} n_\mathrm{e} \partial_x \bar{v}_\mathrm{e} \bigr) \\ \lambda_2 \bigl(c_\mathrm{e}^2 m_\mathrm{e} \partial_x n_\mathrm{e} - \partial_x p_\mathrm{e} \bigr) \\ \lambda_3 \bigl(\partial_x p_\mathrm{e} + c_\mathrm{e} m_\mathrm{e} n_\mathrm{e} \partial_x \bar{v}_\mathrm{e} \bigr) \end{pmatrix}, \qquad (4.11)$$

mit

$$\lambda_1 = \bar{v}_\mathrm{e} - c_\mathrm{e}, \quad \lambda_2 = \bar{v}_\mathrm{e} \quad \text{und} \quad \lambda_3 = \bar{v}_\mathrm{e} + c_\mathrm{e}. \qquad (4.12)$$

Somit ergeben sich die in der Tabelle 4.1 zusammengefassten Bedingungen, die an den beiden Randpunkten mit der äußeren Einheitsnormalen ν zu jedem Zeitpunkt ausgewertet werden müssen, um die Anzahl der erforderlichen physikalischen Randbedingungen zu ermitteln. In der betrachteten räumlich eindimensionalen Entladungsgeometrie ist $\nu = -1$ bei $x = 0$ und $\nu = 1$ bei $x = d$. Bei der angegebenen

Tabelle 4.1: Anzahl der in jedem Randpunkt vorzugebenden physikalischen Randbedingungen für die Elektronen (Drei-Momenten-Modell)

	$|\bar{v}_\mathrm{e}| < c_\mathrm{e}$	$|\bar{v}_\mathrm{e}| > c_\mathrm{e}$
$\bar{v}_\mathrm{e} \cdot \nu < 0$	3	3
$\bar{v}_\mathrm{e} \cdot \nu > 0$	2	1

Anzahl der vorzugebenden Randbedingungen wurde berücksichtigt, dass infolge des parabolischen Terms in der Energiebilanzgleichung, für diese in jedem Fall eine weitere Randbedingung zu setzen ist. Ist in einem Randpunkt die Anzahl der erforderlichen Randbedingungen kleiner als Drei, sind geeignete numerische Randbedingungen

---
[1] Die Berechnung der $\mathscr{L}_k$ wurde mit dem Computeralgebrasystem MATHEMATICA durchgeführt.

4.2 Randbedingungen für die Elektronen

zu ergänzen, um alle Lösungsgrößen auf dem Rand bestimmen zu können.

Nach der Klärung der Anzahl der erforderlichen Randbedingungen für die Elektronen werden folgend die in dieser Arbeit verwendeten physikalischen Randbedingungen angegeben. An der Kathode ist die Sekundäremission von Elektronen durch auftreffende Ionen ein wesentlicher Prozess [69]. Werden alle weiteren Oberflächeneffekte vernachlässigt, ist die Stromdichte der Elektronen an der Kathode gegeben durch

$$\Gamma_e \cdot \nu = -\gamma \sum_i [\![\Gamma_i \cdot \nu, 0]\!], \qquad (4.13)$$

wobei über alle Ionenspezies summiert wird. Hier ist γ der effektive Sekundärelektronenemissionskoeffizient, der sowohl von den Materialeigenschaften als auch von der Ionenenergie abhängig ist [72]. In der Regel wird γ jedoch als konstant angenommen. Wird zusätzlich zu der Sekundäremission auch die Reflexion von Elektronen an der Wand berücksichtigt, ergibt sich die Randbedingung [162]

$$\Gamma_e \cdot \nu = (1 - r_e)\left([\![-b_e E \cdot \nu n_e, 0]\!] + \frac{1}{4}v_{\text{th},e} n_e - \frac{1}{2}\partial_x\big(D_e n_e\big) \cdot \nu\right) - \gamma \sum_i [\![\Gamma_i \cdot \nu, 0]\!] \quad (4.14)$$

mit dem materialabhängigen Reflexionskoeffizienten r_e und der thermischen Geschwindigkeit der Elektronen [124]

$$v_{\text{th},e} = \sqrt{\frac{8k_B T_e}{\pi m_e}}. \qquad (4.15)$$

Dieser Ausdruck für die thermische Geschwindigkeit resultiert mit der Annahme einer Maxwellverteilung für die Geschwindigkeitsverteilungsfunktion der Elektronen an der Wand mit der Elektronentemperatur T_e. Da die Diskretisierung des Diffusionsterms $D_e \partial_x n_e / 2$ in (4.14) oftmals zu numerischen Problemen führt [162], ist es empfehlenswert, die Randbedingung (4.14) äquivalent umzuformen (vgl. Anhang C) zu [162]

$$\Gamma_e \cdot \nu = \frac{1 - r_e}{1 + r_e}\left(|b_e E n_e| + \frac{1}{2}v_{\text{th},e} n_e\right) - \frac{2}{1 + r_e}\gamma \sum_i [\![\Gamma_i \cdot \nu, 0]\!]. \qquad (4.16)$$

Diese Umformung ist jedoch nur dann möglich, wenn Γ_e mittels der Drift-Diffusionsnäherung bestimmt wird. Für die neue Drift-Diffusionsnäherung (2.37a) ergibt sich auf analoge Weise der Ausdruck

$$\Gamma_e \cdot \nu = \frac{1 - r_e}{1 + r_e}\left(\frac{e_0}{m_e \nu_e}|E|n_e + \frac{1}{2}v_{\text{th},e} n_e\right) - \frac{2}{1 + r_e}\gamma \sum_i [\![\Gamma_i \cdot \nu, 0]\!]. \qquad (4.17)$$

4 Anfangswerte und Randbedingungen

Die Gleichung (4.16) bzw. (4.17) wird bei Verwendung des Drift-Diffusionsmodells als Robin-Randbedingung für die Elektronendichte verwendet.[2] Wird die Impulsbilanzgleichung (2.28b) für die Teilchenstromdichte der Elektronen gelöst, kann (4.14) als Dirichlet-Randbedingung für Γ_e gesetzt werden. Dabei ist zu beachten, dass (4.14) eine Approximation der Teilchenstromdichte an der Wand darstellt, die auf anderen Annahmen beruht als die Impulsbilanzgleichung (2.28b). Es hat sich gezeigt, dass die Randbedingung

$$\Gamma_e \cdot \nu = (1 - r_e)\left(\llbracket -b_e E \cdot \nu n_e, 0 \rrbracket + \frac{1}{4} v_{\text{th},e} n_e\right) - \gamma \sum_i \llbracket \Gamma_i \cdot \nu, 0 \rrbracket \quad (4.18)$$

eine geeignetere Beschreibung darstellt. Dieser Ausdruck wird bei Verwendung des Mehr-Momenten-Modells als Randbedingung für die Elektronen verwendet. Des Weiteren hat es sich als günstig erwiesen, die Gleichung (4.18) als Randbedingung für die Teilchendichte zu setzen, falls der Elektronenstrom an dem entsprechenden Randpunkt auf die Wand gerichtet ist, das heißt falls $\bar{v}_e \cdot \nu > 0$ gilt. Ist gemäß Tabelle 4.1 die Vorgabe weiterer physikalischer Randbedingungen erforderlich, wird näherungsweise der Gradient der Teilchendichte zu Null gesetzt.

Zusätzlich zu den Randbedingungen für die Teilchendichte und die Stromdichte, sind zu jedem Zeitpunkt in beiden Randpunkten Randbedingungen für die Energiebilanzgleichung (2.28c) bzw. (2.44b) vorzugeben. Analog zu der Bedingung (4.16) für die Teilchenstromdichte, kann für die Energiestromdichte der Elektronen die Randbedingung

$$Q_e \cdot \nu = \frac{1 - r_e}{1 + r_e}\left(|\tilde{b}_e E n_e| + \frac{1}{2} \tilde{v}_{\text{th},e} n_e\right) - \frac{2}{1 + r_e} \gamma \varepsilon^\gamma \sum_i \llbracket \Gamma_i \cdot \nu, 0 \rrbracket \quad (4.19)$$

mit der mittleren Energie der Sekundärelektronen ε^γ und

$$\tilde{v}_{\text{th},e} = 2 k_B T_e \sqrt{\frac{8 k_B T_e}{\pi m_e}} \quad (4.20)$$

hergeleitet werden. Der Ausdruck (4.20) ergibt sich unmittelbar mit der Annahme einer Maxwellverteilung für die Geschwindigkeitsverteilungsfunktion der Elektronen an der Wand mit der Elektronentemperatur T_e. Die Gleichung (4.19) bzw. der ana-

---

[2] Bei Vergleichen zwischen Drift-Diffusionsmodell und Mehr-Momenten-Modell werden für das Drift-Diffusionsmodell die Randbedingungen gesetzt, die auch für das Mehr-Momenten-Modell verwendet werden.

loge Ausdruck

$$Q_e \cdot \nu = \frac{1-r_e}{1+r_e}\left(\frac{e_0}{\tilde{\nu}_e}\left(\frac{5}{3}+\xi_1\right)|E|n_e + \frac{1}{2}\tilde{v}_{\text{th},e}n_e\right) - \frac{2}{1+r_e}\gamma\varepsilon^\gamma \sum_i [\![\Gamma_i \cdot \nu, 0]\!] \quad (4.21)$$

für die neue Drift-Diffusionsnäherung (2.37b) wird bei Verwendung des Drift-Diffusionsmodells als Robin-Randbedingung für die Energiedichte verwendet.

Für die Energiebilanzgleichung (2.28c) des Mehr-Momenten-Modells werden die vereinfachten Randbedingungen

$$\varepsilon = \varepsilon^\gamma \quad \text{(Kathode)} \quad (4.22a)$$
$$\partial_x \varepsilon = 0 \quad \text{(Anode)} \quad (4.22b)$$

mit der mittleren Energie der Sekundärelektronen ε^γ gesetzt. Das heißt es wird angenommen, dass die Sekundärelektronen an der Kathode dominieren und der Gradient der mittleren Elektronenenergie an der Anode vernachlässigt werden kann. Eine Übersicht über die in den jeweiligen Modellen zur Beschreibung der Elektronen verwendeten Randbedingungen ist in der Tabelle 4.2 aufgeführt. In Abhängig-

Tabelle 4.2: Übersicht über Randbedingungen für die Elektronen

Modell	Randbedingungen Kathode	Randbedingungen Anode
4MM	(4.22a), (4.18), $\partial_x n_e = 0$, $\partial_x Q_e = 0$	(4.22b), (4.18), $\partial_x n_e = 0$, $\partial_x Q_e = 0$
3MMk / 3MMn	(4.22a), (4.18), $\partial_x n_e = 0$	(4.22b), (4.18), $\partial_x n_e = 0$
DDAk / DDA5/3	(4.16)	(4.16)
DDAn	(4.17)	(4.17)

keit davon, wie viele physikalische Randbedingungen erforderlich sind, werden diese in der angegebenen Reihenfolge vorgegeben und gegebenenfalls durch numerische Randbedingungen (vgl. Abschnitt 4.5) ergänzt.

4.3 Randbedingungen für die Schwerteilchen

Zur Beschreibung der Ionen und metastabilen Neutralteilchen wurden in Kapitel 2 das Zwei-Momenten-Modell (2.28d)–(2.28e) und die Drift-Diffusionsgleichung (2.44c) hergeleitet. Für das System gewöhnlicher Differenzialgleichungen für die nichtmeta-

4 Anfangswerte und Randbedingungen

stabilen Neutralteilchen sind – außer den vorzugebenden Anfangswerten – keine weiteren Randbedingungen erforderlich.

Um die Anzahl der erforderlichen physikalischen Randbedingungen für das hyperbolische System partieller Differenzialgleichungen (2.28d)–(2.28e) zu ermitteln, werden analog zu dem Vorgehen in Abschnitt 3.2.2 die primitiven Variablen $\boldsymbol{V} = (n_h, \bar{v}_h)$ und die Flussfunktion

$$\boldsymbol{F} = \begin{pmatrix} \Gamma_h \\ \Gamma_h \bar{v}_h + \frac{k_\mathrm{B} T_\mathrm{g}}{m_h} n_h \end{pmatrix} \quad (4.23)$$

eingeführt. Die anschließende Durchführung der in Abschnitt 4.1 angegebenen Matrixoperationen liefert für die Amplituden $\mathscr{L}$ der charakteristischen Wellen das Ergebnis

$$\mathscr{L} = \begin{pmatrix} \lambda_1 \big(c_h \partial_x n_h - n_h \partial_x \bar{v}_h \big) \\ \lambda_2 \big(c_h \partial_x n_h + n_h \partial_x \bar{v}_h \big) \end{pmatrix}, \quad (4.24)$$

mit

$$\lambda_1 = \bar{v}_h - c_h, \quad \lambda_2 = \bar{v}_h + c_h \quad (4.25)$$

und der Schallgeschwindigkeit $c_h = \sqrt{k_\mathrm{B} T_\mathrm{g}/m_h}$ der Schwerteilchen. Die Tatsache, dass in einem Randpunkt für jedes $\lambda_k > 0$, $k = 1, 2$ eine physikalische Randbedingung vorgegeben werden muss, liefert die in der Tabelle 4.3 zusammengefassten

Tabelle 4.3: Anzahl der in jedem Randpunkt vorzugebenden physikalischen Randbedingungen für die Schwerteilchen (Zwei-Momenten-Modell)

	$|\bar{v}_h| < c_h$	$|\bar{v}_h| > c_h$
$\bar{v}_h \cdot \nu < 0$	1	2
$\bar{v}_h \cdot \nu > 0$	1	0

Ergebnisse. Hier sind geeignete numerische Randbedingungen zu ergänzen, sofern die Anzahl der erforderlichen physikalischen Randbedingungen in einem Randpunkt kleiner als Zwei ist.

Folgend werden die verwendeten physikalischen Randbedingungen für die Schwerteilchen angegeben. Für diese stellt der Ausdruck

$$\Gamma_h \cdot \nu = (1 - r_h)\left([\![\mathrm{sgn}(q_h) b_h E \cdot \nu n_h, 0]\!] + \frac{1}{4} v_{\mathrm{th},h} n_h - \frac{1}{2} D_h \partial_x n_h \cdot \nu \right) \quad (4.26)$$

eine geeignete Randbedingung dar [162]. Hier bezeichnet

$$v_{\mathrm{th},h} = \sqrt{\frac{8 k_\mathrm{B} T_\mathrm{g}}{\pi m_h}} \quad (4.27)$$

4.3 Randbedingungen für die Schwerteilchen

die thermische Geschwindigkeit der jeweiligen Schwerteilchenspezies. Die Randbedingung (4.26) beschreibt die partielle Reflexion von Teilchen an der Wand aufgrund eines Driftstroms, eines thermischen Stroms und eines Diffusionsstroms auf die Wand. Analog zu der Herleitung von (4.16), kann der Ausdruck (4.26) äquivalent umgeformt werden zu [162]

$$\Gamma_h \cdot \nu = \frac{1-r_h}{1+r_h}\left(|\text{sgn}(q_h)b_h E n_h| + \frac{1}{2}v_{\text{th},h} n_h\right), \quad (4.28)$$

sofern die Schwerteilchen mittels der Drift-Diffusionsnäherung (2.44c) beschrieben werden. Der Ausdruck (4.28) wird bei Verwendung des Drift-Diffusionsmodells als Robin-Randbedingung für die Teilchendichte der Schwerteilchen verwendet.[3] Wird die Impulsbilanzgleichung (2.28e) für die Schwerteilchen gelöst, wird der Diffusionsterm in (4.26) vernachlässigt und die vereinfachte Randbedingung

$$\Gamma_h \cdot \nu = (1-r_h)\left(\llbracket \text{sgn}(q_h)b_h E \cdot \nu n_h, 0 \rrbracket + \frac{1}{4}v_{\text{th},h} n_h\right) \quad (4.29)$$

als Dirichlet-Randbedingung für die Teilchenstromdichte gesetzt. In dem Fall, dass der Teilchenstrom einer Schwerteilchenspezies von der Wand weggerichtet ist und zusätzlich die mittlere Geschwindigkeit dieser Spezies größer als c_h ist, wird als zusätzliche Randbedingung angenommen, dass der Gradient der Teilchendichte verschwindet. Eine Übersicht über die in dem Mehr-Momenten-Modell (2.28) sowie in dem Drift-Diffusionsmodell (2.44) vorgegeben Randbedingungen für die Ionen und metastabilen Atome ist in der Tabelle 4.4 angegeben. In Abhängigkeit davon, wie

Tabelle 4.4: Übersicht über Randbedingungen für die Schwerteilchen

Modell	Randbedingungen Kathode	Randbedingungen Anode
TMM	(4.29), $\partial_x n_h = 0$	(4.29), $\partial_x n_h = 0$
DDA	(4.28)	(4.28)

viele physikalische Randbedingungen erforderlich sind, werden diese in der angegebenen Reihenfolge vorgegeben und gegebenenfalls durch numerische Randbedingungen (vgl. Abschnitt 4.5) ergänzt. Für die gewöhnlichen Differenzialgleichungen zur Bestimmung der Dichten der strahlenden angeregten Atome sind – außer den Anfangswerten – keine Randbedingungen vorzugeben.

---

[3]Bei Vergleichen zwischen Drift-Diffusionsmodell und Mehr-Momenten-Modell werden für das Drift-Diffusionsmodell die Randbedingungen gesetzt, die auch für das Mehr-Momenten-Modell verwendet werden.

4 Anfangswerte und Randbedingungen

Um den Einfluss der vereinfachten Randbedingungen (4.18), (4.22) und (4.29), die bei der Lösung der Mehr-Momenten-Modelle zum Einsatz kommen, gegenüber den von Hagelaar et al. [162] eingeführten Randbedingungen (4.16), (4.19) und (4.28) zu untersuchen, wurde das DDA-Modell (vgl. Tabelle 2.2) für die bereits in Abschnitt 2.3.1 betrachtete Entladungssituation einer anomalen Glimmentladung in Argon bei einem Gasdruck von $p = 1\,\text{Torr}$, einer Schwerteilchentemperatur von $T_\text{g} = 300\,\text{K}$ sowie einem Elektrodenabstand von $d = 1\,\text{cm}$ und einer angelegten Gleichspannung von $V_0 = -250\,\text{V}$ gelöst. Die Abbildung 4.2 zeigt die Ladungsträgerdichten im stationären Zustand bei Verwendung der vereinfachten Randbedingungen im Vergleich mit den Resultaten bei Verwendung der Hagelaar-Randbedingungen für die Elektronen bzw. die Schwerteilchen. Die dargestellten Ergebnisse zeigen, dass

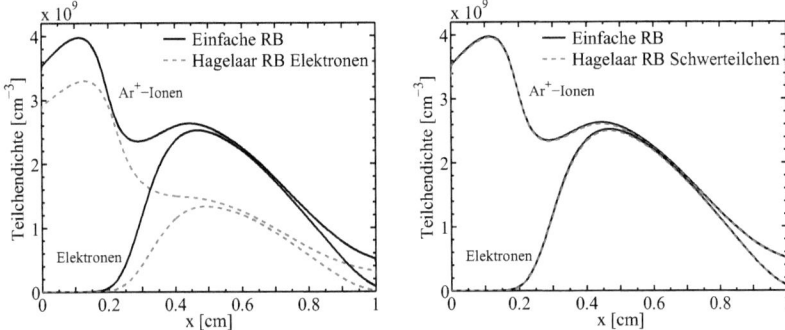

Abbildung 4.2: Einfluss der vereinfachten Randbedingungen für die Elektronen (links) und die Schwerteilchen (rechts) am Beispiel einer anomalen Glimmentladung in Argon

eine Variation der Randbedingungen für die Elektronen einen wesentlichen quantitativen Einfluss auf die Teilchendichten hat, der qualitative Verlauf sich jedoch kaum ändert. Der Einfluss der Randbedingungen für die Schwerteilchen ist vernachlässigbar. Der beobachtete Unterschied ist auf die Änderung der Randbedingung für die Elektronendichte an der Kathode bei $x = 0$ zurückzuführen. Obwohl der Diffusionsbeitrag hier eine untergeordnete Rolle spielt, ist der effektive Einstrom der Elektronen – und somit auch die Dichte der Elektronen – im Falle der DDA-Randbedingungen geringer.

4.4 Randbedingungen für das elektrische Potenzial

Für das Zweipunkt-Randwertproblem zur Bestimmung des elektrischen Potenzials ist in beiden Randpunkten eine Randbedingung vorzugeben. Wie bereits in Ab-

4.4 Randbedingungen für das elektrische Potenzial

schnitt 2.3 diskutiert, wird die Spannung an einer metallischen Elektrode vorgegeben bzw. durch das Lösen von gewöhnlichen Differenzialgleichungen bestimmt. In diesem Fall wird für die Poisson-Gleichung (2.28g) folglich eine Dirichlet-Randbedingung der Form

$$\Phi(x_0, t) = U_0(t), \qquad x_0 = 0, d \tag{4.30}$$

gesetzt, wobei $U_0(t) \equiv 0$ ist, falls die entsprechende Elektrode geerdet ist.

Als Randbedingung auf der Oberfläche einer dielektrisch beschichteten Elektrode, wie z. B. für die in Abbildung 2.2b gezeigte Entladungskonfiguration, wird das Gaußsche Gesetz[4] für das elektrische Feld [163]

$$\varepsilon_D E_D(x_0, t) \cdot \nu - \varepsilon_0 E(x_0, t) \cdot \nu = \sigma(x_0, t) \tag{4.31}$$

verwendet, das in dieser Form den Effekt der Oberflächenaufladung beschreibt [164]. Hier bezeichnet ε_D die Permittivität des Dielektrikums, E_D ist das elektrische Feld im Dielektrikum und ν die äußere Einheitsnormale. Die Oberflächenladung σ in einem Randpunkt x_0 ergibt sich aus der Akkumulation positiver bzw. negativer Ladungsträger und wird gemäß der Gleichung

$$\partial_t \sigma(x_0, t) = \sum_s q_s \Gamma_s(x_0, t) \cdot \nu \tag{4.32}$$

bestimmt [164]. Da im Innern des Dielektrikums die Gleichung

$$\partial_x^2 \Phi(x, t) = 0 \tag{4.33}$$

erfüllt ist, kann aus (4.31) eine Randbedingung für Φ abgeleitet werden. Dies wird im Folgenden am Beispiel der in Abbildung 2.2b dargestellten Geometrie gezeigt. Wegen (4.33) und $\Phi(d + D, t) \equiv 0$ gilt offenbar

$$E_D(d, t) = -\partial_x \Phi(d, t) = \frac{\Phi(d, t) - 0}{D}. \tag{4.34}$$

Aufgrund der Stetigkeitsbedingung $\lim_{h \to 0} \Phi(d+h, t) = \lim_{h \to 0} \Phi(d-h, t)$ kann E_D in (4.31) durch den Ausdruck (4.34) substituiert werden. Damit resultiert für das Potenzial Φ bei $x = d$ die Robin-Randbedingung

$$\frac{\varepsilon_D}{D} \Phi(d, t) + \varepsilon_0 \partial_x \Phi(d, t) = \sigma(d, t). \tag{4.35}$$

---

[4]Das Gaußsche Gesetz ist benannt nach Johann C. F. Gauß (1777–1855).

4 Anfangswerte und Randbedingungen

Ist die bei $x = 0$ positionierte Elektrode mit einem Dielektrikum der Dicke D beschichtet, ergibt sich analog bei $x = D$ die Randbedingung

$$\frac{\varepsilon_\mathrm{D}}{D} \Big(\Phi(D,t) - U_0(t)\Big) - \varepsilon_0 \partial_x \Phi(D,t) = \sigma(D,t) \tag{4.36}$$

zur Bestimmung von $\Phi(D,t)$, wobei $U_0(t)$ die an der gespeisten Elektrode vorgegebene Spannung ist.

4.5 Numerische Randbedingungen

Numerische Randbedingungen sind für diejenigen Lösungsgrößen zu setzen, für die keine physikalischen Randbedingungen vorgegeben werden dürfen. Die Bestimmung aller Lösungsgrößen in den Randpunkten ist erforderlich, da die Randwerte wiederum in die Bestimmung der Werte im Innern des Lösungsgebiets einfließen. Eine Möglichkeit zur Bestimmung der Randwerte liefern Extrapolationsansätze [165]. Typische Vorgehensweisen sind in Abbildung 4.3 veranschaulicht.

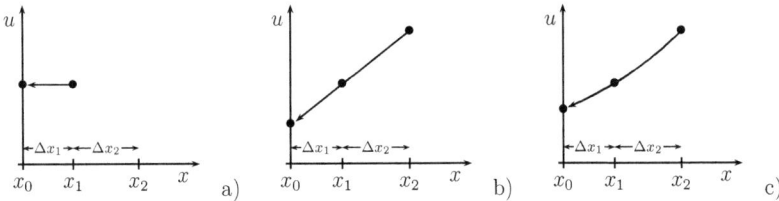

Abbildung 4.3: Extrapolation nullter Ordnung (a), erster Ordnung (b) und logarithmische Extrapolation (c) zur Bestimmung der Randwerte

Alternativ kann auf dem Rand das mit Vernachlässigung der rechten Seiten aus (4.8) resultierende System partieller Differenzialgleichungen

$$\partial_t \boldsymbol{V} + S\mathscr{L} = 0 \tag{4.37}$$

gelöst werden. Dieses liefert geeignete Approximationen für die zu einmündenden Wellen gehörenden $\mathscr{L}_k$, in Abhängigkeit von den $\mathscr{L}_k$ ausströmender charakteristischer Wellen [154, 158–160].

In dieser Arbeit wird zur Bestimmung der Teilchen- und Energiestromdichten auf dem Rand ein linearer Extrapolationsansatz bezüglich der Ortskoordinate verwendet. Um zu vermeiden, dass bei steilen Gradienten die Teilchendichten in den Randpunkten negativ werden, werden diese logarithmisch extrapoliert. Dazu wird

4.5 Numerische Randbedingungen

beim Lösen der linearen Gleichungssysteme, die aus der Diskretisierung des Differenzialgleichungen resultieren, zunächst der Randwert des letzten Zeitpunktes gesetzt und anschließend eine logarithmische Extrapolation (vgl. Abbildung 4.3c) gemäß

$$u_0 = u_1 \exp\left(\frac{\Delta x_1}{\Delta x_2}\bigl(\ln(u_1) - \ln(u_2)\bigr)\right) \qquad (4.38)$$

durchgeführt. In (4.38) sind u_1 und u_2 die Werte der zu extrapolierenden Variablen in den beiden randnächsten Gitterpunkten und $\Delta x_{1,2}$ bezeichnet den Gitterabstand der ersten bzw. zweiten Gitterzelle.

Basierend auf dem in Kapitel 3 festgestellten Typ der betrachteten Moellgleichungen wurden in dem Kapitel 4 die in dieser Arbeit genutzen Randbedingungen zum Abschluss der Modellgleichungen aufgeführt. Damit ist die formale Problemstellung vollständig geklärt, so dass numerische Verfahren zum Lösen der Modelle diskutiert werden können. Wie die in diesem Kapitel betrachteten Randbedingungen für makroskopische Größen auch in kinetischen Modellen genutzt werden können, wird in [166] gezeigt.

5 Numerische Lösungsverfahren

In diesem Kapitel werden numerische Lösungsverfahren zur Diskretisierung der in Kapitel 2 vorgestellten Modellgleichungen diskutiert. In Abschnitt 5.1 werden explizite sowie (semi-) implizite Zeitschrittverfahren vorgestellt, die dann bei den in Abschnitt 5.2 behandelten Diskretisierungsverfahren für die Modellgleichungen Anwendung finden. Bei der Auswahl von Verfahren zur Diskretisierung der Bilanzgleichungen sind insbesondere folgende Kriterien zu berücksichtigen:

- Das Diskretisierungsverfahren muss positivitätserhaltend sein, wenn die physikalische Größe diese Eigenschaft hat (wie z. B. die Dichte).

- Bei dem Transport von Teilchen darf sich die absolute Teilchenanzahl nicht ändern (Erhaltungseigenschaft).

- Das Diskretisierungsverfahren muss für praktikable Werte der Orts- und Zeitschrittweiten stabil sein.

Außer diesen allgemeinen Forderungen müssen numerische Verfahren zur Beschreibung von Entladungsplasmen zusätzliche Voraussetzungen erfüllen. Das qualitative Verhalten der Lösungsvariablen ändert sich nicht nur in Abhängigkeit von Gasdruck, Elektrodenabstand und angelegter Spannung stark, sondern variiert – wie in Kapitel 3 gezeigt – häufig auch in Raum und Zeit zwischen diffusiv, driftdominiert und reaktionsdominiert. Aus diesem Grund sind Verfahren, die traditionell zur Diskretisierung hyperbolischer Gleichungen eingesetzt werden – wie z. B. die Lax–Wendroff-Methode[1] [167] – in den meisten Fällen ungenau bzw. instabil [52]. Es müssen Stabilisierungstechniken eingesetzt werden, um unphysikalische Oszillationen in den numerischen Lösungen zu vermeiden. Zu modernen stabilisierten Diskretisierungsverfahren zählen MUSCL[2] [168], ENO/WENO[3] [169–172], PPM[4] [173] sowie flusslimitierte unstetige Galerkin-Verfahren [174, 175]. Bei der Plasmamodellierung kommen vorwiegend Upwind-Verfahren [22, 60], exponentielle Finite-Differenzen-Verfahren [25–27, 30, 36, 67], ENO-Verfahren [53, 54], flusslimitierte Finite-Differenzen- und Finite-Volumen-Verfahren [122, 123] sowie Flux-

---
[1] Die Lax–Wendroff-Methode ist benannt nach Peter D. Lax (*1926) und Burton Wendroff (*1930).
[2] MUSCL = Monotone Upstream-centered Schemes for Conservation Laws
[3] ENO = Essentially Non-Oscillatory, WENO = Weighted-ENO
[4] PPM = Piecewise Parabolic Method

Corrected-Transport (FCT) Verfahren [105–115, 117–121, 176, 177] zur Anwendung. Letztere können sowohl auf Basis Finiter-Differenzen (FD-FCT) als auch auf Basis Finiter-Elemente (FE-FCT) eingesetzt werden und basieren zumeist auf expliziten Zeitschrittverfahren [178–180]. Implizite FE-FCT-Verfahren wurden erstmals von Kuzmin *et al.* in [181] eingeführt und unter anderem von Ducasse *et al.* [111] zur Modellierung eines Streamers eingesetzt. FCT-Verfahren haben sich bei der Modellierung von Plasmen als besonders geeignet erwiesen, da diese sowohl zur Diskretisierung von hyperbolischen als auch von parabolischen Erhaltungsgleichungen angewendet werden können.

In dieser Arbeit werden insbesondere implizite FCT-Verfahren auf der Basis der Finite-Differenzen-Methode (FDM) und der Finite-Elemente-Methode (FEM) untersucht. Der Fokus liegt bei der Entwicklung impliziter Verfahren, da diese auch dann angewendet werden können, wenn (lokal) sehr feine Ortsgitter verwendet werden müssen bzw. die Teilchengeschwindigkeiten groß sind, so dass explizite Verfahren aufgrund der CFL-Bedingung[5] [182] und der aus dem parabolischen Term resultierenden Stabilitätsbedingung [183] gar nicht oder nur sehr eingeschränkt anwendbar sind. In dem folgenden Abschnitt 5.1 werden zunächst allgemeine Zeitschrittverfahren diskutiert bevor in dem Abschnitt 5.2 auf Ortsdiskretisierungsverfahren eingegangen wird und ein neues implizites FD-FCT-Verfahren sowie ein verbessertes implizites FE-FCT vorgestellt werden. Die neuen Ansätze werden anhand eines Testbeispiels mit den bekannten Verfahren verglichen und bewertet. Wie die numerischen Verfahren zur Diskretisierung der im Rahmen dieser Arbeit betrachteten Modellgleichungen zur Beschreibung von Plasmen eingesetzt werden, wird in dem Abschnitt 5.3 angegeben. Schließlich wird in dem Abschnitt 5.4 die programmtechnische Umsetzung erläutert.

5.1 Zeitschrittverfahren

5.1.1 Explizite und implizite Zeitschrittverfahren

Jede der in Kapitel 2.1 hergeleiteten Bilanzgleichungen kann in der Form

$$\partial_t u(x,t) + \partial_x F(x,t) = R(x,t) \quad \text{in } \Omega \times (0,T] \subset \mathbb{R} \times \mathbb{R}_+ \tag{5.1}$$

mit der Flussfunktion F und dem Quellterm R geschrieben werden. Hier bezeichnet u die jeweilige abhängige Variable. Wird das Zeitgitter $\{t_k \mid t_k = t_{k-1} + \Delta t_k, t_0 = 0, k = 1, 2, \ldots\}$ eingeführt und die Gleichung (5.1) bezüglich der Zeit mit einem all-

---

[5]Die CFL-Bedingung ist benannt nach Richard Courant (1888–1972), Kurt O. Friedrichs (1901–1982) und Hans Lewy (1904–1988).

5 Numerische Lösungsverfahren

gemeinen θ-gewichteten Einschrittverfahren diskretisiert, resultiert die semi-diskrete Gleichung

$$u^{k+1} + \Delta t_{k+1}\left(\theta\partial_x F^{k+1} + (1-\theta)\partial_x F^k\right) = u^k + \Delta t_{k+1}\left(\theta R^{k+1} + (1-\theta)R^k\right) \quad (5.2)$$

mit den Abkürzungen $u^k = u(x, t_k)$, $F^k = F(x, t_k)$ und $R^k = R(x, t_k)$. Dieses Verfahren entspricht für $\theta = 1/2$ dem Crank-Nicolson-Verfahren[6] [184], das die Konsistenzordnung zwei besitzt. Für $\theta \neq 1/2$ ist die Konsistenzordnung von (5.2) gleich Eins. Das θ-Verfahren ist für $\theta \geq 1/2$ unbedingt stabil. Jedoch treten für $\theta < 1$ in der Praxis häufig Oszillationen auf [185], die insbesondere bei gekoppelten Systemen zu Instabilitäten führen. Ein stabileres Verfahren, das auf äquidistanten Zeitgittern ebenfalls von der Ordnung $\mathcal{O}(\Delta t^2)$ ist, resultiert, wenn die Zeitableitung in (5.1) gemäß

$$\partial_t u(x, t_k) \approx \frac{3u(x, t_k) - 4u(x, t_{k-1}) + u(x, t_{k-2})}{3\Delta t_k - \Delta t_{k-1}} \quad (5.3)$$

approximiert wird und die Flussfunktion F sowie die Funktion R bei t_{k+1} ausgewertet werden. Es folgt dann

$$3u^{k+1} + \delta t_{k+1}\partial_x F^{k+1} = 4u^k - u^{k-1} + \delta t_{k+1}R^{k+1}, \quad \delta t_{k+1} = 3\Delta t_{k+1} - \Delta t_k. \quad (5.4)$$

Für große Werte von Δt treten jedoch auch bei diesem Verfahren gelegentlich Oszillationen auf, die durch Verwendung des impliziten Eulerverfahrens ($\theta = 1$ in (5.2)) vermieden werden können.

Zeitschrittverfahren höherer Ordnung, wie z. B. das Runge-Kutta-Verfahren, erfordern die mehrfache Auswertung des Flusses F und der rechte Seite R pro Zeitschritt und sind somit rechenaufwendiger. Zudem muss aufgrund der nichtlinearen Kopplung der Modellgleichungen eine fehlerbehaftete Entkopplung bzw. eine Linearisierung durchgeführt werden, so dass die höhere Ordnung des Verfahrens von untergeordneter Bedeutung ist. Dieser Effekt ist in Abbildung 5.1 zu beobachten.[7] Sowohl das Eulerverfahren als auch das Verfahren (5.4) konvergieren linear. Der große relative Fehler des Verfahrens (5.4) zum Zeitpunkt $t = 50\,\mu\text{s}$ bei der Zeitschrittweite $\Delta t = 20\,\text{ns}$ rührt daher, dass dieses Verfahren bei Erreichen des stationären Zustandes oszillierende Ergebnisse liefert. Die Resultate zeigen, dass der relative Fehler des Verfahrens (5.4) im Allgemeinen zwar geringer ist, die theoretische Konvergenzord-

---
[6]Das Crank-Nicolson-Verfahren ist benannt nach John Crank (1916–2006) und Phyllis Nicolson (1917–1968).
[7]Zum Vergleich der Verfahren wurde das Referenzmodell (vgl. Tabelle A.5 im Anhang A) mit der reduzierten Reaktionskinetik aus Becker et al. [65] (vgl. Tabelle A.4 im Anhang A) gelöst, um die Rechenzeit zu verkürzen. Da die exakte Lösung dieses Modells nicht bestimmt werden kann, wurde hier eine Vergleichslösung mit der Zeitschrittweite $\Delta t = 0.02\,\text{ps}$ bestimmt.

5.1 Zeitschrittverfahren

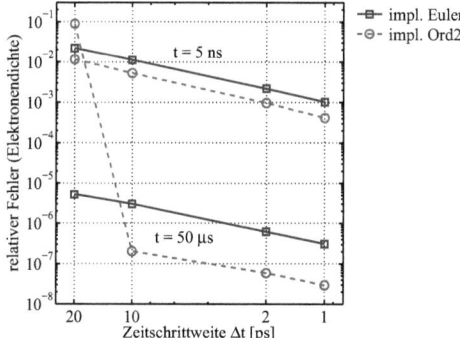

Abbildung 5.1: Relative Fehler des impliziten Eulerverfahrens (Verfahren (5.2) mit $\theta = 1$) und des Verfahrens (5.4) zweiter Ordnung in der Startphase ($t = 5\,\text{ns}$) sowie bei Erreichen des stationären Zustandes ($t = 50\,\mu\text{s}$) am Beispiel der Elektronendichte für unterschiedliche Zeitschrittweiten

nung zwei jedoch nicht erreicht wird. Da insbesondere bei Erreichen eines stationären Zustands der Fehler auch bei der Verwendung großer Zeitschrittweiten gering sein sollte, wird hier das implizite Eulerverfahren zur Diskretisierung der Bilanzgleichungen bezüglich der Zeit bevorzugt.

5.1.2 Schrittweitensteuerung bei expliziten Verfahren

Werden explizite Zeitschrittverfahren verwendet, so ist aufgrund der entsprechenden Stabilitätsbedingungen die Zeitschrittweite durch verfahrensabhängige Stabilitätsbedingungen beschränkt. Unter zusätzlicher Berücksichtigung der physikalischen Zeitskalen kann der Zeitschritt auf Basis dieser Stabilitätsbedingungen adaptiv angepasst werden [186, 187]. Bei hohen Teilchengeschwindigkeiten oder (lokal) sehr feinen Ortsgittern sind die Stabilitätsbedingungen jedoch so restriktiv, dass aufgrund der kleinen Zeitschritte unakzeptabel lange Rechenzeiten auftreten. Das Problem langer Rechenzeiten bei lokaler Gitterverfeinerung kann in vielen Fällen durch den Einsatz lokaler Zeitschrittweiten umgangen werden. Bei der Diskretisierung von Erhaltungsgleichungen wird dieser Ansatz jedoch nicht empfohlen, da die Erhaltungseigenschaft des numerischen Verfahrens bei der Verwendung unterschiedlicher Zeitschrittweiten in benachbarten Gitterpunkten nicht mehr gewährleistet ist [188]. Aus diesem Grund liegt der Fokus dieser Arbeit insbesondere auf der Entwicklung und dem Einsatz impliziter Verfahren, die keinen oder nur weniger restriktiven Stabilitätsbedingungen

5 Numerische Lösungsverfahren

unterliegen.

5.1.3 Schrittweitensteuerung bei impliziten Verfahren

Wird ein implizites Zeitschrittverfahren eingesetzt, müssen im Allgemeinen keine Stabilitätsbedingungen berücksichtigt werden. Dies hat den großen Vorteil, dass die Zeitschrittweite den physikalischen Prozessen angepasst werden kann. Ein automatisches Verfahren zur Schrittweitenkontrolle sollte nur dann einen kleinen Zeitschritt wählen, wenn dieser zur hinreichend genauen Beschreibung benötigt wird. Insbesondere für die Modellierung des Startverhaltens einer Gleichspannungsentladung ist dies von großem Nutzen. Unmittelbar nach dem Einschalten einer Spannungsquelle sind sehr kleine Zeitschrittweiten erforderlich, um die schnellen physikalischen Prozesse zu erfassen. Dagegen kann die Zeitschrittweite bei Erreichen des stationären Zustandes, wenn nur noch langsamere Diffusionsprozesse die Lösung beeinflussen, wesentlich größer gewählt werden.

In der Literatur ist eine große Anzahl von Verfahren zur adaptiven Schrittweitenkontrolle bekannt. Viele basieren auf Abschätzungen des Diskretisierungsfehlers, der einen guten Indikator zur Wahl der Zeitschrittweite liefert [189]. Alternative Verfahren nutzen die PID[8]-Controller-Theorie, bei der die relative Änderung einer Indikatorvariablen in jedem Zeitschritt begrenzt wird [190]. Im Folgenden werden für die gegebene Problemstellung angepasste Varianten dieser beiden Verfahren vorgestellt und anhand des Referenzmodells bewertet.

Fehlerabschätzungsbasierte Schrittweitensteuerung

Ziel der fehlerabschätzungsbasierten Schrittweitensteuerung ist es, den Zeitschritt adaptiv so anzupassen, dass mit möglichst wenigen Zeitschritten eine vorgegebene Genauigkeit erreicht wird. Ist der Zeitschritt hinreichend klein, kann der Diskretisierungsfehler in jedem Zeitschritt abgeschätzt werden, indem zwei mit unterschiedlichen Zeitschrittweiten berechnete Lösungen verglichen werden. Dieses Verfahren wird auch als Richardson-Extrapolation bezeichnet [185]. Alternativ kann der Diskretisierungsfehler abgeschätzt werden, indem numerische Lösungen verglichen werden, die mit Zeitschrittverfahren unterschiedlicher Ordnungen bestimmt wurden. Aufgrund der bedingten Einsetzbarkeit von Verfahren höherer Ordnung (vgl. Abschnitt 5.1.1) wird hier auf die zuerst genannte Methode zurückgegriffen und das Vorgehen im Folgenden kurz erläutert.

Sind u^{k+1} und $\hat{u}^{k+1}$ mit den Zeitschritten Δt und $\Delta t/m$, $m \in \mathbb{N}$ bestimmte Näherungslösungen einer Finite-Differenzen-Approximation der Ordnung p zum Zeit-

---
[8]PID = Proportional-Integral-Derivative

5.1 Zeitschrittverfahren

punkt t_{k+1}, so kann der Diskretisierungsfehler ϵ^{k+1} zu diesem Zeitpunkt wie folgt abgeschätzt werden [185]

$$\epsilon^{k+1} \approx \frac{\hat{u}^{k+1} - u^{k+1}}{m^p - 1}. \tag{5.5}$$

Um eine vorgegebene Genauigkeit TOL zu erreichen, wird in jedem Zeitschritt eine Zeitschrittweite Δt^* bestimmt gemäß [191]

$$\Delta t^* = \Delta t \left(\frac{TOL}{m^p \|\epsilon^{k+1}\|} \right)^{1/(p+1)} \tag{5.6}$$

und Δt durch Δt^* ersetzt, falls Δt^* zehn Prozent größer oder kleiner als Δt ist. Das genaue Vorgehen zur adaptiven Anpassung des Zeitschrittes ist in der Abbildung 5.2 veranschaulicht. Da in jedem Zeitschritt[9] zusätzliche m Zeitschritte zur Abschätzung

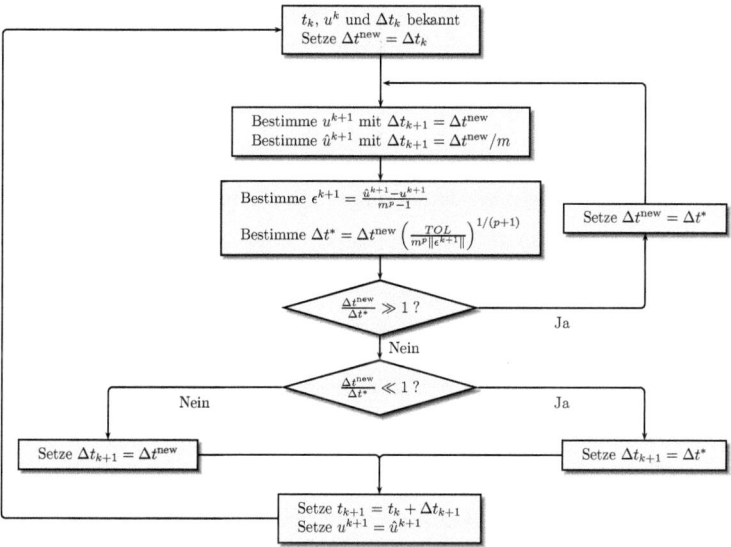

Abbildung 5.2: Flussdiagramm der fehlerabschätzungsbasierten Schrittweitensteuerung

des Diskretisierungsfehlers erforderlich sind, sollte der Parameter m nicht zu groß gewählt werden. Bei der Modellierung von Entladungsplasmen hat es sich als ge-

---

[9]Prinzipiell kann die Anpassung der Zeitschrittweite auch z. B. nur jeden zehnten Zeitschritt durchgeführt werden. Dieses Vorgehen kann jedoch leicht dazu führen, dass der kumulierte Diskretisierungsfehler erheblich größer wird.

5 Numerische Lösungsverfahren

eignet erwiesen, den Parameter $m = 2$ und den relativen Fehler in der mittleren Elektronenenergie als Grundlage für die Schrittweitensteuerung zu verwenden.

PID-basierte Schrittweitensteuerung

Bei der PID-basierten Schrittweitensteuerung wird die relative Änderung einer vorzugebenden Indikatorvariablen in jedem Zeitschritt gesteuert [190]. Der Vorteil dieses Zugangs ist, dass kein zusätzlicher Rechenaufwand zur Abschätzung des Diskretisierungsfehlers nötig ist und ein Zeitschritt nur mehrfach gerechnet werden muss, wenn mit der aktuellen Zeitschrittweite die relative Änderung der Indikatorvariablen zu groß ist. Das Vorgehen kann wie folgt zusammengefasst werden [189]:

0. Setze $\Delta t^* = \Delta t_k$

1. Setze $\Delta t_{k+1} = \Delta t^*$ und bestimme u^{k+1} mit der Zeitschrittweite Δt_{k+1}

2. Bestimme die relative Änderung einer Indikatorvariablen u zum Zeitpunkt t_{k+1} gemäß

$$\Delta u^{k+1} = \frac{\left\| u^{k+1} - u^k \right\|}{\left\| u^{k+1} \right\|} \tag{5.7}$$

3. Ist $\Delta u^{k+1} > TOL$, so verwerfe u^{k+1} und gehe zu 1. mit

$$\Delta t^* = \frac{TOL}{\Delta u^{k+1}} \Delta t_{k+1} \tag{5.8}$$

4. Andernfalls bestimme neue Zeitschrittweite Δt_{k+1} gemäß

$$\Delta t_{k+1} = \left(\frac{\Delta u^{k-1}}{\Delta u^k} \right)^{k_P} \left(\frac{TOL}{\Delta u^k} \right)^{k_I} \left(\frac{(\Delta u^{k-1})^2}{\Delta u^k \Delta u^{k-2}} \right)^{k_D} \Delta t^* \tag{5.9}$$

und gehe zu 1.

Auch für die PID-basierte Schrittweitensteuerung hat sich die mittlere Energie der Elektronen als geeignete Indikatorvariable erwiesen. Bei der Bestimmung der Zeitschrittweite wurde die maximale relative Änderung in allen Gitterpunkten mit einer Toleranz von $TOL = 10^{-5}$ bzw. $TOL = 10^{-6}$ limitiert. Nach den Empfehlungen von Valli et al. [190] werden in (5.9) die Konstanten $k_P = 0.075$, $k_I = 0.175$ und $k_D = 0.01$ verwendet.

Vergleich der Schrittweitensteuerungen

Um die Einsetzbarkeit und die Effizienz der zuvor vorgestellten Verfahren zur Schrittweitensteuerung für die betrachteten Modellgleichungen bewerten zu können, werden

5.1 Zeitschrittverfahren

diese am Beispiel des Referenzmodells[10] getestet. Das Modell beschreibt den Zündprozess einer anomalen Glimmentladung in Argon bei einem Gasdruck von 1 Torr, einer Schwerteilchentemperatur von 300 K und einer angelegten Gleichspannung von -250 V. Die zeitliche Entwicklung des Plasmas wird in Abschnitt 6.1 näher erläutert. Zum Verständnis sei hier nur angemerkt, dass das Entladungsverhalten in eine Einschaltphase, eine Townsendsche Entladungsphase, eine Zündphase und einen stationären Zustand unterteilt werden kann. Als Zeitschrittverfahren wird das implizite Eulerverfahren verwendet, so dass bei der fehlerabschätzungsbasierten Schrittweitensteuerung $p = 1$ ist. Die Schrittweitensteuerung erfolgt bei beiden Verfahren auf Basis des relativen Fehlers bzw. der relativen Änderung in der Elektronendichte[11].

Die adaptiv bestimmten Zeitschrittweiten der fehlerabschätzungsbasierten Schrittweitensteuerung (SSt.1) und der PID-basierten Schrittweitensteuerung (SSt.2) und die zugehörigen relativen Fehler sind für $TOL = 10^{-5}$ und $TOL = 10^{-6}$ in der Abbildung 5.3 dargestellt. Die in Klammern angegebenen Prozentwerte geben die Rechenzeiten der Verfahren mit Schrittweitensteuerung im Vergleich mit der Rechenzeit bei Verwendung der konstanten Zeitschrittweite $\Delta t = 1$ ps an. Im Vergleich mit den relativen Fehlern bei Verwendung der konstanten Zeitschrittweiten $\Delta t = 10$ ps und $\Delta t = 1$ ps ist zu sehen, dass unmittelbar nach dem Einschalten der Spannungsquelle ($t \approx 0\text{--}100$ ns) und bei dem Zünden der Entladung ($t \approx 1\text{--}30\,\mu$s) sehr kleine Zeitschrittweiten erforderlich sind, um eine akzeptable Genauigkeit zu erzielen. Während der Townsendschen Entladungsphase ($t \approx 0.1\text{--}1\,\mu$s) und bei dem Erreichen des stationären Zustands ($t > 30\,\mu$s) kann dagegen ein deutlich größerer Zeitschritt gewählt werden. Die Ergebnisse zeigen, dass sowohl die fehlerabschätzungsbasierte als auch die PID-basierte Schrittweitensteuerung zu einer deutlichen Verkürzung der Rechenzeit bei gleichzeitiger Reduktion der Fehler führen. Da bei der PID-basierten Steuerung der zusätzliche Rechenaufwand zur Abschätzung des Diskretisierungsfehlers entfällt, liefert diese Methode für die betrachtete Modellsituation bei gleichen Rechenzeiten deutlich genauere Ergebnisse. Wird die relative Änderung $TOL = 10^{-6}$ verwendet, reduziert sich die Rechenzeit etwa um das Siebenfache gegenüber der konstanten Zeitschrittweite $\Delta t = 1$ ps und der Fehler wird gleichzeitig etwa eine Größenordnung kleiner.

Probleme können auftreten, wenn schnelle Änderungen in dem dynamischen Ver-

---

[10] Zum Vergleich der Verfahren wurde das Referenzmodell (vgl. Tabelle A.5 im Anhang A) mit der reduzierten Reaktionskinetik aus Becker et al. [65] (vgl. Tabelle A.4 im Anhang A) gelöst, um die Rechenzeit zu verkürzen. Da die exakte Lösung dieses Modells nicht bestimmt werden kann, wurde hier eine Vergleichslösung mit der Zeitschrittweite $\Delta t = 0.02$ ps bestimmt.

[11] In ersten Studien wurde die Elektronendichte als Indikatorvariable verwendet. Bei der Modellierung komplexerer Entladungssituationen hat sich jedoch die mittlere Energie der Elektronen als geeignetere Indikatorvariable erwiesen. Die getroffenen Aussagen bezüglich der Vorteile der genannten Verfahren behalten ihre Gültigkeit.

5 Numerische Lösungsverfahren

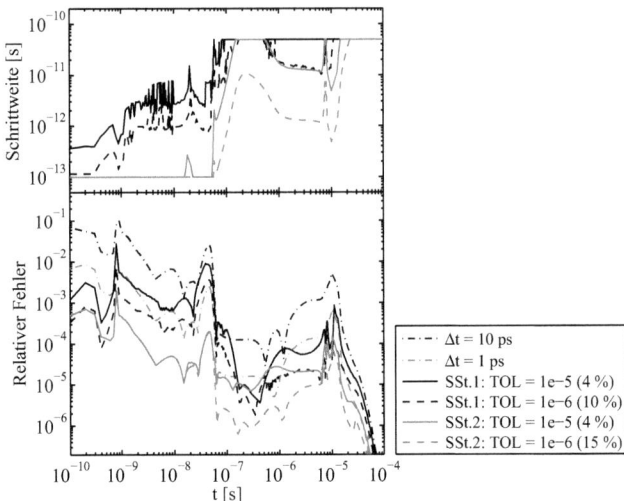

Abbildung 5.3: Adaptiv angepasste Zeitschrittweiten der fehlerabschätzungsbasierten (SSt.1) und der PID-basierten (SSt.2) Schrittweitensteuerung (oben) sowie zugehörige relative Fehler (unten)

halten der zeitlichen Entwicklung auftreten. In diesem Fall ist unter Umständen die Bedingung $\Delta u^{k+1} > TOL$ in Schritt 3. des PID-Verfahrens häufig verletzt und es tritt der Effekt auf, dass sich die Zeitschrittweite sprunghaft nach oben bzw. unten ändert. Aus diesem Grund hat sich bei der Modellierung von Atmosphärendruckentladungen (vgl. Kapitel 6) die fehlerabschätzungsbasierte Schrittweitensteuerung als geeigneter erwiesen.

Des Weiteren kann bei Verwendung des PID-Verfahrens der Fall eintreten, dass die Zeitschrittweite, aufgrund einer großen relativen Änderung, trotz „gutartigem" Lösungsverlauf, der eine deutlich größere Zeitschrittweite erlauben würde, stark limitiert wird. Somit ist die Verwendung der fehlerabschätzungsbasierten Schrittweitensteuerung zu empfehlen, wenn wenig Kenntnis über den zeitlichen Verlauf der Lösungsgrößen vorliegt bzw. wenn der dynamische Lösungsverlauf starken Schwankungen unterliegt. Die PID-basierte Schrittweitensteuerung ist überlegen, wenn sich die Lösungsgrößen zeitlich nur langsam ändern.

5.2 Ortsdiskretisierungsverfahren

Die Anwendung eines Ortsdiskretisierungsverfahrens ist erforderlich, um die auftretenden räumlichen Ableitungen durch geeignete Approximationen zu ersetzen. Zusammen mit den in Abschnitt 5.1 beschriebenen Zeitschrittverfahren wird damit eine gegebene Differenzialgleichung in ein System algebraischer Gleichungen überführt, das numerisch gelöst werden kann. Es sind drei klassische Diskretisierungsansätze zu unterscheiden:

- die *Finite-Differenzen-Methode* (FDM), bei der das Lösungsgebiet in endlich viele Zellen unterteilt wird und alle auftretenden Ableitungen in den Knotenpunkten durch Differenzenquotienten ersetzt werden,

- die *Finite-Elemente-Methode* (FEM), bei der die Variationsformulierung einer gegebenen Differenzialgleichung betrachtet wird und die Ansatz- und Testfunktionen als Linearkombination vorgegebener, knotenweise definierter Basisfunktionen dargestellt werden und

- die *Finite-Volumen-Methode* (FVM), bei der das Lösungsgebiet in endlich viele Volumina unterteilt und über jedes Volumen integriert wird. Volumenintegrale über Divergenzterme werden durch Anwendung des Gaußschen Integralsatzes in Oberflächenintegrale transformiert, deren Werte schließlich als Flüsse in die benachbarten Volumina aufgefasst werden.

Ein Vorteil der FEM und der FVM gegenüber der FDM ist, dass aufgrund der lokalen, knoten- bzw. volumenbasierten Betrachtung die Verwendung unstrukturierter Gitter und die Berücksichtigung komplexer Geometrien deutlich einfacher ist. Die FVM ist der FDM und der FEM insofern überlegen, als dass die Erhaltungseigenschaft „automatisch" erfüllt wird. Dennoch werden bei der Modellierung von Niedertemperaturplasmen vorwiegend Finite-Differenzen-Verfahren und Finite-Elemente-Verfahren eingesetzt und nur vereinzelt Finite-Volumen-Verfahren angewendet.

In den folgenden Abschnitten werden implizite Finite-Differenzen- und Finite-Elemente-Verfahren zur Diskretisierung der betrachteten Modellgleichungen diskutiert. Insbesondere werden verbesserte, im Rahmen dieser Arbeit entwickelte FD-FCT- und FE-FCT-Verfahren zum Lösen der Mehr-Momenten-Modelle vorgestellt. Die betrachteten Verfahren werden in Abschnitt 6.1 am Beispiel des Referenzmodells einer anomalen Glimmentladung verglichen und bewertet.

5 Numerische Lösungsverfahren

5.2.1 Finite-Differenzen-Verfahren

Nach Anwendung des in Abschnitt 5.1 beschriebenen impliziten Eulerverfahrens kann jede der betrachteten Bilanzgleichungen in der Form

$$u^{k+1} + \Delta t_{k+1} \partial_x F^{k+1} = u^k + \Delta t_{k+1} R^{k+1} \tag{5.10}$$

geschrieben werden (vgl. Gleichung (5.2)). Die Flussfunktion $F^k = F(x, t_k)$ ist in der Form

$$F^k = c u^k - D^{\text{out}} \partial_x \left(D^{\text{in}} u^k \right) \tag{5.11}$$

gegeben, wobei der parabolische Term $-D^{\text{out}} \partial_x \left(D^{\text{in}} u^k \right)$, mit dem äußeren Diffusionskoeffizienten D^{out} und dem inneren Diffusionskoeffizienten D^{in}, nicht in jedem Fall auftritt. In dem hyperbolischen Term $c u^k$ bezeichnet der Koeffizient c z. B. die Driftgeschwindigkeit. Mit Einführung des Ortsgitters (vgl. Abbildung 5.4)

$$\left\{ x_j \mid x_j = x_{j-1} + \Delta x_j,\ x_0 = 0,\ j = 1, \dots, N_{\text{x}} - 1,\ x_{N_{\text{x}}-1} = d \right\} \tag{5.12}$$

sowie den Notationen $u_j^k = u(x_j, t_k)$, $F_j^k = F(x_j, t_k)$ und $R_j^k = R(x_j, t_k)$ kann (5.10)

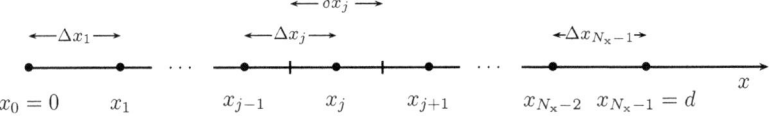

Abbildung 5.4: Ortsgitter für das Intervall $[0, d]$

diskretisiert werden gemäß

$$u_j^{k+1} + \frac{\Delta t_{k+1}}{\delta x_j} \left(F_{j+\frac{1}{2}}^{k+1} - F_{j-\frac{1}{2}}^{k+1} \right) = u_j^k + \Delta t_{k+1} R_j^{k+1} \tag{5.13}$$

mit $\delta x_j = x_{j+\frac{1}{2}} - x_{j-\frac{1}{2}}$. Um die geforderte Erhaltungseigenschaft zu erfüllen, ist es wesentlich, die Diskretisierung (5.13) zu verwenden und nicht die ebenfalls nahe liegende alternative Form

$$u_j^{k+1} + \frac{\Delta t_{k+1}}{\Delta x_j + \Delta x_{j+1}} \left(F_{j+1}^{k+1} - F_{j-1}^{k+1} \right) = u_j^k + \Delta t_{k+1} R_j^{k+1}. \tag{5.14}$$

Letztere sichert nicht, dass der Fluss von x_j nach x_{j+1} gleich dem Fluss von x_{j+1} nach x_j ist.

Wird $F_{j+\frac{1}{2}}^k$ in (5.13) mit einem zentralen Differenzenquotienten zweiter Ordnung

5.2 Ortsdiskretisierungsverfahren

diskretisiert, ergibt sich die Darstellung

$$F^k_{j+\frac{1}{2}} = -\frac{D^{\text{out}}_{j+\frac{1}{2}}}{\Delta x_{j+1}}\left(D^{\text{in}}_{j+1}u^k_{j+1} - D^{\text{in}}_j u^k_j\right) + \frac{c_{j+\frac{1}{2}}}{2}\left(u^k_j + u^k_{j+1}\right). \qquad (5.15)$$

Bei Verwendung dieses Diskretisierungsschemas können in den numerischen Lösungen jedoch unphysikalische Oszillationen auftreten, wenn die lokale Péclet-Zahl

$$\text{Pe}_j = \frac{\delta x_j |c_j|}{2D^{\text{out}}_j D^{\text{in}}_j} \qquad (5.16)$$

in einem Punkt x_j größer als Eins ist [150]. Enthält die Gleichung keinen parabolischen Term, das heißt es ist $D^{\text{out}} \equiv 0$ bzw. $D^{\text{in}} \equiv 0$, muss in jedem Fall mit einem unphysikalischen Lösungsverhalten gerechnet werden. Dieses Problem kann mit Verwendung des sogenannten Upwind-Schemas [192] umgangen werden. Bei diesem wird der hyperbolische Term abhängig von der Strömungsrichtung, das heißt dem Vorzeichen von c, wie folgt diskretisiert

$$F^k_{j+\frac{1}{2}} = \begin{cases} -\dfrac{D^{\text{out}}_{j+\frac{1}{2}}}{\Delta x_{j+1}}\left(D^{\text{in}}_{j+1}u^k_{j+1} - D^{\text{in}}_j u^k_j\right) + c_{j+\frac{1}{2}} u^k_j & \text{falls } c_{j+\frac{1}{2}} > 0 \\ -\dfrac{D^{\text{out}}_{j+\frac{1}{2}}}{\Delta x_{j+1}}\left(D^{\text{in}}_{j+1}u^k_{j+1} - D^{\text{in}}_j u^k_j\right) + c_{j+\frac{1}{2}} u^k_{j+1} & \text{sonst.} \end{cases} \qquad (5.17)$$

Dies kann kürzer geschrieben werden als

$$F^k_{j+\frac{1}{2}} = -\frac{D^{\text{out}}_{j+\frac{1}{2}}}{\Delta x_{j+1}}\left(D^{\text{in}}_{j+1}u^k_{j+1} - D^{\text{in}}_j u^k_j\right) + [\![c_{j+\frac{1}{2}},0]\!]u^k_j - [\![-c_{j+\frac{1}{2}},0]\!]u^k_{j+1}. \qquad (5.18)$$

Das Upwind-Schema unterliegt jedoch bekanntermaßen einer hohen numerischen Dämpfung, das heißt es führt zu einem hohen Dispersionsfehler. Im Rahmen dieser Arbeit hat sich dies insbesondere bei der Diskretisierung der Teilchenbilanzgleichung der Elektronen als problematisch erwiesen. Als Ausweg kann zur Beschreibung der Elektronen ein Upwind-Verfahren zweiter Ordnung verwendet werden. Dazu wird $F^k_{j+\frac{1}{2}}$ bestimmt gemäß

$$F^k_{j+\frac{1}{2}} = -\frac{D^{\text{out}}_{j+\frac{1}{2}}}{\Delta x_{j+1}}\left(D^{\text{in}}_{j+1}u^k_{j+1} - D^{\text{in}}_j u^k_j\right) + c_{j+\frac{1}{2}} u^k_{j+\frac{1}{2}} \qquad (5.19)$$

5 Numerische Lösungsverfahren

und ein linearer Extrapolationsansatz zur Approximation von $u^k_{j+\frac{1}{2}}$ verwendet, der sich ebenfalls an der Strömungsrichtung orientiert:

$$u^k_{j+\frac{1}{2}} = \begin{cases} u^k_j + (u^k_j - u^k_{j-1})\dfrac{\Delta x_{j+1}}{2\Delta x_j} & \text{falls } c_{j+\frac{1}{2}} > 0 \\ u^k_{j+1} - (u^k_{j+2} - u^k_{j+1})\dfrac{\Delta x_{j+1}}{2\Delta x_{j+2}} & \text{sonst.} \end{cases} \quad (5.20)$$

Zur Diskretisierung von Drift-Diffusionsgleichungen, wie sie in den betrachteten Drift-Diffusionsmodellen zur Beschreibung der Ladungsträger auftreten (vgl. Abschnitt 2.3.3), wird häufig ein exponentielles Diskretisierungsschema verwendet, welches auf eine Arbeit von Scharfetter und Gummel [193] zurückgeht. Mit der Annahme, dass $F^k_{j+\frac{1}{2}}$, D^{in}, D^{out} und c zu einem Zeitpunkt t_k auf dem Intervall $[x_j, x_{j+1}]$ konstant sind, kann die gewöhnliche Differenzialgleichung zweiter Ordnung

$$F^k_{j+\frac{1}{2}} = -D^{\text{out}}\partial_x\Big(D^{\text{in}}u(x,t_k)\Big) + cu(x,t_k) \quad (5.21)$$

mit den Randbedingungen $u(x_j, t_k) = u^k_j$ und $u(x_j, t_k) = u^k_{j+1}$ analytisch gelöst und der resultierende Ausdruck zur Approximation von $F^k_{j+\frac{1}{2}}$ verwendet werden.[12] Es ergibt sich das Diskretisierungsschema

$$F^k_{j+\frac{1}{2}} = \frac{c_{j+\frac{1}{2}}}{D^{\text{out}}_{j+\frac{1}{2}}}\left(\frac{D^{\text{in}}_j u^k_j}{1 - \exp(-\mu_{j+\frac{1}{2}})} + \frac{D^{\text{in}}_{j+1} u^k_{j+1}}{1 - \exp(\mu_{j+\frac{1}{2}})}\right), \quad (5.22)$$

wobei $\mu_{j+\frac{1}{2}} = \Delta x_{j+1} c_{j+\frac{1}{2}}/(D^{\text{out}}_{j+\frac{1}{2}} D^{\text{in}}_{j+\frac{1}{2}})$ ist. Dieses exponentielle Verfahren konvergiert für $\text{Pe}_j \to 0$ gegen eine zentrale Differenzendiskretisierung des parabolischen Terms $-D^{\text{out}}\partial_x(D^{\text{in}}u)$ und für $\text{Pe}_j \to \infty$ gegen eine Upwind-Diskretisierung des hyperbolischen Terms cu [194].

5.2.2 FCT-Verfahren auf der Basis finiter Differenzen

Die grundlegende Idee der von Boris et al. in [178] eingeführten FCT-Verfahren zum numerischen Lösen partieller Differenzialgleichungen der Form

$$\partial_t u(x,t) + \partial_x\Big(c(x,t)u(x,t)\Big) = R(x,t) \quad (5.23)$$

besteht darin, mittels geeigneter Limitierungsfaktoren die „optimale Mischung" eines monotonen Verfahrens niedriger Ordnung und eines Verfahrens höherer Ordnung zur Diskretisierung des Flusses $F = cu$ zu erreichen. Dabei sind die Limitierungsfak-

---

[12] Die analytische Lösung der Differenzialgleichung (5.21) wurde mit Hilfe des Computeralgebrasystems MATHEMATICA bestimmt.

toren *nichtlineare* Funktionen der Lösungsvariablen u, da nach dem Theorem von Godunov[13] stabile *lineare* Diskretisierungsverfahren zur Diskretisierung von partiellen Differenzialgleichungen der Form (5.23) die maximale Konvergenzordnung eins bezüglich des räumlichen Diskretisierungsfehlers besitzen [145]. Das allgemeine Verfahren kann wie folgt zusammengefasst werden [188]:

1. Bestimme eine Lösung niedriger Ordnung, die keine Oszillationen aufweist.

2. Bestimme antidiffusive Flüsse auf Basis einer Lösung hoher Ordnung, die Oszillationen aufweisen darf.

3. Limitiere die antidiffusiven Flüsse und korrigiere die Lösung niedriger Ordnung so, dass keine neuen Extrema erzeugt und bestehende nicht verstärkt werden.

Dieses Vorgehen hat zur Folge, dass in Bereichen, in denen u glatt ist, die Flüsse hoher Ordnung und in Bereichen steiler Gradienten die Flüsse niedriger Ordnung dominieren. Zur Veranschaulichung eines typischen Lösungsverhaltens sind in der Abbildung 5.5 die Lösungen der drei aufgeführten Verfahrensschritte für das später betrachtete Testproblem (5.23) dargestellt. Hier wird deutlich, dass die limitierte

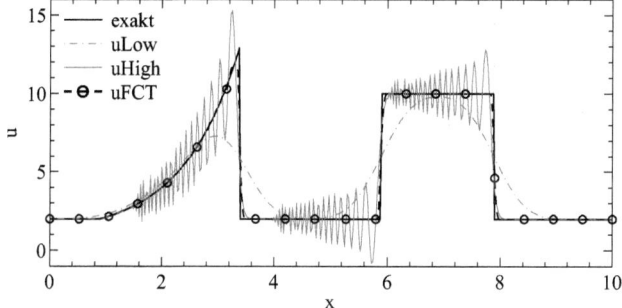

Abbildung 5.5: Beispiel der Verfahrensweise von FCT-Verfahren. Gezeigt ist die mit dem ETBFCT-Verfahren [195] berechnete Lösung der Gleichung (5.23) für $c = 1$ und $R = 0$ nach 900 Zeitschritten mit $\Delta t = 0.001$ und $\Delta x = 0.025$. Die Anfangswerte sind wie in (5.39) gewählt.

Lösung (uFCT) genauer ist als die Lösung niedriger Ordnung (uLow) und dass die bei der Lösung hoher Ordnung (uHigh) auftretenden Oszillationen unterdrückt werden. Ein weiterer Vorteil von FCT-Verfahren ist, dass durch den Limitierungsschritt auch nichtlineare Instabilitäten vermieden bzw. reduziert werden [196], die

---

[13]Sergei K. Godunov (*1929) formulierte dieses Theorem im Russischen in *Math. Sbornik*, 47:271–306, 1959.

5 Numerische Lösungsverfahren

insbesondere bei nichtlinear gekoppelten Systemen partieller Differenzialgleichungen auftreten können. Denn aufgrund der nichtlinearen Kopplung können bei der Verwendung linearer Diskretisierungsschemata auch dann Instabilitäten auftreten, wenn die entsprechenden linearen Stabilitätsbedingungen erfüllt sind [197]. Mögliche Probleme, die bei der Verwendung von FCT-Verfahren auftreten können, sind das sogenannte *Clipping* und das *Terracing* [198, 199]. Bei dem Clipping werden evtl. auftretende Maxima zu stark limitiert. Der Terracing-Effekt zeigt sich durch ein stufenartiges Lösungsverhalten, das insbesondere an ansteigenden oder abfallenden Flanken auftritt. Clipping und Terracing sind jedoch keine FCT-spezifischen Probleme, sondern treten z. B. auch in PPM-, MUSCL- und TVD[14]-Verfahren auf, wenn die Limiter über- bzw. unterschätzt werden [198]. Um zu erreichen, dass durch die Limitierung keine physikalischen Effekte unterdrückt werden, ist es wesentlich, nur den Korrekturschritt 3., nicht aber die Lösungen niedriger und hoher Ordnung zu limitieren [196].

Basierend auf den grundlegenden Arbeiten von Boris *et al.* [178, 195, 196, 200, 201] sowie den Weiterentwicklungen von Zalesak [202] und Odstrčil [203, 204] werden im Folgenden sowohl ein neues explizites (EFCT) als auch ein neues implizites (IFCT) FD-FCT-Verfahren entwickelt und an einem Testbeispiel mit dem ETBFCT-Verfahren [179, 195] und dem YDFCT-Verfahren [179, 204] verglichen. Sowohl bei ETBFCT als auch bei YDFCT wird in jedem Zeitschritt $t_k \to t_{k+1}$ zunächst eine Lösung $u^{k+\frac{1}{2}}$ bei $t_{k+\frac{1}{2}}$ bestimmt und anschließend der volle Zeitschritt durchgeführt [179]. Bei YDFCT wird dabei in dem ersten Halbschritt die Lösung hoher Ordnung teilweise geglättet, um den bei ETBFCT auftretenden Terracing-Effekt zu umgehen. Dieser Ansatz wird auch hier verfolgt. Um den Rechenaufwand zu reduzieren, wird jedoch kein Zwischenschritt vorgenommen. Ausgehend von der Differenzialgleichung (5.23) mit dem Fluss $F = cu$ wird bei dem EFCT-Verfahren in jedem Zeitschritt $t_k \to t_{k+1}$ wie folgt vorgegangen:

1. Bestimme eine Lösung u^{H} gemäß

$$u_j^{\mathrm{H}} = u_j^k - \frac{\Delta t_{k+1}}{\delta x_j}\Big(F_{j+\frac{1}{2}}^k - F_{j+\frac{1}{2}}^k\Big) + \eta_{j+\frac{1}{2}}\Delta u_{j+1}^k - \eta_{j-\frac{1}{2}}\Delta u_j^k + \Delta t_{k+1} R_j^k . \quad (5.24\mathrm{a})$$

2. Bestimme eine Lösung u^{L} gemäß

$$u_j^{\mathrm{L}} = u_j^k - \frac{\Delta t_{k+1}}{\delta x_j}\Big(F_{j+\frac{1}{2}}^k - F_{j+\frac{1}{2}}^k\Big) + \zeta_{j+\frac{1}{2}}\Delta u_{j+1}^k - \zeta_{j-\frac{1}{2}}\Delta u_j^k + \Delta t_{k+1} R_j^k \quad (5.24\mathrm{b})$$

---

[14]TVD = Total Variation Diminishing

und antidiffusive Flüsse
$$A_{j+\frac{1}{2}} = \mu_{j+\frac{1}{2}} \Delta u_{j+1}^{\mathrm{H}}. \tag{5.24c}$$

3. Limitiere die antidiffusiven Flüsse mit dem Boris-Book-Limiter [196]

$$\tilde{A}_{j+\frac{1}{2}} = \mathrm{sgn}(\Delta u_{j+1}^{\mathrm{L}}) \Big[0,$$
$$\min\Big\{\mathrm{sgn}(\Delta u_{j+1}^{\mathrm{L}}) \Delta u_j^{\mathrm{L}}, |A_{j+\frac{1}{2}}|, \mathrm{sgn}(\Delta u_{j+1}^{\mathrm{L}}) \Delta u_{j+2}^{\mathrm{L}}\Big\}\Big] \tag{5.24d}$$

und bestimme die finale Lösung u^{k+1} gemäß

$$u_j^{k+1} = u_j^{\mathrm{L}} - \left(\tilde{A}_{j+\frac{1}{2}} - \tilde{A}_{j-\frac{1}{2}}\right). \tag{5.24e}$$

Hier und im Folgenden bezeichnet $\Delta u_j = u_j - u_{j-1}$ die Differenz zweier Funktionswerte in benachbarten Gitterpunkten. Die noch freien Parameter η, ζ und μ können so festgelegt werden, dass der Amplitudenfehler

$$\mathcal{E}^{\mathrm{amp}}(\bar{k}) = 1 - |G(\bar{k})|^2 \tag{5.25}$$

und der relative Phasenfehler

$$\mathcal{E}^{\mathrm{ph}}(\bar{k}) = \frac{\bar{x}_{\mathrm{n}}(\bar{k}) - \bar{x}_{\mathrm{a}}}{\bar{x}_{\mathrm{a}}} \tag{5.26}$$

minimal werden. Der Amplitudenfehler (5.25) ist definiert als die Amplitude einer unphysikalischen Dämpfung bzw. eines instabilen Anwachsens, wobei G den Verstärkungsfaktor einer wellenartigen Störung der Form $\exp(\mathrm{i}kx - \omega t)$ mit der Wellenzahl $\bar{k}$ und der Kreisfrequenz ω bezeichnet. Der Phasenfehler (5.26) ist definiert als die relative Differenz der Wegstrecke $\bar{x}_{\mathrm{n}}(\bar{k})$ in der numerischen Lösung und der Wegstrecke $\bar{x}_{\mathrm{a}}$ in der analytischen Lösung, welche eine gegebene Harmonische in der Zeit Δt propagiert [196, 203]. Für die betrachtete Differenzialgleichung (5.23) ist offenbar $\bar{x}_{\mathrm{a}} = c\Delta t$. Die von der Wellenzahl k abhängige Größe $\bar{x}_{\mathrm{n}}$ kann mittels der Relation [196]

$$\tan\left(k\,\bar{x}_{\mathrm{n}}(\bar{k})\right) = -\frac{\mathrm{Im}\left(G(\bar{k})\right)}{\mathrm{Re}\left(G(\bar{k})\right)} \tag{5.27}$$

bestimmt werden. Um den Verstärkungsfaktor G des EFCT-Verfahrens (5.24) zu bestimmen, wird das zugehörige homogene nichtlimitierte Differenzenschema betrachtet. Dieses ergibt sich mit $\tilde{A}_{j+\frac{1}{2}} = A_{j+\frac{1}{2}}$. Zudem wird ein äquidistantes Gitter und c als konstant angenommen. Sukzessives Ersetzen von u^{H} und u^{L} durch u^k führt

5 Numerische Lösungsverfahren

damit auf das Differenzenschema

$$
\begin{aligned}
u_j^{k+1} = u_j^k &- \frac{C}{2}\left(u_{j+1}^k - u_{j-1}^k\right) \\
&+ (\zeta - \mu)\left(u_{j+1}^k - 2u_j^k + u_{j-1}^k\right) \\
&+ \mu\frac{C}{2}\left(u_{j+2}^k - 2u_{j+1}^k + 2u_{j-1}^k - u_{j-2}^k\right) \\
&- \mu\eta\left(u_{j+2}^k - 4u_{j+1}^k + 6u_j^k - 4u_{j-1}^k + u_{j-2}^k\right),
\end{aligned} \quad (5.28)
$$

wobei $C = c\Delta t/\Delta x$ die CFL-Zahl ist. Das Einsetzen einer wellenartigen Lösung

$$u_j^k = \xi^k \mathrm{e}^{\mathrm{i}j\beta} \quad (5.29)$$

mit dem Phasenwinkel $\beta = \bar{k}\Delta x$ in (5.28) liefert nach einer länglichen Rechnung (vgl. Anhang D.1) für $G = \xi^{k+1}/\xi^k$ den Ausdruck

$$
\begin{aligned}
G = 1 &- 2(\zeta - \mu)\bigl(1 - \cos(\beta)\bigr) \\
&- 2\mu\eta\bigl(3 - 4\cos(\beta) + \cos(2\beta)\bigr) - \mathrm{i}C\bigl((1 + 2\mu)\sin(\beta) - \mu\sin(2\beta)\bigr).
\end{aligned} \quad (5.30)
$$

Mit einem Entwicklungsansatz für die trigonometrischen Funktionen können $\mathcal{E}^{\mathrm{amp}}$ und $\mathcal{E}^{\mathrm{ph}}$ dargestellt werden in der Form

$$\mathcal{E}^{\mathrm{amp}} = a_1^{\mathrm{amp}}\beta^2 + a_2^{\mathrm{amp}}\beta^4 + \mathcal{O}(\beta^6) \quad (5.31)$$

$$\mathcal{E}^{\mathrm{ph}} = a_1^{\mathrm{ph}}\beta^2 + a_2^{\mathrm{ph}}\beta^4 + \mathcal{O}(\beta^5). \quad (5.32)$$

Die Parameter ζ, μ und η können so gewählt werden, dass $a_1^{\mathrm{amp}} = a_1^{\mathrm{ph}} = a_2^{\mathrm{ph}} = 0$ ist, der Amplitudenfehler also von der Ordnung vier und der Phasenfehler von der Ordnung fünf bezüglich β ist. Diese von C abhängigen Werte sind gegeben durch[15]

$$\zeta = \frac{1}{6}\bigl(1 + 2C^2\bigr), \quad \mu = \frac{1}{6}\bigl(1 - C^2\bigr) \quad \text{und} \quad \eta = \frac{1}{5}\bigl(1 + C^2\bigr). \quad (5.33)$$

Bei der Verwendung des EFCT-Verfahrens (5.24) zur Lösung von Problemen mit nichtkonstanten Koeffizienten wird $C_{j+\frac{1}{2}} = \Delta t(c_j + c_{j+1})/(2\delta x_{j+1})$ zur Bestimmung der Parameter (5.33) verwendet.

Eine genauere Analyse des Verstärkungsfaktors (5.30) zeigt, dass die strikte von Neumannsche Stabilitätsbedingung[16] [144, 205]

$$|G(\bar{k})|^2 \leq 1 \quad \forall\, \bar{k} \in \mathbb{R} \quad (5.34)$$

---

[15]Zur Herleitung dieser Werte wurde das Computeralgebrasystem MATHEMATICA verwendet.
[16]Die von Neumannsche Stabilitätsbedingung ist benannt nach John von Neumann (1903–1957).

5.2 Ortsdiskretisierungsverfahren

genau dann erfüllt ist, wenn $\max_j\{|C_j| \leq 1\}$ gilt. Die Funktion $|G|^2$ des ETBFCT-, YDFCT-, EFCT- und IFCT-Verfahrens ist in Abhängigkeit vom Phasenwinkel β und von der CFL-Zahl C in Abbildung 5.6 dargestellt. Hier wird ersichtlich, dass die

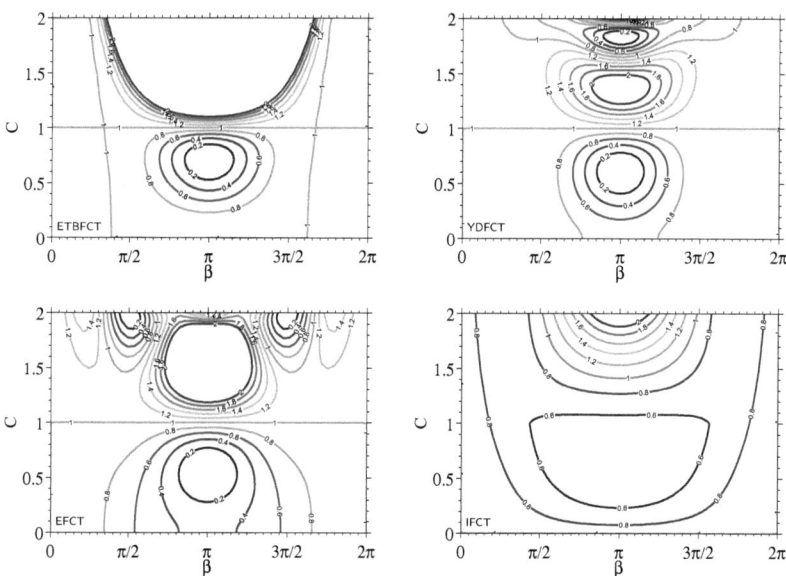

Abbildung 5.6: Darstellung der Funktion $|G|^2$ in Abhängigkeit von dem Phasenwinkel β und von der CFL-Zahl C für ETBFCT, YDFCT, EFCT und IFCT

Funktion $|G|^2$ der drei betrachteten expliziten FD-FCT-Verfahren für $C > 1$ nicht mehr der von Neumannschen Stabilitätsbedingung (5.34) genügt. Somit unterliegen diese Verfahren der Bedingung an die Zeitschrittweite

$$\Delta t \leq \max_j \left\{ \frac{\Delta x_j}{|c_j|} \right\}. \tag{5.35}$$

Diese Beschränkung kann durch die Verwendung impliziter Zeitschrittverfahren, wie z. B. dem IFCT-Verfahren, umgangen werden. Dieses Verfahren wird nachfolgend beschrieben.

In der Literatur sind nur wenige implizite FD-FCT-Verfahren dokumentiert. Boris et al. [196] haben REVFCT entwickelt, welches auf dem Crank-Nicolson-Verfahren basiert. Dieses Verfahren wurde im Rahmen dieser Arbeit getestet, hat sich aber aufgrund des stark auftretenden Terracing-Effekts für die Plasmamodellierung als nicht anwendbar erwiesen. Patnaik et al. [206] wenden FCT-Verfahren zum Lösen der

5 Numerische Lösungsverfahren

kompressiblen Eulergleichungen an und lösen dabei eine zusätzliche elliptische Gleichung implizit, um die Abhängigkeit der CFL-Zahl von der Schallgeschwindigkeit zu umgehen. Die Stabilitätsbedingung (5.35) bleibt jedoch bestehen. Steinle und Morrow [106] schlagen ein implizites FD-FCT-Verfahren vor. Bei diesem wird eine Lösung vierter Ordnung implizit und die monotone Lösung niedriger Ordnung mit dem expliziten Upwind-Verfahren bestimmt. Dabei werden zur Bestimmung der expliziten Lösung hinreichend viele zusätzliche kleinere Zeitschritte ausgeführt, um die Stabilität zu sichern. Dieser Ansatz scheint für die betrachteten Problemstellungen nur beschränkt anwendbar zu sein. Weitere implizite FD-FCT-Verfahren sind nicht bekannt.

Basierend auf dem gleichen Konzept wie das EFCT-Verfahren wird in dieser Arbeit das folgende implizite FD-FCT-Verfahren (IFCT) eingeführt:

1. Bestimme eine Lösung u^{H} gemäß

$$u_j^{\mathrm{H}} = u_j^k - \frac{\Delta t_{k+1}}{\delta x_j}\left(F_{j+\frac{1}{2}}^{\mathrm{H}} - F_{j+\frac{1}{2}}^{\mathrm{H}}\right) + \eta_{j+\frac{1}{2}}\Delta u_{j+1}^{\mathrm{H}} - \eta_{j-\frac{1}{2}}\Delta u_j^{\mathrm{H}} + \Delta t_{k+1}R_j^{\mathrm{H}}. \quad (5.36\mathrm{a})$$

2. Bestimme eine Lösung u^{L} gemäß

$$u_j^{\mathrm{L}} = u_j^k - \frac{\Delta t_{k+1}}{\delta x_j}\left(F_{j+\frac{1}{2}}^{\mathrm{L}} - F_{j+\frac{1}{2}}^{\mathrm{L}}\right) + \zeta_{j+\frac{1}{2}}\Delta u_{j+1}^{\mathrm{L}} - \zeta_{j-\frac{1}{2}}\Delta u_j^{\mathrm{L}} + \Delta t_{k+1}R_j^{\mathrm{H}} \quad (5.36\mathrm{b})$$

und antidiffusive Flüsse

$$A_{j+\frac{1}{2}} = \mu_{j+\frac{1}{2}}\Delta u_{j+1}^{\mathrm{H}}. \quad (5.36\mathrm{c})$$

3. Limitiere die antidiffusiven Flüsse mit dem Boris-Book-Limiter [196]

$$\tilde{A}_{j+\frac{1}{2}} = \mathrm{sgn}(\Delta u_{j+1}^{\mathrm{L}})\Big[\!\Big[0,$$
$$\min\big\{\mathrm{sgn}(\Delta u_{j+1}^{\mathrm{L}})\Delta u_j^{\mathrm{L}}, |A_{j+\frac{1}{2}}|, \mathrm{sgn}(\Delta u_{j+1}^{\mathrm{L}})\Delta u_{j+2}^{\mathrm{L}}\big\}\Big]\!\Big] \quad (5.36\mathrm{d})$$

und bestimme die finale Lösung u^{k+1} gemäß

$$u_j^{k+1} = u_j^{\mathrm{L}} - \left(\tilde{A}_{j+\frac{1}{2}} - \tilde{A}_{j-\frac{1}{2}}\right). \quad (5.36\mathrm{e})$$

Aufgrund der impliziten Behandlung der Flüsse, kann für dieses Verfahren keine zusammenhängende Darstellung der Form (5.28) gefunden werden. Stattdessen wird der zugehörige Verstärkungsfaktor durch sukzessive Bestimmung der zu den Schritten 1., 2. und 3. gehörenden Verstärkungsfaktoren hergeleitet. Für das nichtlimitierte

5.2 Ortsdiskretisierungsverfahren

Differenzenschema ergibt sich der Ausdruck

$$G = \frac{1}{1 + 2\zeta\big(1 - \cos(\beta)\big) + \mathrm{i}C\sin(\beta)} + \frac{2\mu\big(1 - \cos(\beta)\big)}{1 + 2\eta\big(1 - \cos(\beta)\big) + \mathrm{i}C\sin(\beta)}. \quad (5.37)$$

Die Funktion $|G|^2$ ist für die verwendeten Parameter

$$\zeta = \frac{|C|}{2}, \quad \mu = \frac{|C|}{2} \quad \text{und} \quad \eta = \min\{1, 1/|C|\} \quad (5.38)$$

in der Abbildung 5.6 (rechts unten) dargestellt. Die Abbildung zeigt, dass auch für dieses Verfahren die von Neumannsche Stabilitätsbedingung (5.34) nicht für beliebiges C erfüllt ist. Dies ist darauf zurückzuführen, dass der Korrekturschritt 3. in (5.36) expliziten Charakter hat. Da bei der Korrektur der implizit bestimmten Lösung jedoch die Erzeugung neuer Minima und Maxima durch den Boris-Book-Limiter ausgeschlossen wird, ist das Verfahren auch für $C > 1$ stabil.

Eine optimale Bestimmung der Parameter ζ, μ und η basierend auf der Minimierung des Amplituden- und des Phasenfehlers ist für das IFCT-Verfahren nicht möglich. Aus diesem Grund wird ζ so gewählt, dass die zu dem Schritt 2. in (5.36) gehörende Systemmatrix die M-Matrixeigenschaften (vgl. Anhang D.2) erfüllt. Diese Bedingung sichert, dass das Verfahren positivitätserhaltend ist [207] und führt unmittelbar auf $\zeta_{j+\frac{1}{2}} = |C_{j+\frac{1}{2}}|/2$. Für den Parameter μ hat sich die Wahl $\mu_{j+\frac{1}{2}} = \zeta_{j+\frac{1}{2}}$ als geeignet erwiesen. Der Parameter η ist insbesondere dann zur Vermeidung des Terracing-Effekts erforderlich, wenn $|C|$ klein ist. Aus diesem Grund wird $\eta_{j+\frac{1}{2}} = \min\{1, 1/|C_{j+\frac{1}{2}}|\}$ gesetzt.

Zum Test der betrachteten FD-FCT-Verfahren wird folgend die Gleichung (5.23) mit $c \equiv 1$, $R \equiv 0$ und der Anfangsbedingung

$$u(x, 0) = \begin{cases} 1 + \mathrm{e}^x & \text{falls } 0 \leq x < 2.5 \\ 10 & \text{falls } 5 \leq x < 7 \\ 2 & \text{sonst} \end{cases} \quad (5.39)$$

sowie der Randbedingung $u(0, t) = 2$ gelöst. Die Ergebnisse von ETBFCT, YDFCT, EFCT und IFCT sind für verschiedene Werte der CFL-Zahl $C = \Delta t/\Delta x$ in Abbildung 5.7 dargestellt. Der Vergleich der Verfahren macht deutlich, dass EFCT diffusiver als die übrigen Verfahren ist. Dies ist darauf zurückzuführen, dass die zugehörige Funktion $|G|^2$ für $C \ll 1$ kleiner und der Amplitudenfehler (5.25) somit größer als der Fehler der übrigen Verfahren ist (vgl. Abbilung 5.6). Das IFCT-Verfahren ist für $C = 0.01$ genauer als EFCT und YDFCT, was auf einen kleinen Amplitudenfehler

5 Numerische Lösungsverfahren

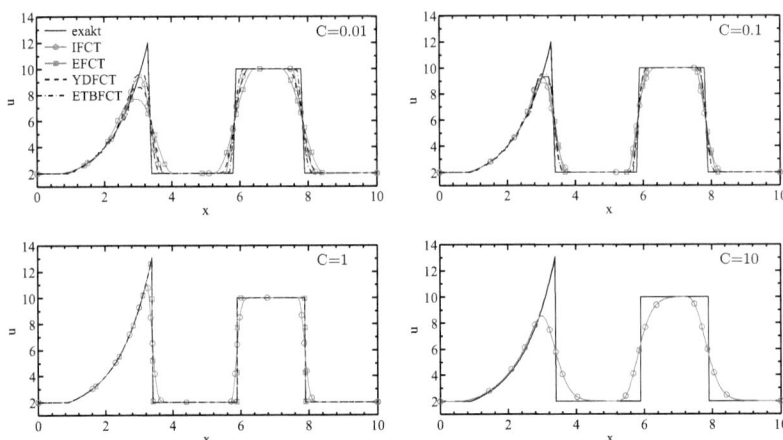

Abbildung 5.7: Vergleich der Verfahren IFCT (5.36), EFCT (5.24), YDFCT [204] und ETBFCT [195] für $C = 0.01$ (mit $\Delta t = 0.001$ und $\Delta x = 0.1$), $C = 0.1$ (mit $\Delta t = 0.01$ und $\Delta x = 0.1$), $C = 1$ (mit $\Delta t = \Delta x = 0.01$) sowie $C = 10$ (mit $\Delta t = 0.1$ und $\Delta x = 0.01$)

für $C \ll 1$ zurückzuführen ist und erreicht eine ähnliche Genauigkeit wie das explizite ETBFCT. Für $C = 1$ sind alle expliziten Verfahren sehr genau, da in diesem Fall für diese $|G(\bar{k})|^2 = 1 \, \forall \, \bar{k}$ und somit $\mathcal{E}^{\mathrm{amp}} = 0$ ist. Im Gegensatz zu IFCT sind die expliziten Verfahren für $C > 1$ instabil. Mit wachsender CFL-Zahl C wird das IFCT-Verfahren diffusiver, was auf die starke Dämpfung des zugrunde liegenden impliziten Euler-Verfahrens zurückzuführen ist. Der Terracing-Effekt ist ausschließlich bei dem ETBFCT-Verfahren zu beobachten. Das Problem der hohen Diffusivität von IFCT für große C ist bei der Modellierung der betrachteten Gasentladungen von untergeordneter Bedeutung. Denn es wird nicht – wie in dem verwendeten Testbeispiel – ein Anfangsprofil über einen langen Zeitraum transportiert, sondern es spielen auch Diffusions- und Reaktionsprozesse eine wesentliche Rolle. Zur Umgehung des Problems können z. B. BDF[17]-Verfahren höherer Ordnung eingesetzt werden [145].

Es kann zusammengefasst werden, dass das im Rahmen dieser Arbeit entwickelte EFCT-Verfahren für das betrachtete Testbeispiel Ergebnisse liefert, die frei von unphysikalischen Stufen, jedoch geringfügig diffusiver als die Resultate der Vergleichsverfahren ETBFCT und YDFCT sind. Gegenüber dem ebenfalls „stufenfreien" YDFCT-Verfahren hat EFCT den Vorteil, dass der zusätzliche Halbschritt entfällt und der Rechenaufwand somit halbiert wird. Damit eignet sich EFCT insbesondere zur Beschreibung von Prozessen, bei denen physikalische Diffusions- und Reaktionspro-

---
[17]BDF = Backward Differentiation Formula

zesse – so wie in den betrachteten Entladungsplasmen – die numerische Diffusion kompensieren. Bei CFL-Zahlen größer als Eins ist keines der expliziten Verfahren anwendbar. Das IFCT-Verfahren umgeht diese Beschränkung und ist ebenfalls frei von dem Terracing-Effekt. Für CFL-Zahlen $C < 1$ hat IFCT auch auf groben Ortsgittern eine hohe Genauigkeit, die vergleichbar mit der von ETBFCT ist. Somit ist IFCT in jedem Fall den expliziten Verfahren vorzuziehen. Ein Vergleich von IFCT mit den in Abschnitt 5.2.4 betrachteten FCT-Verfahren auf der Basis finiter Elemente erfolgt in Abschnitt 6.1 am Beispiel einer Gasentladung.

5.2.3 Finite-Elemente-Verfahren

Die Finite-Elemente-Methode (FEM) ist ein Diskretisierungsverfahren, das insbesondere bei der Lösung elliptischer partieller Differenzialgleichungen Anwendung findet, aber auch zur Lösung hyperbolischer und parabolischer Probleme eingesetzt wird [150, 208–211]. Um eine gegebene partielle Differenzialgleichung mit der FEM zu lösen, muss zunächst die zugehörige Variationsformulierung[18] hergeleitet werden. Dazu wird die Differenzialgleichung mit Testfunktionen v aus einem geeigneten Testraum $\mathscr{V}$ multipliziert und über das Lösungsgebiet integriert. Ist die gegebene Gleichung zeitabhängig, wird üblicherweise mittels der FEM eine Semidiskretisierung bezüglich der Ortsvariablen vorgenommen und das resultierende System gewöhnlicher Differenzialgleichungen mit einem geeigneten Zeitschrittverfahren gelöst. Alternativ können Raum-Zeit-Elemente genutzt und eine vollständige Diskretisierung mittels der FEM vorgenommen werden [211]. In dieser Arbeit wird der erstgenannte Ansatz verfolgt.

Die Multiplikation der betrachteten partiellen Differenzialgleichung (5.1) mit $v \in \mathscr{V}$ und die anschließende Integration über das Lösungsgebiet führt auf die Gleichung

$$\int_0^d \partial_t u(x,t) v(x) \, \mathrm{d}x + \int_0^d \partial_x F(x,t) v(x) \, \mathrm{d}x = \int_0^d R(x,t) v(x) \, \mathrm{d}x \,. \quad (5.40)$$

Wird der zweite Term auf der linken Seite dieser Gleichung partiell integriert und ein geeigneter Ansatzraum $\mathscr{U}$ festgelegt, resultiert die Variationsformulierung:

Finde für alle $t \in (0,T]$ ein $u(\cdot,t) \in \mathscr{U}$, so dass

$$\int_0^d \partial_t u(x,t) v(x) \, \mathrm{d}x - \int_0^d F(x,t) \partial_x v(x) \, \mathrm{d}x$$
$$+ F(x,t) v(x) \Big|_0^d = \int_0^d R(x,t) v(x) \, \mathrm{d}x \quad \forall v \in \mathscr{V} \,. \quad (5.41)$$

---

[18]Die Variationsformulierung wird in der Literatur auch als schwache Formulierung bezeichnet.

5 Numerische Lösungsverfahren

Zur Diskretisierung dieser Aufgabenstellung werden $\mathscr{U}$ und $\mathscr{V}$ durch endliche Teilräume $\mathscr{U}_h = \mathrm{span}\{\varphi_0, \ldots, \varphi_{N_x-1}\} \subset \mathscr{U}$ und $\mathscr{V}_h = \mathrm{span}\{\psi_0, \ldots, \psi_{N_x-1}\} \subset \mathscr{V}$ approximiert. FE-Verfahren, bei denen $\mathscr{U}_h = \mathscr{V}_h$ ist, werden als Galerkin-FEM[19] (GFEM) und jene, bei denen $\mathscr{U}_h \neq \mathscr{V}_h$ ist, als Petrov-Galerkin-FEM (PGFEM) bezeichnet. Ist die Flussfunktion F linear in u, führt die Darstellung von u als Linearkombination der Basisfunktionen φ_j gemäß

$$u(x,t) \approx u_h(x,t) = \sum_{j=0}^{N_x-1} u_j(t)\varphi_j(x) \qquad (5.42)$$

auf ein System gewöhnlicher Differenzialgleichungen der Form

$$M\frac{\mathrm{d}}{\mathrm{d}t}\boldsymbol{u}_h(t) + K\boldsymbol{u}_h(t) = \boldsymbol{f} \qquad (5.43)$$

für $\boldsymbol{u}_h = (u_0, \ldots, u_{N_x-1})$. Dieses System kann mit einem expliziten oder impliziten Zeitschrittverfahren bezüglich t diskretisiert und numerisch gelöst werden. In (5.43) bezeichnet M die Massenmatrix, K die Steifigkeitsmatrix und $\boldsymbol{f}$ ist der Lastvektor. Ist die Flussfunktion F in der betrachteten Problemstellung gegeben als

$$F(x,t) = -D^{\mathrm{out}}(x)\partial_x\Big(D^{\mathrm{in}}(x)u(x,t)\Big) + c(x)u(x,t)\,, \qquad (5.44)$$

so hat die Steifigkeitsmatrix die Einträge

$$K_{ij} = \int_0^d \Big(D^{\mathrm{out}}(x)\partial_x\big(D^{\mathrm{in}}(x)\varphi_j(x)\big) - c(x)\varphi_j(x)\Big)\partial_x\psi_i(x)\,\mathrm{d}x\,. \qquad (5.45)$$

Die Massenmatrix und der Lastvektor haben die Form

$$M_{ij} = \int_0^d \varphi_j(x)\psi_i(x)\,\mathrm{d}x \quad \text{und} \quad \boldsymbol{f}_i = \int_0^d R(x)\psi_i(x)\,\mathrm{d}x\,. \qquad (5.46)$$

Sind die Koeffizienten und die rechte Seite der gegebenen Differenzialgleichung zeitabhängig, so ergibt sich auch die Zeitabhängigkeit der Steifigkeitsmatrix K sowie des Lastvektors $\boldsymbol{f}$.

Die Basisfunktionen φ_j und ψ_j werden so gewählt, dass sie – nach einer Zerlegung des Lösungsgebiets $[0,d]$ in $N_x - 1$ Teilintervalle $[x_j, x_{j+1}]$ – nur auf $[x_{j-1}, x_{j+1}]$ verschieden von Null sind. Dies führt dazu, dass die Massen- und die Steifigkeitsmatrix schwachbesetzt sind und die resultierenden linearen Gleichungssysteme effizient gelöst werden können. Üblich sind unter anderem die in Abbildung 5.8 dargestellten linearen Basisfunktionen.

---

[19]Die Galerkin-FEM ist benannt nach Boris G. Galerkin (1871–1945).

5.2 Ortsdiskretisierungsverfahren

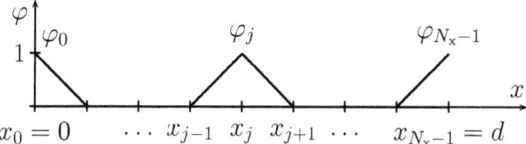

Abbildung 5.8: Lineare Basisfunktionen auf dem Intervall $[0, d]$

Ist F nichtlinear in u, kann die von Fletcher in [212] eingeführte Group-FEM verwendet werden, bei der nicht nur für die Lösungsvariable, sondern auch für die Flussfunktion F ein Entwicklungsansatz der Form (5.42) durchgeführt wird [213]. In dieser Arbeit wird jedoch ein Ansatz verfolgt, bei dem jede Bilanzgleichung separat als lineare Differenzialgleichung betrachtet wird (vgl. Abschnitt 5.3).

Wie bei der FDM, ist auch bei der FEM die Anwendung einer Stabilisierungstechnik erforderlich, wenn driftdominierte parabolische bzw. hyperbolische Differenzialgleichungen gelöst werden. Dabei kommen unter anderem PGFEM [214–219], Taylor-GFEM [220, 221], unstetige GDEM und PGFEM [174, 222–226], Streamline-Diffusion-FEM [227, 228], die verallgemeinerte GFEM [229], SOLD[20]-Verfahren [230] und FE-FCT-Verfahren [188] zum Einsatz. Die Arbeit [231] von John und Schmeyer bietet einen guten Überblick über populäre Ansätze. Am Beispiel verschiedener Testprobleme wird in [231] gezeigt, dass FE-FCT-Verfahren den übrigen stabilisierten FE-Verfahren überlegen sind.

Im Folgenden wird ein implizites FE-FCT-Verfahren zum numerischen Lösen des Mehr-Momenten-Modells (2.28) adaptiert. Ein stabilisiertes Petrov-Galerkin-Verfahren zum Lösen von Drift-Diffusionsmodellen wurde in [65] veröffentlicht.

5.2.4 FCT-Verfahren auf der Basis finiter Elemente

Finite-Elemente-basierte FCT-Verfahren wurden von Parrot und Christie [232] und Löhner et al. [180, 233, 234] eingeführt. Ein verbessertes explizites FE-FCT-Verfahren wurde von Georghiou et al. [235] vorgestellt und bei der Modellierung einer Streamer-Entladung angewendet [31, 119]. In einer Reihe von Arbeiten haben Kuzmin et al. [181, 236–239] implizite FE-FCT-Verfahren entwickelt. Das in [236] publizierte Verfahren haben Ducasse et al. in [111] zur Modellierung einer Streamer-Entladung eingesetzt. Die veröffentlichten Ergebnisse zeigen, dass das Verfahren zwar gute Ergebnisse liefert, jedoch sporadisch der in dem Abschnitt 5.2.2 diskutierte Terracing-Effekt auftritt. Nach Vorstellung dieses Verfahrens wird im Folgenden ein Ansatz

---

[20]SOLD = Spurious Oscillations at Layers Diminishing

zur Umgehung des Terracing-Effekts vorgeschlagen.

FE-FCT-Verfahren basieren auf der gleichen Idee wie die in Abschnitt 5.2.2 betrachteten FD-FCT-Verfahren. In jedem Zeitschritt werden zur Erhöhung der Genauigkeit einer Lösung u^L niedriger Ordnung limitierte antidiffusive Flüsse verwendet, die auf Basis einer Lösung u^H hoher Ordnung bestimmt werden. Im Rahmen dieser Arbeit werden das Verfahren von Kuzmin et al. [181] (FEFCT) und eine eigene modifizierte Variante (FEFCTs) zur Diskretisierung der hyperbolischen Gleichungen des Mehr-Momenten-Modells (2.28) angewendet. Die Lösung hoher Ordnung wird mit der in Abschnitt 5.2.3 beschriebenen GFEM bestimmt, wobei als Ansatz- und Testfunktionen die in der Abbildung 5.8 dargestellten linearen Basisfunktionen verwendet werden. Zur Diskretisierung der Gleichung (5.43) wird das implizite Eulerverfahren verwendet. Damit ergibt sich das in jedem Zeitschritt zu lösende lineare Gleichungssystem

$$\left(M + \Delta t_{k+1} K\right) u^{k+1} = M u^k + f^{k+1}. \tag{5.47}$$

Das Verfahren niedriger Ordnung muss positivitätserhaltend sein. Aus diesem Grund wird gefordert, dass die entsprechende Systemmatrix die M-Matrixeigenschaften (vgl. Anhang D.2) erfüllt. Ein solches Verfahren kann aus (5.47) konstruiert werden, indem die konsistente Massenmatrix M durch die diagonalisierte[21] Matrix M_L mit

$$M_\text{L} = \text{diag}\{(M_\text{L})_i\}, \qquad (M_\text{L})_i = \sum_{j=1}^{N_\text{x}} M_{ij} \quad \text{für } i = 1, \ldots, N_\text{x} \tag{5.48}$$

ersetzt wird und die konsistente Steifigkeitsmatrix K so modifiziert wird, dass alle positiven Nebendiagonalelemente verschwinden. Letzteres kann durch Addition eines künstlichen Diffusionsoperators D mit

$$D_{ij} = D_{ji} = -\max\{K_{ij}, 0, K_{ji}\} \,\forall j \neq i \quad \text{und} \quad D_{ii} = -\sum_{j=1, j \neq i}^{N_\text{x}} D_{ij} \tag{5.49}$$

erreicht werden. Somit ergibt sich mit $K_\text{L} := K + D$ das System

$$\left(M_\text{L} + \Delta t_{k+1} K_\text{L}\right) u^{k+1} = M_\text{L} u^k + f^{k+1}. \tag{5.50}$$

Statt dieses zu lösen und erst anschließend die antidiffusiven Flüsse A zu berücksichtigen, wird direkt das flusskorrigierte System

$$\left(M_\text{L} + \Delta t_{k+1} K_\text{L}\right) u^{k+1} = M_\text{L} u^k + f^{k+1} + \alpha A(u^\text{H}, u^k) \tag{5.51}$$

---

[21]Die Diagonalisierung der Massenmatrix wird auch als *mass lumping* bezeichnet.

5.2 Ortsdiskretisierungsverfahren

gelöst. Hier ist α der Zalesak-Limiter [202] und $A(\boldsymbol{u}^{\mathrm{H}}, \boldsymbol{u}^k)$ gegeben durch

$$A(\boldsymbol{u}^k, \boldsymbol{u}^{\mathrm{H}}) = -\big((M - M_{\mathrm{L}}) + \Delta t_{k+1}(K - K_{\mathrm{L}})\big)\boldsymbol{u}^{\mathrm{H}} + (M - M_{\mathrm{L}})\boldsymbol{u}^k. \tag{5.52}$$

Für $\alpha = 0$ entspricht die Lösung von (5.51) der Lösung niedriger Ordnung von (5.50) und für $\alpha = 1$ der Lösung hoher Ordnung von (5.47). Für die Bestimmung der Limiter ist es nützlich, die antidiffusiven Flüsse in einem Knotenpunkt x_i darzustellen als die Summe aller Beiträge aus benachbarten Knoten x_j

$$A_i = \sum_{j \neq i} a_{ij}, \quad a_{ji} = -a_{ij}. \tag{5.53}$$

Die limitierten antidiffusiven Flüsse werden dann bestimmt gemäß

$$\tilde{A}_i = \sum_{j \neq i} \alpha_{ij} a_{ij}. \tag{5.54}$$

Die Limiter α_{ij} sind so konstruiert, dass das FCT-Verfahren positivitätserhaltend ist, sofern das Verfahren niedriger Ordnung diese Eigenschaft besitzt [236]. In jedem Knoten x_i wird α_{ij} nach dem folgenden Vorgehen bestimmt:

1. Bestimme die Summe aller positiven und negativen antidiffusiven Beiträge

$$P_i^\pm = \sum_{j \neq i} {\max_{\min}}\big\{0, a_{ij}\big\}. \tag{5.55a}$$

2. Bestimme die maximale und minimale zulässige Änderung

$$Q_i^\pm = u_i^{\substack{\max \\ \min}} - u_i^k, \quad \text{mit} \quad u_i^{\substack{\max \\ \min}} = {\max_{\min}}\{u_j^k\}, \; x_j \text{ Nachbarknoten von } x_i. \tag{5.55b}$$

3. Bestimme obere Schranken für die Limiter so, dass keine neuen Maxima oder Minima in dem Knoten x_i erzeugt werden

$$R_i^\pm = \begin{cases} \min\big\{1, (M_{\mathrm{L}})_i \, Q_i^\pm / P_i^\pm\big\} & \text{falls } P_i^\pm \neq 0 \\ 0 & \text{sonst.} \end{cases} \tag{5.55c}$$

4. Bestimme den Limiter α_{ij} gemäß

$$\alpha_{ij} = \begin{cases} \min\{R_i^+, R_j^-\} & \text{falls } a_{ij} \geq 0 \\ \min\{R_j^+, R_i^-\} & \text{sonst.} \end{cases} \tag{5.55d}$$

5 Numerische Lösungsverfahren

Um zu vermeiden, dass die antidiffusiven Flüsse *diffusiv* wirken, wird empfohlen eine Vorlimitierung gemäß

$$a_{ij} = 0 \quad \text{falls} \quad a_{ij}(u_i^k - u_j^k) < 0 \tag{5.56}$$

vorzunehmen [236]. Das FEFCT-Verfahren kann wie folgt zusammengefasst werden:

1. Bestimme mit (5.47) eine Lösung hoher Ordnung.
2. Bestimme antidiffusive Flüsse gemäß (5.52).
3. Lösche alle antidiffusiven Flüsse, die gradientabwärts gerichtet sind gemäß (5.56).
4. Bestimme die Limiter gemäß (5.55).
5. Bestimme $\boldsymbol{u}^{k+1}$ durch Lösen des Gleichungssystems (5.51).

Zum Test des FEFCT-Verfahrens wird die Gleichung (5.23) mit $c \equiv 1$, $R \equiv 0$ sowie der Anfangsbedingung (5.39) und der Randbedingung $u(0,t) = 2$ gelöst. Die Ergebnisse nach 900 Zeitschritten mit $\Delta t = 0.001$ und $\Delta x = 0.1$ sind in der Abbildung 5.9 dargestellt. Dabei bezeichnet uHigh die nichtkorrigierte Lösung hoher Ordnung und

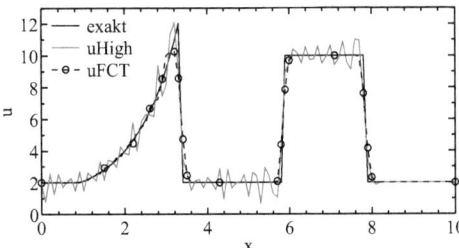

Abbildung 5.9: Mit FEFCT berechnete Lösung des Testproblems nach 900 Zeitschritten mit $\Delta t = 0.001$ und $\Delta x = 0.1$

uFCT die korrigierte Lösung des FCT-Verfahrens. Die Abbildung macht deutlich, dass die korrigierte Lösung uFCT zwar nicht die in der Lösung hoher Ordnung auftretenden Oszillationen aufweist, aber im Bereich des exponentiellen Anstiegs der Terracing-Effekt auftritt.

Basierend auf dem beim IFCT-Verfahren (5.36) verfolgten Ansatz wird auch hier versucht dieses Problem zu umgehen, indem der Lösung hoher Ordnung künstliche Diffusion hinzugefügt wird. Dazu wird in (5.47) anstelle der konsistenten Steifigkeitsmatrix analog zu 5.50 die modifizierte Matrix K_L eingesetzt. Die Massenmatrix wird jedoch nicht modifiziert. Die entsprechenden Ergebnisse dieses impliziten

5.3 Diskretisierung der Modellgleichungen

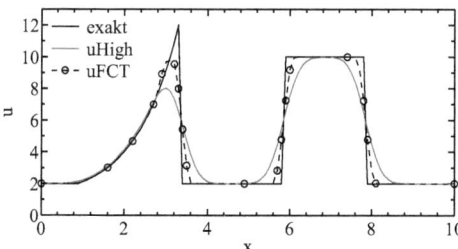

Abbildung 5.10: Mit FEFCTs berechnete Lösung des Testproblems nach 900 Zeitschritten mit $\Delta t = 0.001$ und $\Delta x = 0.1$

Verfahrens FEFCTs für das Testproblem sind in der Abbildung 5.10 gezeigt. Die dargestellte Lösung „hoher Ordnung" (uHigh) weist keine Oszillationen auf und ist deutlich ungenauer als die korrigierte Lösung (uFCT). Die Lösung von FEFCTs ist nur unwesentlich ungenauer als die Lösung von FEFCT.

Diese Beobachtung zeigt, dass das FCT-Konzept auch dann zum Erfolg führt, wenn die Lösung „hoher Ordnung" zu diffusiv ist. Diese Tatsache ist darauf zurückzuführen, dass die korrigierte Lösung auf Basis der Lösung niedriger Ordnung bestimmt wird und immer antidiffusive Flüsse zur Korrektur dieser angewendet werden, sofern keine neuen Minima oder Maxima erzeugt werden.

5.3 Diskretisierung der Modellgleichungen

Die Diskretisierung der Modellgleichungen mit dem impliziten Eulerverfahren führt zusammen mit der Ortsdiskretisierung in jedem Zeitschritt auf ein nichtlineares Gleichungssystem der Form

$$G(\boldsymbol{U}^{k+1}, \boldsymbol{U}^k) = \boldsymbol{0}, \tag{5.58}$$

wobei $\boldsymbol{U}^k \in \mathrm{R}^{N_U N_x}$ der Vektor aller N_U Lösungsgrößen in jedem der N_x Gitterpunkte zum Zeitpunkt t_k und $G : \mathrm{R}^{N_U N_x} \to \mathrm{R}^{N_U N_x}$ eine nichtlineare Funktion der Lösungsgrößen ist, die von dem verwendeten Modell und der entsprechenden Diskretisierung abhängig ist. Zur Lösung dieses Systems kann ein Verfahren zur Lösung nichtlinearer Gleichungen, wie z. B. das Newton-Verfahren[22], eingesetzt werden. Bei der Lösung stark nichtlinear gekoppelter Gleichungen kann es jedoch vorteilhaft sein, die Gleichungen entkoppelt zu lösen und alle nichtlinearen Terme zu linearisieren, indem die Kopplungsgröße als gegeben angenommen und durch den aktuellsten bekannten Wert approximiert wird. In dieser Arbeit wird letzterer Ansatz verfolgt. Die gekop-

---

[22] Das Newton-Verfahren ist benannt nach Isaac Newton (1643–1727).

5 Numerische Lösungsverfahren

pelte Lösung aller Modellgleichungen wurde ebenfalls getestet.[23] Es hat sich jedoch gezeigt, dass die durchzuführenden Newton-Iterationen sehr langsam bzw. gar nicht konvergieren.

Zur Lösung der linearen Gleichungssysteme in jedem Zeitschritt wird die in Anhang D.3 vorgestellte modifizierte Variante des Thomas-Algorithmus[24] eingesetzt. Der Thomas-Algorithmus ermöglicht das effiziente Lösen tridiagonaler linearer Gleichungssysteme. Die vorgenommene Modifikation erlaubt die implizite Berücksichtigung der in Abschnitt 4.5 beschriebenen linearen Extrapolationsbedingung.

Folgend wird gezeigt, wie die in den Abschnitten 5.1 und 5.2 vorgestellten Zeit- und Ortsdiskretisierungsverfahren zur Diskretisierung der betrachteten Plasmamodelle eingesetzt werden. Dabei wird zunächst auf die Mehr-Momenten-Modelle (2.28) und (2.35) und anschließend auf das Drift-Diffusionsmodell (2.44) sowie die Kopplung mit der Poisson-Gleichung eingegangen.

5.3.1 Diskretisierung der Mehr-Momenten-Modelle

Zur Diskretisierung der Teilchen- und Impulsbilanzgleichungen der Mehr-Momenten-Modelle TMM, 4MM, 3MMn und 3MMk (vgl. Tabelle 2.1) werden Upwind-Verfahren erster und zweiter Ordnung auf der Basis finiter Differenzen, das FEFCT-Verfahren (5.57) oder die eigens entwickelten Verfahren IFCT (5.36) und FEFCTs eingesetzt. Bei der Verwendung von Upwind-Verfahren werden die Bilanzgleichungen für die Schwerteilchen mit dem Verfahren (5.18) erster Ordnung und die Teilchen- und Impulsbilanzgleichung der Elektronen mit dem Upwind-Verfahren (5.19) zweiter Ordnung diskretisiert. Die parabolische Energiebilanzgleichung der Elektronen (2.28c) wird in jedem Fall mit dem Upwind-Verfahren (5.18) erster Ordnung diskretisiert. Ein Vergleich und die Bewertung der Verfahren zur Diskretisierung des TMM-Modells erfolgt im Abschnitt 6.1 am Beispiel einer anomalen Glimmentladung in Argon.

Bei Verwendung des Vier-Momenten-Modells (2.35) zur Beschreibung der Elektronen werden alle Bilanzgleichungen der Elektronen mit dem Upwind-Verfahren zweiter Ordnung (5.19) diskretisiert. Ergebnisse des 4MM-Modells werden im Abschnitt 6.2.1 diskutiert.

Die räumliche Diskretisierung der Poisson-Gleichung erfolgt analog zur Diskretisierung des Diffusionsterms in (5.18) mit einem zentralen Differenzenquotienten. Die Raumladung bei t_{k+1} wird dabei durch den bekannten Wert bei t_k approxi-

---

[23]Zum gekoppelten Lösen aller Modellgleichungen wurden diese mit einem Diskretisierungsverfahren bezüglich des Orts diskretisiert und das resultierende nichtlineare System gewöhnlicher Differenzialgleichungen mit dem Softwarepaket ODEPACK [240] gelöst.

[24]Der Thomas-Algorithmus ist benannt nach Llewellyn H. Thomas (1903–1992).

5.3 Diskretisierung der Modellgleichungen

miert. Auf einen semi-impliziten Ansatz, der eingesetzt werden kann wenn die Teilchenstromdichten mittels der Drift-Diffusionsnäherung approximiert werden, wird in Abschnitt 5.3.3 eingegangen. Das verwendete Berechnungsschema für das Mehr-Momenten-Modell (2.28) bzw. das Vier-Momenten-Modell (2.35) für die Elektronen kann wie folgt zusammengefasst werden:

1. Löse die Poisson-Gleichung bei t_{k+1}

    1a) $\Phi^{k+1} = SOL\left(U_0^{k+1}, n_s^k\right)$

    1b) $E^{k+1} = -\partial_x \Phi^{k+1}$

2. Löse die Bilanzgleichungen für die Schwerteilchen $t_k \to t_{k+\frac{1}{2}}$

    2a) $n_h^{k+\frac{1}{2}} = SOL\left(n_h^k, \bar{v}_h^k, S_h^{k+\frac{1}{2}}\right)$

    2b) $\Gamma_h^{k+\frac{1}{2}} = SOL\left(n_h^{k+\frac{1}{2}}, \Gamma_h^k, \bar{v}_h^k, E^{k+1}\right)$

    2c) $\bar{v}_h^{k+\frac{1}{2}} = \Gamma_h^{k+\frac{1}{2}} / n_h^{k+\frac{1}{2}}$

3. Löse die Bilanzgleichungen für die Elektronen $t_k \to t_{k+\frac{1}{2}}$

    3a) $n_e^{k+\frac{1}{2}} = SOL\left(n_e^k, \bar{v}_e^k, S_e^{k+\frac{1}{2}}\right)$

    3b) $\Gamma_e^{k+\frac{1}{2}} = SOL\left(n_e^{k+\frac{1}{2}}, \Gamma_e^k, \bar{v}_e^k, w_e^k, E^{k+1}, \Gamma_i^{k+\frac{1}{2}}\right)$

    3c) $w_e^{k+\frac{1}{2}} = SOL\left(n_e^{k+\frac{1}{2}}, \Gamma_e^{k+\frac{1}{2}}, \bar{v}_e^k, w_e^k, Q_e^k, \tilde{S}_e^k, E^{k+1}\right)$

    3d) $Q_e^{k+\frac{1}{2}} = SOL\left(n_e^{k+\frac{1}{2}}, \bar{v}_e^k, Q_e^k, E^{k+1}\right)$

    3e) $\bar{v}_e^{k+\frac{1}{2}} = \Gamma_e^{k+\frac{1}{2}} / n_e^{k+\frac{1}{2}}$

4. Löse die Bilanzgleichungen für die Schwerteilchen $t_k \to t_{k+1}$

    4a) $n_h^{k+1} = SOL\left(n_h^k, \bar{v}_h^k, S_h^{k+1}\right)$

    4b) $\Gamma_h^{k+1} = SOL\left(n_h^{k+1}, \Gamma_h^k, \bar{v}_h^{k+\frac{1}{2}}, E^{k+1}\right)$

    4c) $\bar{v}_h^{k+1} = \Gamma_h^{k+1} / n_h^{k+1}$

5. Löse die Bilanzgleichungen für die Elektronen $t_k \to t_{k+1}$

    5a) $n_e^{k+1} = SOL\left(n_e^k, \bar{v}_e^{k+\frac{1}{2}}, S_e^{k+1}\right)$

    5b) $\Gamma_e^{k+1} = SOL\left(n_e^{k+1}, \Gamma_e^k, \bar{v}_e^{k+\frac{1}{2}}, w_e^k, E^{k+1}, \Gamma_i^{k+1}\right)$

    5c) $w_e^{k+1} = SOL\left(n_e^{k+1}, \Gamma_e^{k+1}, \bar{v}_e^{k+\frac{1}{2}}, w_e^k, Q_e^k, \tilde{S}_e^k, E^{k+1}\right)$

    5d) $Q_e^{k+1} = SOL\left(n_e^{k+1}, \bar{v}_e^{k+\frac{1}{2}}, Q_e^k, E^{k+1}\right)$

    5e) $\bar{v}_e^{k+1} = \Gamma_e^{k+1} / n_e^{k+1}$

5 Numerische Lösungsverfahren

Hier bezeichnet SOL die jeweilige Lösungsprozedur. Die Schritte (3d) und (5d) entfallen, wenn ein Drei-Momenten-Modell zur Beschreibung der Elektronen eingesetzt wird. Für die strahlenden, nichtmetastabilen Niveaus des Argon, ist lediglich die Teilchenbilanzgleichung gemäß der Schritte (2a) bzw. (4a) zu lösen, wobei die Geschwindigkeit $\bar{v}_h$ identisch Null ist. In diesem Fall entfällt die Diskretisierung bezüglich x und es wird lediglich die Änderung der Teilchendichten durch Stoß- und Strahlungsprozesse mittels des Quellterms S_h berücksichtigt.

Zur Bestimmung der Transport- und Ratenkoeffizienten, die von der mittleren Elektronenenergie abhängig sind, wird der bekannte Wert ε^k verwendet. Die Quellterme S_α, $\alpha = e, h$ werden semi-implizit behandelt. Das heißt, bei der Lösung der Teilchenbilanzgleichung für eine Spezies s werden die Prozesse implizit bestimmt, an denen die jeweilige Spezies als Stoßpartner beteiligt ist. Ebenso wird der Verlust durch Strahlungsprozesse gemäß dieses Schemas implizit beschrieben. Damit ergibt sich für den Quellterm S_s einer Spezies s die Darstellung

$$S_s^{k+1} \approx \left(S_s^{\mathrm{l}}\right)^k n_s^{k+1} + \left(S_s^{\mathrm{r}}\right)^k. \qquad (5.59)$$

Der Term S_s^{l} wird auf der linken Seite, das heißt implizit, und der Term S_s^{r} auf der rechten Seite, das heißt explizit, des in jedem Zeitschritt zu lösenden linearen Gleichungssystems berücksichtigt.

5.3.2 Diskretisierung des Drift-Diffusionsmodells

Die Diskretisierung des Drift-Diffusionsmodells (2.44) erfolgt mittels Finite-Differenzen-Verfahren. Dabei wird für die Diffusionsgleichungen zur Beschreibung metastabiler Teilchen, analog zur Diskretisierung des Diffusionsterms in (5.18), ein zentraler Differenzenquotient verwendet. Bei der Diskretisierung der Drift-Diffusionsgleichungen zur Beschreibung der Ladungsträger und der Energiebilanzgleichung (2.44b) der Elektronen kommt das exponentielle Finite-Differenzen-Verfahren (5.22) zum Einsatz, das auf das Verfahren von Scharfetter und Gummel [193] zurückgeht. Die Behandlung der Poisson-Gleichung, der Transport- und Ratenkoeffizienten sowie der Quellterme erfolgt analog zu dem in Abschnitt (5.3.1) beschriebenen Vorgehen. Das verwendete Berechnungsschema kann wie folgt zusammengefasst werden:

1. Löse die Poisson-Gleichung bei t_{k+1}

   1a) $\Phi^{k+1} = SOL\bigl(U_0^{k+1}, n_s^k\bigr)$

   1b) $E^{k+1} = -\partial_x \Phi^{k+1}$

2. Löse die Bilanzgleichungen für die Schwerteilchen $t_k \to t_{k+1}$

5.3 Diskretisierung der Modellgleichungen

2a) $n_h^{k+1} = SOL\left(n_h^k, S_h^{k+1}, E^{k+1}\right)$

3. Löse die Bilanzgleichungen für die Elektronen $t_k \to t_{k+1}$

3a) $n_e^{k+1} = SOL\left(n_e^k, \varepsilon^k, S_e^{k+1}\right)$

3b) $w_e^{k+1} = SOL\left(w_e^k, \varepsilon^k, \Gamma_e^{k+1}, \tilde{S}_e^k, E^{k+1}\right)$

3c) $\varepsilon^{k+1} = w_e^{k+1}/n_e^{k+1}$

Hier wird zur Bestimmung der Teilchendichten der nichtmetastabilen, strahlenden Zustände in dem Schritt (2a) lediglich der Einfluss von Stoß- und Strahlungsprozessen berücksichtigt, da das elektrische Feld die Neutralteilchen nicht beeinflusst. Diffusionsprozesse werden aufgrund der kurzen Lebensdauer der nichtmetastabilen Teilchen vernachlässigt.

Der im folgenden Abschnitt diskutierte semi-implizite Kopplungsansatz wurde im Rahmen dieser Arbeit umgesetzt, bei den Modellrechnungen zu den gezeigten Ergebnisse jedoch nicht genutzt, da dieser Ansatz nur bei Verwendung der Drift-Diffusionsnäherung eingesetzt werden kann.

5.3.3 Semi-implizite Kopplung der Poisson-Gleichung

Wird die Poisson-Gleichung entkoppelt von den Bilanzgleichungen gelöst und das elektrische Feld während des Transports geladener Teilchen als konstant angenommen, werden insbesondere bei der Modellierung von RF-Entladungen Instabilitäten beobachtet [22, 241], wenn der Zeitschritt Δt größer als die Maxwellsche Relaxationszeit[25] $\tau_M = \varepsilon_0/\sigma$ ist. Eine Erklärung dieser Instabilitäten liefert die genauere Betrachtung der Gleichung

$$\partial_t \rho + \partial_x J = \partial_t \rho + \partial_x(\sigma E) = 0 \qquad (5.60)$$

für die Raumladungsdichte ρ. Hier ist $J = \sum_s q_s \Gamma_s$ die Gesamtteilchenstromdichte. Unter der Annahme einer konstanten Plasmaleitfähigkeit σ resultiert unmittelbar die Differenzialgleichung

$$\partial_t \rho = -\frac{\sigma}{\varepsilon_0}\rho = -\frac{\rho}{\tau_M} \qquad (5.61)$$

mit der analytischen Lösung $\rho(t) = \rho_0 \exp(-t/\tau_M)$. Das heißt, die Maxwellsche Relaxationszeit bestimmt das zeitliche Verhalten der Raumladungsdichte. Wird die Gleichung (5.61) mit einem expliziten Einschrittverfahren diskretisiert, muss der Zeitschritt Δt der Bedingung

$$\Delta t \leq \tau_M = \frac{\varepsilon_0}{\sigma} \qquad (5.62)$$

---

[25] Die Größe $\tau_M = \varepsilon_0/\sigma$ wird in der Literatur auch als dielektrische Relaxationszeit bezeichnet.

5 Numerische Lösungsverfahren

genügen, um ein unphysikalisches Verhalten der numerischen Lösung auszuschließen. Ist die Ladungsträgerkonzentration in der Entladung hoch, müssen sehr kleine Zeitschritte gewählt werden um die Bedingung (5.62) zu erfüllen. Zur Umgehung dieses Problems nutzen einige Autoren [24, 30, 36, 60] eine implizite Kopplung der Poisson-Gleichung mit den Bilanzgleichungen. Wie bereits bemerkt, erfordert dieses Vorgehen jedoch einen sehr hohen Rechenaufwand und ist nur für vereinfachte Modelle anwendbar. Ein semi-implizites Verfahren, welches nicht der Beschränkung (5.62) unterliegt und bei dem die Poisson-Gleichung dennoch entkoppelt von den Bilanzgleichungen gelöst werden kann, wurde von Ventzek *et al.* in [152, 241] eingeführt. Dieses ist jedoch nur dann anwendbar, wenn die Teilchenflüsse mittels der Drift-Diffusionsnäherung bestimmt werden. In diesem Fall kann die Raumladungsdichte ρ zu dem Zeitpunkt $t + \Delta t$ approximiert werden als

$$\begin{aligned}
\rho(t + \Delta t) &\approx \rho(t) + \Delta t \partial_t \rho(t) \\
&= \rho(t) - \Delta t \partial_x J(t) \\
&= \rho(t) - \Delta t \partial_x \sum_s q_s \Big(-\partial_x(D_s n_s) + \text{sgn}(q_s) b_s E n_s \Big).
\end{aligned} \quad (5.63)$$

Damit ergibt sich die modifizierte Poisson-Gleichung zur Bestimmung des elektrischen Potenzials Φ^{k+1} zum Zeitpunkt t_{k+1}

$$-\partial_x \left(\left(1 + \frac{\Delta t}{\varepsilon_0} \sum_s |q_s| b_s n_s^k \right) \partial_x \Phi^{k+1} \right) = \frac{1}{\varepsilon_0} \left(\rho^k + \Delta t \sum_s q_s \partial_x^2 (D_s n_s^k) \right). \quad (5.64)$$

Diese Gleichung kann in Schritt (1a) des in Abschnitt 5.3.2 aufgeführten Berechnungsschemas anstelle der klassischen Poisson-Gleichung gelöst werden.

Der Vergleich von Modellrechnungen für das Drift-Diffusionsmodell mit expliziter und semi-impliziter Kopplung hat gezeigt, dass der semi-implizite Ansatz lediglich bei der Beschreibung von RF-Entladungen bei Niederdruck eine deutliche Vergrößerung der Zeitschrittweite etwa um den Faktor zehn ermöglicht. Bei der Modellierung von Gleichspannungsentladungen bei Niederdruck und von Atmosphärendruckentladungen wurde kein Vorteil der semi-impliziten Beschreibungsweise beobachtet.

5.4 Programmtechnische Umsetzung

Die vorgestellten Modelle und numerischen Verfahren wurden im Rahmen dieser Arbeit in einem FORTRAN-Programm umgesetzt. Das entwickelte Programm ist modular aufgebaut und basiert auf einer FORTRAN-Bibliothek, die von dem Autor in Zusammenarbeit mit G. Grubert entwickelt wurde und allen Mitarbeitern des INP

5.4 Programmtechnische Umsetzung

Greifswald e.V. zur Verfügung steht. Die Bibliothek umfasst unter anderem Routinen zur Gittergenerierung, zum Lösen linearer Gleichungssysteme und insbesondere zur automatisierten Generierung der Quellterme für vorgegebene Reaktionsschemata. Der modulare Programmaufbau erlaubt die schnelle Anpassung und Erweiterung der Modelle und numerischen Verfahren. Änderungen des Reaktionsschemas und Modifikationen der berücksichtigten Spezies können über nutzerfreundliche Konfigurationsdateien ohne Eingriff in den Quellcode vorgenommen werden. Die Vorgabe der Stoß- und Strahlungsprozesse erfolgt in der Form

$$Ar + e \longrightarrow Ar^+ + e + e.$$

Die Bezeichnungen der Spezies sind in einer Konfigurationsdatei als Liste anzugeben. Die Ratenkoeffizienten können als Konstante bzw. tabellarisch als Funktion des Orts, der Schwerteilchentemperatur, der mittleren Elektronenenergie oder der reduzierten elektrischen Feldstärke E/N vorgegeben werden. Die Transportkoeffizienten aller Spezies sind ebenfalls als Konstante oder tabellarisiert als Funktion der mittleren Elektronenenergie bzw. der reduzierten elektrischen Feldstärke vorzugeben. Die Bereitstellung der Transport- und Ratenkoeffizienten sowie die Kompilation des Reaktionsschemas war nicht Gegenstand dieser Arbeit und wurde von D. Loffhagen mit der in [66] dargestellten Vorgehensweise durchgeführt.

Die Abbildung 5.11 zeigt ein Flussdiagramm des Berechnungsschemas, das in dem entwickelten Programm umgesetzt wurde. Wie bereits erwähnt, erfolgt die Lösung der Boltzmann-Gleichung der Elektronen separat und ist kein Modul des entwickelten Programms. Die Festlegung der Entladungsparameter erfolgt in einer Konfigurationsdatei. In dieser sind außer allen entladungsrelevanten Größen, wie Elektrodenabstand, Gasdruck und äußere Spannung, unter anderem auch die Orts- und Zeitschrittweiten sowie die zu nutzende Schrittweitensteuerung mit den entsprechenden Fehlertoleranzen und das Diskretisierungsverfahren zu spezifizieren.

In den Kapiteln 2–5 wurden mathematisch-physikalische Modelle zur hydrodynamischen Beschreibung von anisothermen Entladungsplasmen sowie numerische Verfahren zur Diskretisierung der Modellgleichungen vorgestellt. In dem folgenden Kapitel 6 werden die Modelle und Verfahren zur theoretischen Beschreibung ausgewählter Entladungssituationen eingesetzt. Dabei wird zum einen die Anwendbarkeit und Effizienz der Verfahren und Modelle untersucht und zum anderen werden physikalische Fragestellungen zu anwendungsrelevanten Entladungssituationen diskutiert.

5 Numerische Lösungsverfahren

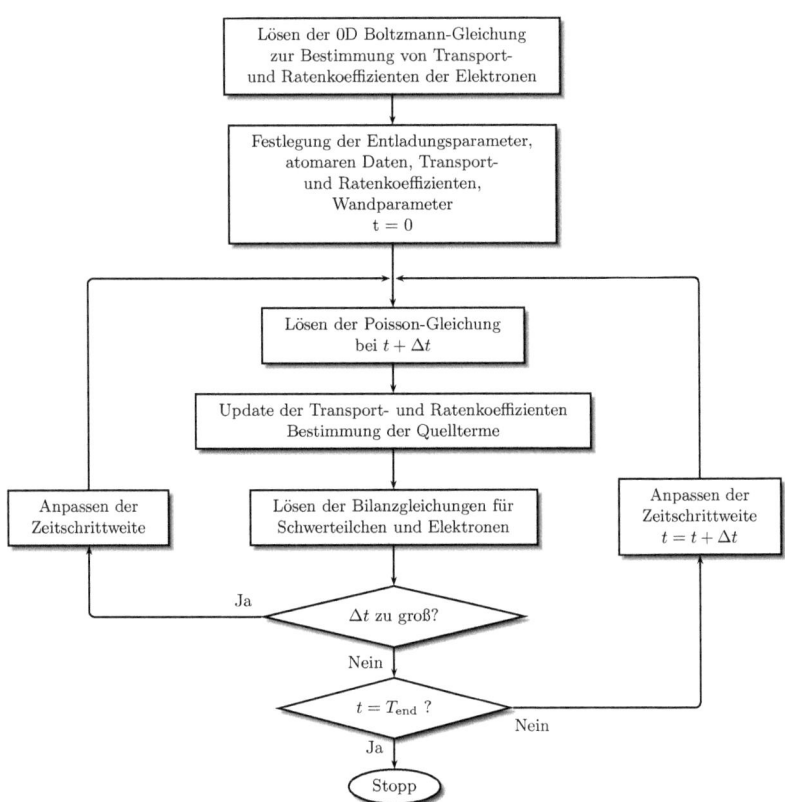

Abbildung 5.11: Flussdiagramm des Berechnungsschemas

6 Ergebnisse der Modellierung anisothermer Argonplasmen

In diesem Kapitel werden die hergeleiteten Modelle unter Anwendung der entwickelten numerischen Lösungsverfahren zur Modellierung von anwendungsrelevanten anisothermen Argonplasmen eingesetzt. In dem folgenden Abschnitten 6.1 werden zunächst die numerischen Verfahren zur Diskretisierung der hyperbolischen Bilanzgleichungen verglichen und bewertet. Anschließend werden in dem Abschnitt 6.2 die betrachteten Fluid-Modelle diskutiert. Der Vergleich der numerischen Verfahren und der hydrodynamischen Modelle erfolgt am Beispiel des Referenzmodells einer anomalen Glimmentladung in Argon bei Niederdruck.

In dem Abschnitt 6.3 werden Ergebnisse der hydrodynamischen Beschreibung einer RF-Entladung bei Niederdruck gezeigt. Das dabei verwendete räumlich eindimensionale Entladungsmodell basiert auf der Geometrie des Plasmareaktors PULVA-INP [242, 243]. Resultate von Untersuchungen einer gepulsten Atmosphärendruckentladung, die zur Erzeugung homogener Glimmentladungen verwendet wurde [139, 140] sowie von Mikroentladungen in dielektrisch behinderten Atmosphärendruckentladungen [141] werden in den Abschnitten 6.4 und 6.5 gezeigt.

In dem verwendeten Reaktionsschema für Argon werden die wesentlichen an- und abregenden Elektron-Neutralteilchenstoßprozesse, Rekombination, Stoßprozesse zwischen Schwerteilchen sowie Strahlungsprozesse berücksichtigt. Die betrachteten Spezies und Prozesse sind im Anhang A in den Tabellen A.1–A.3 zusammengefasst und in Abbildung 6.1 veranschaulicht. Die atomaren Argonzustände werden in der Paschen-Notation (vgl. z. B. [244]) und die Excimer-Moleküle in Anlehnung an Millet et al. [245] bezeichnet.

6.1 Anwendbarkeit von FCT-Verfahren

Die Anwendbarkeit der in Abschnitt 5.2 vorgestellten FCT-Verfahren bei der Modellierung von Entladungsplasmen wird folgend am Beispiel des Referenzmodells einer anomalen Glimmentladung in Argon bei einem Gasdruck von 1 Torr, einem Elektrodenabstand von 1 cm und einer angelegten Gleichspannung von -250 V untersucht. Die bei der Modellierung berücksichtigten Reaktionsprozesse sind in den

6 Ergebnisse der Modellierung anisothermer Argonplasmen

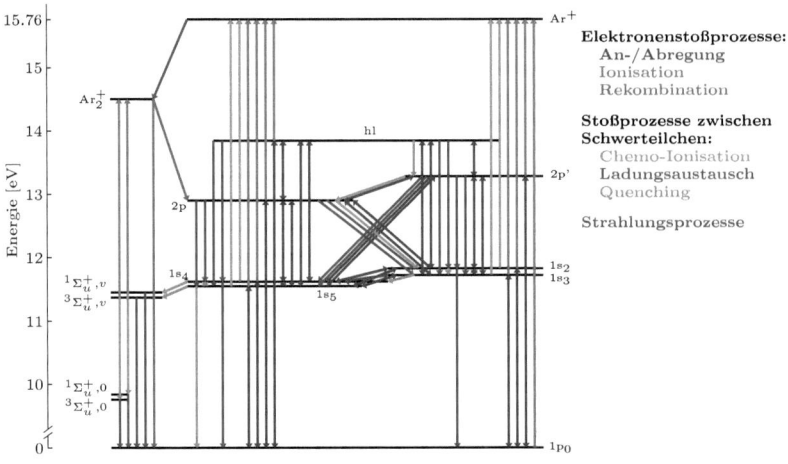

Abbildung 6.1: Reaktionsschema der berücksichtigten Stoß- und Strahlungsprozesse

Tabellen A.2 und A.3 zusammengefasst, die Entladungsparameter sind in der Tabelle A.5 angegeben. Bevor genauer auf den Vergleich der Verfahren eingegangen wird, soll zunächst das raumzeitliche Verhalten der betrachteten Entladungssituation diskutiert werden. Als Grundlage der Berechnungen dient das Mehr-Momenten-Modell (2.28) (TMM-Modell in Tabelle 2.1).

Die Abbildung 6.2 zeigt die Teilchendichten und die Stromdichten der Elektronen und Ar^+-Ionen sowie das elektrische Potenzial zu charakteristischen Zeitpunkten der Entladung. Auf das Verhalten der mittleren Energie der Elektronen wird in dem Abschnitt 6.2 eingegangen. Die dargestellten Ergebnisse wurden nach dem in Abschnitt 5.3.1 angegebenen Berechnungsschema mit dem IFCT- bzw. dem FEFCTs-Verfahren berechnet. Dabei wurde die konstante Zeitschrittweite $\Delta t = 20\,\text{ps}$ und $N_x = 501$ äquidistante Gitterpunkte verwendet. Die zeitliche Entwicklung der Entladung kann in eine Einschaltphase, eine Townsendsche Entladungsphase, eine Zündphase sowie einen stationären Zustand eingeteilt und wie folgt charakterisiert werden [65]. An der gespeisten Elektrode bei $x = 0$ (Kathode) liegt nach wenigen Nanosekunden die maximale Spannung von $-250\,\text{V}$ an. Getrieben durch das anwachsende elektrische Feld fliegen die Elektronen in Richtung Anode ($x = 1\,\text{cm}$) und erzeugen dort durch Stöße mit Neutralteilchen im Grundzustand geringfügig Ar^+-Ionen (Zündphase, $t \approx 0\text{--}1\,\mu\text{s}$). Die Ar_2^+-Ionen spielen in der betrachteten Niederdruckentladung eine untergeordnete Rolle und werden hier nicht weiter betrachtet. Ebenfalls

6.1 Anwendbarkeit von FCT-Verfahren

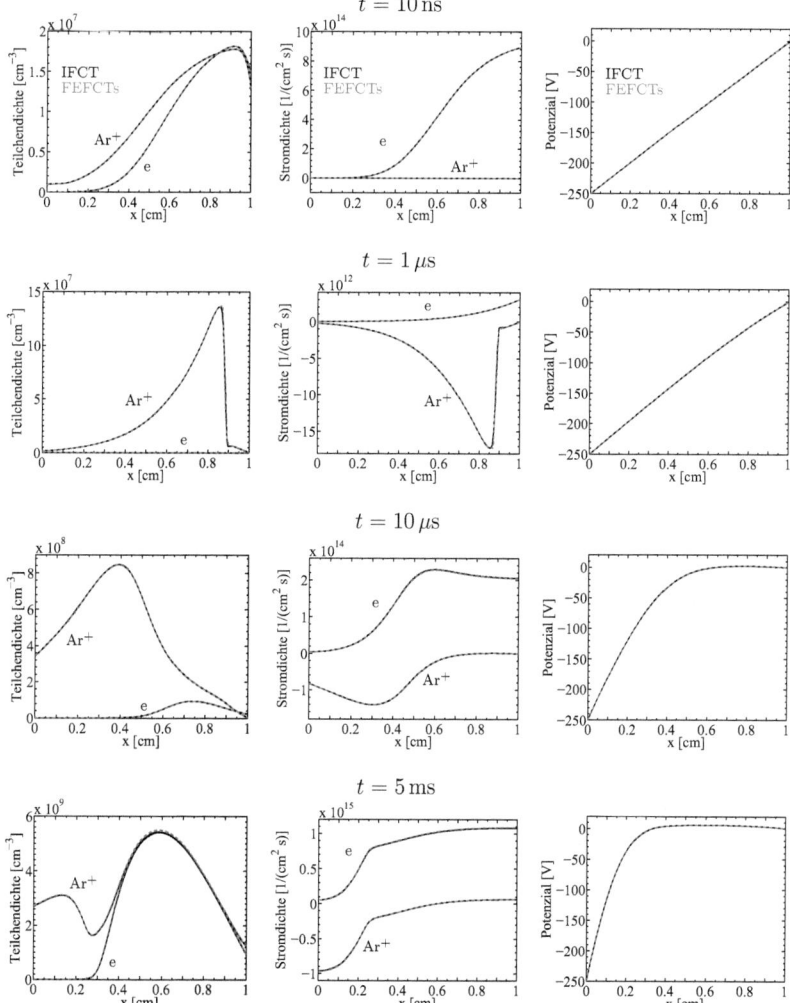

Abbildung 6.2: Vergleich von IFCT und FEFCTs zu charakteristischen Zeitpunkten der zeitlichen Entwicklung einer anomalen Glimmentladung

6 Ergebnisse der Modellierung anisothermer Argonplasmen

getrieben durch das elektrische Feld werden die Ionen zur Kathode hin beschleunigt und lösen dort durch Sekundärelektronenemission Elektronen aus, die wiederum in Richtung Anode driften (Townsendsche Entladungsphase, $t \approx 1\text{--}10\,\mu\text{s}$). Durch das Anwachsen der Elektronendichte kommt es verstärkt zu einer Grundzustandsionisation durch Elektronenstoßprozesse und schließlich zum Zünden der Entladung (Zündphase, $t \approx 10\text{--}30\,\mu\text{s}$). Durch das Anwachsen der Ladungsträgerdichten gewinnt die Raumladung an Bedeutung und es bildet sich entsprechend dem dargestellten Potenzialverlauf ein nichtkonstantes elektrisches Feld aus. Der stationäre Zustand stellt sich nach etwa 5 ms ein. Dieser ist durch die positive Raumladungszone (Kathodengebiet) und einen quasineutralen Bereich (negatives Glimmlicht) charakterisiert, der sich etwa vom Zentrum der Entladung bis kurz vor die Anode ausstreckt.

Die dargestellten Ergebnisse verdeutlichen die komplexe Interaktion der verschiedenen Lösungsgrößen und das unterschiedliche qualitative Lösungsverhalten. Der Vergleich der Ergebnisse des IFCT- und des FEFCTs-Verfahrens zeigt, dass beide Methoden sowohl qualitativ als auch quantitativ das Entladungsverhalten gleichermaßen beschreiben. Geringe Unterschiede sind in der Approximation des Gradienten in der Ionendichte ($t = 1\,\mu\text{s}$) und in den Ladungsträgerdichten im stationären Zustand zu beobachten. Mit dem FEFCT-Verfahren konnten aufgrund des stark auftretenden Terracing-Effekts und des damit verbundenen unphysikalischen Lösungsverlaufs keine Ergebnisse erzielt werden. Für ein vereinfachtes Entladungsmodell werden Varianten von IFCT, FEFCT und FEFCTs in [246] verglichen.

Aufgrund der Abweichungen, die bei der Beschreibung der Ionendrift von der Anode zur Kathode und der Elektronen bei Erreichen des stationären Zustands auftreten, werden diese Situationen im Folgenden genauer untersucht. Dazu werden die Teilchen- und Impulsbilanzleichungen mit dem IFCT-, dem FEFCTs sowie dem Upwind-Verfahren für $N_\text{x} = 501$ und $N_\text{x} = 2501$ gelöst. Zur Diskretisierung der Energiebilanzgleichung der Elektronen kommt in jedem Fall das Upwind-Verfahren und zur Diskretisierung der Poisson-Gleichung das zentrale Finite-Differenzen-Verfahren mit der jeweiligen Anzahl an Gitterpunkten zum Einsatz. Die Zeitschrittweite beträgt $\Delta t = 2\,\text{ps}$. In Abbildung 6.3 sind die Ergebnisse für die Ar^+-Ionendichte bei $t = 1\,\mu\text{s}$ dargestellt. Hier wird deutlich, dass sowohl IFCT als auch FEFCTs den steilen Gradienten bei Verwendung des gröberen Ortsgitters deutlich genauer approximieren als das Upwind-Verfahren. Die Ergebnisse beider FCT-Verfahren sind für das grobe und das feinere Ortsgitter nahezu identisch. In der mit FEFCTs mit $N_\text{x} = 501$ bestimmten Ionendichte zeigt sich im Maximum eine unphysikalische „Ecke", die bei IFCT und feinerem Gitter nicht auftritt. Die Ergebnisse des Upwind-Verfahrens sind bei Verwendung des gröberen Gitters zu diffusiv und konvergieren bei Verklei-

6.1 Anwendbarkeit von FCT-Verfahren

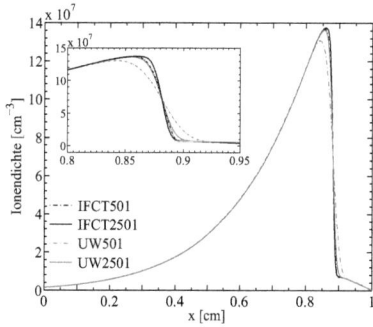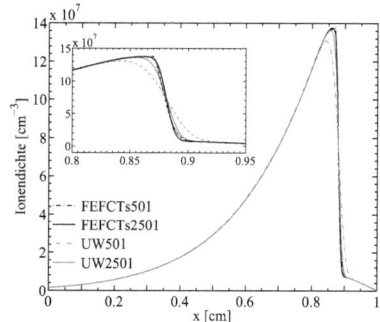

Abbildung 6.3: Vergleich von IFCT (links) und FEFCTs (rechts) mit dem Upwind-Verfahren bei $t = 1\,\mu s$ für $N_x = 501$ und $N_x = 2501$

nerung von Δx gegen die Lösung der FCT-Verfahren. Dies zeigt, dass insbesondere das IFCT-Verfahren gut zur Beschreibung des driftdominierten Transports der Ionen geeignet ist.

Die Ergebnisse der drei betrachteten Verfahren für die Elektronendichte bei $t = 100\,\mu s$ sind in der Abbildung 6.4 dargestellt. Die Vergrößerung des Bereichs unmittelbar vor der Kathode zeigt, dass insbesondere in dieser Region Abweichungen auftreten. Sowohl IFCT als auch FEFCTs überschätzen die Elektronendichte bei Verwendung des gröberen Gitters an der Wand, was zu einer höheren Dichte im Entladungsvolumen führt. Auch hier zeigt sich ein Vorteil von IFCT gegenüber FEFCTs. Bei Verwendung des feineren Ortsgitters treten bei FEFCTs vor Erreichen des stationären Zustands numerische Instabilitäten in der Bestimmung der Ar_2^+-Dichte auf, die zu einem Abbruch der Modellrechnungen führen. Sowohl IFCT als auch das Upwind-Verfahren bestimmen für $N_x = 2501$ vor der Kathode deutlich geringere Elektronendichten als auf dem gröberen Gitter. Dieser Unterschied ist auf den Einfluss der Extrapolationsrandbedingung zurückzuführen, die an diesem Randpunkt für die Teilchenbilanzgleichung wirksam wird. Die Ergebnisse des IFCT-Verfahrens auf dem feineren Ortsgitter weisen unmittelbar vor der Kathode gedämpfte Oszillationen auf, die durch den expliziten Charakter des antidiffusiven Korrekturschritts verursacht werden. Durch den effektiven Limitierungsalgorithmus bleibt die Lösung dennoch stabil. Im Entladungsvolumen stimmen die Resultate des IFCT- und des Upwind-Verfahrens gut überein. Die numerische Beschreibung der metastabilen Teilchen bereitet keine Probleme. Aufgrund ihrer Neutralität wird der Teilchentransport nicht durch das elektrische Feld beeinflusst, so dass das Lösungsverhalten durch Stoß- und Strahlungsprozesse bzw. durch Diffusion dominiert wird.

6 Ergebnisse der Modellierung anisothermer Argonplasmen

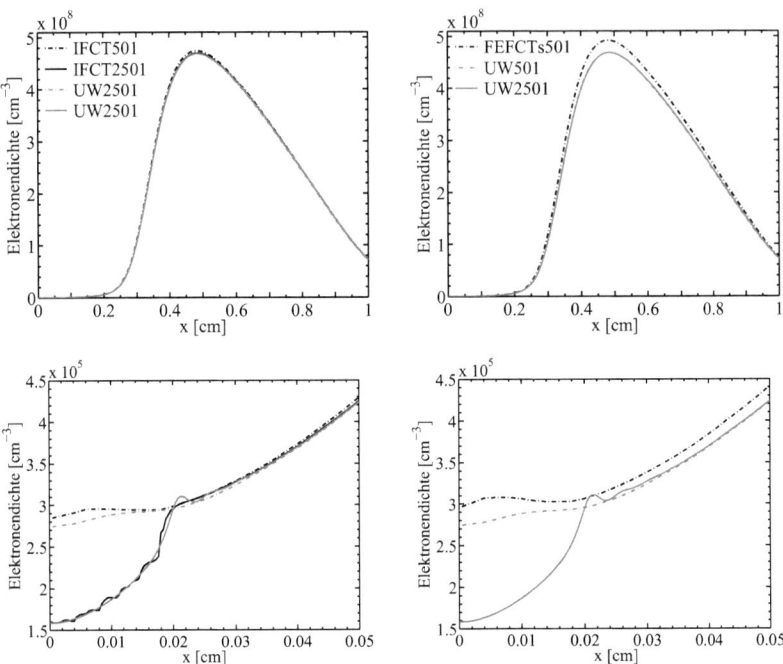

Abbildung 6.4: Vergleich von IFCT (links) und FEFCTs (rechts) mit dem Upwind-Verfahren bei $t = 100\,\mu s$ für $N_x = 501$ und $N_x = 2501$. Die unteren Grafiken zeigen eine Vergrößerung des Gebiets unmittelbar vor der Kathode.

Zusammenfassend lässt sich die Aussage treffen, dass die beiden betrachteten impliziten FCT-Verfahren geeignet sind, die betrachtete Entladungssituation zu beschreiben, sofern moderate Gitterweiten verwendet werden. Insbesondere zur Beschreibung eines driftdominierten Transports auf groben Ortsgittern zeigen sich deutliche Vorteile gegenüber klassischen Diskretisierungsverfahren, wobei IFCT überlegen gegenüber FEFCTs ist. Bei der Verwendung hinreichend kleiner Zeit- und Ortsschrittweiten liefern alle betrachteten Verfahren die gleiche konvergente Lösung.

Es ist zu erwarten, dass sich die entwickelten FCT-Verfahren insbesondere zur Modellierung von Streamer-Entladungen eignen, bei denen steile Dichtegradienten und hohe Driftgeschwindigkeiten auftreten. Da die impliziten Verfahren nicht der CFL-Bedingung an die Zeitschrittweite unterliegen und der Terracing-Effekt vermieden werden konnte, ist zu erwarten, dass IFCT und FEFCTs Vorteile gegenüber den z. B. in [111, 116, 119] genutzten FCT-Verfahren haben. Dazu sollte in weiteren Arbeiten ein direkter Vergleich der Verfahren für die jeweilige Entladungssituation durchgeführt werden. Ein Vorteil von FEFCTs gegenüber IFCT ist, dass das Verfahren unmittelbar auf mehrdimensionale Geometrien verallgemeinert werden kann. Der Einsatz von IFCT zur Modellierung mehrdimensionaler Entladungssituationen ist mit dem Einsatz von Dimensionssplitting-Verfahren [247] möglich.

Probleme wurden im Rahmen dieser Arbeit bei dem Einsatz von FCT-Verfahren zur Modellierung von RF-Entladungen beobachtet. Bei schnellen Änderungen der Drift-Richtung treten in vielen Fällen unphysikalische Effekte auf, die sich aufgrund der starken Kopplung der Lösungsgrößen unmittelbar auf das gesamte Lösungsverhalten auswirken und somit zum Abbruch der Modellrechnungen führen.

Weiterhin wurde festgestellt, dass sich die Verwendung von FCT-Verfahren negativ auf die Effizienz der Verfahren zur automatischen Schrittweitensteuerung auswirkt. Da die Limiter unter anderem abhängig von der Zeitschrittweite sind, führt eine Änderung in Δt unmittelbar auch zu einer Änderung des Lösungsverlaufs. Dieser Effekt führt dazu, dass eine automatische Vergrößerung der Zeitschrittweite nur beschränkt stattfindet.

6.2 Vergleich und Diskussion der Fluid-Modelle

In diesem Abschnitt werden die in Kapitel 2 vorgestellten Fluid-Modelle ausführlich diskutiert und die jeweiligen Ergebnisse miteinander verglichen. Es wird der Einfluss der betrachteten Modelle zur Beschreibung der Elektronen analysiert, wobei in dem Abschnitt 6.2.1 insbesondere auf die Anwendbarkeit und die Genauigkeit des vorgestellten Vier-Momenten-Modells (2.35) und der daraus abgeleiteten Drift-Diffusionsbeschreibung (2.37) eingegangen wird. Zur Bewertung der Ergebnisse der Drift-Diffusionsmodelle wird auf Resultate der Lösung der Boltzmann-Gleichung für vorgegebene axial inhomogene elektrische Felder zurückgegriffen. Ferner wird in dem Abschnitt 6.2.2 der Einfluss der vereinfachenden Näherung (2.45) auf die Ergebnisse des konventionellen Drift-Diffusionsmodells analysiert. In dem Abschnitt 6.2.3 wird untersucht wie sich die Drift-Diffusionsnäherung auf die Ergebnisse des Referenzmodells einer anomalen Glimmentladung auswirkt.

6.2.1 Beschreibung der Elektronen

Die Untersuchung der Anwendbarkeit des Vier-Momenten-Modells (2.35) sowie des neuen Drift-Diffusionsmodells (2.44) mit den Teilchen- und Energiestromdichten der Elektronen (2.37) wird auf Basis des Modells einer anomalen Argonglimmentladung mit einem Elektrodenabstand von 1 cm bei einem Gasdruck von 1 Torr und einer angelegten Gleichspannung von -250 V durchgeführt. Alle weiteren Entladungspa-

6 Ergebnisse der Modellierung anisothermer Argonplasmen

rameter sind im Anhang A in der Tabelle A.5 angegeben.

Modellrechnungen mit dem Vier-Momenten-Modell 4MM und dem neuen Drei-Momenten-Modell 3MMn haben gezeigt, dass die Zeitschrittweite zur Vermeidung numerischer Instabilitäten etwa um den Faktor zehn kleiner gewählt werden muss als bei den übrigen Fluid-Modellen. Dieses Problem tritt trotz der Anwendung eines impliziten Zeitschrittverfahrens für jede der vier Bilanzgleichungen auf und ist vermutlich auf den verwendeten Ansatz zur Linearisierung der Gleichungen zurückzuführen, bei dem die Kopplungsgrößen explizit einbezogen werden (vgl. Abschnitt 5.3). Fortführende Arbeiten sollten diese Fragestellung mittels Stabilitätsanalysen klären.

Um hier trotz der geschilderten Problematik ein Vergleich der Modelle durchführen zu können, wird die Entladung mit einer reduzierten Reaktionskinetik beschrieben, in der zusätzlich zu den Elektronen und Ar^+-Ionen nur ein summarischer metastabiler Zustand Ar^* berücksichtigt wird. Die miteinbezogenen Prozesse sind im Anhang A in der Tabelle A.4 aufgeführt. Ein Vorteil des reduzierten reaktionskinetischen Modells bezüglich der Rechenzeit ist, dass sich bereits nach etwa $100\,\mu s$ ein stationärer Zustand einstellt. Wird das erweiterte reaktionskinetische Modell mit den in den Tabellen A.2 und A.3 aufgeführten Stoß- und Strahlungsprozessen verwendet, stellt sich ein stationärer Zustand erst nach etwa $5\,\mathrm{ms}$ ein (vgl. Abschnitt 6.1). Dieser Unterschied ist auf die künstliche Lebensdauer (vgl. Prozess Nr. 7 in Tabelle A.4) zurückzuführen, die in dem reduzierten Modell verwendet wird. Ohne diesen Verlust angeregter Teilchen kommt es zu einem unbeschränkten Wachstum der Ar^*-Dichten im Entladungsvolumen durch anregende Elektronenstoßprozesse. Dieses Problem tritt bei Verwendung des erweiterten Modells aufgrund der genaueren Beschreibung der stufenweisen Anregung und der Chemo-Ionisationsprozesse nicht auf. Das weitere Anwachsen der Dichten angeregter Atome für $t > 100\,\mu s$ führt verstärkt zur Stufenionisation im negativen Glimmlicht und damit zu einem weiteren Anwachsen der Ladungsträger bis sich schließlich ein Gleichgewichtszustand einstellt. Die zeitliche Entwicklung des Zündprozesses für $t < 100\,\mu s$ wird durch beide reaktionskinetischen Modelle in gleicher Weise beschrieben, da hier die Stufenionisation von untergeordneter Bedeutung ist [66].

Im Weiteren wird untersucht wie sich die in Kapitel 2 hergeleiteten unterschiedlichen Beschreibungsweisen für die Elektronen auf die Modellergebnisse auswirken. Dabei werden die in der Tabelle 2.1 zusammengefassten Mehr-Momenten-Modelle 4MM, 3MMn und 3MMk sowie die in der Tabelle 2.2 zusammengefassten Drift-Diffusionsmodelle DDAn, DDAk und DDA5/3 untersucht. Die Ionen und metastabilen Neutralteilchen werden in jedem Fall mit den Momentengleichungen (2.28d) und (2.28e) für die Teilchendichte und die Stromdichte bestimmt. Für die nichtme-

6.2 Vergleich und Diskussion der Fluid-Modelle

tastabilen Neutralteilchen werden die Ratengleichungen (2.28f) gelöst. Wie in Abschnitt 5.3.1 beschrieben, wurde bei den Modellrechnungen das Upwind-Verfahren zur Diskretisierung der hyperbolischen Bilanzgleichungen und das exponentielle Finite-Differenzen-Verfahren zur Diskretisierung der Drift-Diffusionsgleichungen eingesetzt. Dabei wurde die konstante Zeitschrittweite $\Delta t = 2\,\mathrm{ps}$ sowie 251 äquidistante Gitterpunkte verwendet.

Die Ergebnisse der unterschiedlichen Beschreibungsweisen der Elektronen zu charakteristischen Zeitpunkten der zeitlichen Entwicklung der Entladung werden in der Abbildung 6.5 gezeigt. Dargestellt sind die Teilchendichte, die Teilchenstromdichte

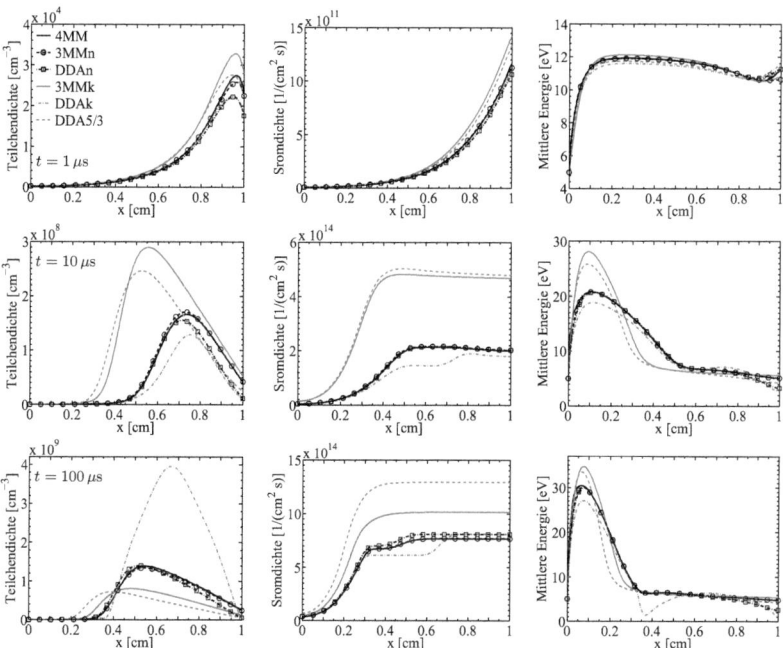

Abbildung 6.5: Vergleich der Ergebnisse der Modelle zur Beschreibung der Elektronen bei $t = 1\,\mu\mathrm{s}$, $t = 10\,\mu\mathrm{s}$ und $t = 100\,\mu\mathrm{s}$. Dargestellt ist die Teilchendichte (links), die Teilchenstromdichte (mitte) und die mittlere Energie (rechts) der Elektronen.

und die mittlere Energie der Elektronen. Die physikalischen Aspekte der zeitlichen Entwicklung sind in Übereinstimmung mit dem in Abschnitt 6.1 diskutierten Entladungsverlauf, so dass hier lediglich auf die bisher nicht betrachtete raumzeitliche Entwicklung der mittleren Energie ε eingegangen wird. Bei $t = 1\,\mu\mathrm{s}$ ist ein Anwachsen von ε vor der Kathode zu beobachten. Die an der Kathode emittierten

6 Ergebnisse der Modellierung anisothermer Argonplasmen

Sekundärelektronen werden durch das konstante elektrische Feld beschleunigt und gewinnen somit an Energie. Aufgrund der kleinen Elektronendichte ist der Energieverlust in unelastischen Stößen noch gering. Durch das Anwachsen der Elektronendichte vor der Anode finden vermehrt unelastische Stöße zwischen Elektronen und Schwerteilchen im Grundzustand statt, was in dieser Region zu einer Reduktion der mittleren Energie führt. Mit dem Durchbruch der Entladung bei $t = 10\,\mu s$ treten deutliche Unterschiede in den Ergebnissen der betrachteten Modelle auf, die bei dem Erreichen des stationären Zustands am ausgeprägtesten sind. Außer den quantitativen Unterschieden in Teilchendichte, Stromdichte und maximaler mittlerer Energie sind insbesondere zwei qualitative Abweichungen zu beobachten. Die Ergebnisse von 4MM, 3MMn, DDAn und DDAk weisen zum einen zwei Regionen mit konstanter Stromdichte auf, wogegen 3MMk und DDA5/3 nur eine solche voraussagen. Zum anderen zeigt der mit 4MM, 3MMn, DDAn und DDAk bestimmte axiale Verlauf von ε ein Minimum im Übergangsbereich vom Kathodengebiet zum negativen Glimmlicht ($x \approx 0.37\,\text{cm}$), wogegen die mit 3MMk und DDA5/3 bestimmte mittlere Energie nur ein Maximum vor der Kathode hat und von dort bis zur Anode monoton fällt. Das Anwachsen der mittleren Energie vor der Kathode wird verursacht durch die starke Beschleunigung der Sekundärelektronen in dem Raumladungsfeld. Mit dem Eindringen in das Plasmavolumen nimmt die Beschleunigung ab und die Elektronen verlieren ihre Energie in unelastischen Stoßprozessen. Das Auftreten eines Plateaus in der Stromdichte und das Minimum in ε in dem Übergangsbereich vom Kathodengebiet zum negativen Glimmlicht kann durch den Effekt der Vermischung von schnellen Elektronen mit den langsamen Plasmaelektronen erklärt werden. Ergebnisse sogenannter Beam-Modelle, bei denen schnelle und langsame Elektronen separat beschrieben werden [248, 249], zeigen, dass der zweite Anstieg in der Stromdichte durch den Beitrag der langsamen Elektronen verursacht wird, wogegen unmittelbar vor der Kathode der Strom der schnellen Elektronen dominiert [248]. Die Tatsache, dass lediglich die Modelle 4MM, 3MMn, DDAn und DDAk diesen Effekt beschreiben ist darauf zurückzuführen, dass nur in diesen der Energietransport konsistent mit dem jeweiligen Modellansatz beschrieben wird. In den Modellen 3MMk und DDA5/3 werden zusätzliche Annahmen zur Bestimmung der Wärmeleitfähigkeit bzw. der Energietransportkoeffizienten verwendet. Hierauf wird in Abschnitt 6.2.2 genauer eingegangen.

Die in Abbildung 6.5 (unten) gezeigten Ergebnisse des stationären Zustands zeigen, dass die Resultate der in dieser Arbeit neu eingeführten Modelle 4MM, 3MMn und DDAn qualitativ und quantitativ gut übereinstimmen, wogegen 3MMk und DDA5/3 eine kleinere und DDAk eine wesentlich höhere Elektronendichte voraus-

6.2 Vergleich und Diskussion der Fluid-Modelle

sagen. Die Ergebnisse von 3MMk und DDA5/3 stimmen qualitativ wiederum grob überein. Diese Beobachtung wirft die Frage auf, wie genau die Resultate der Modelle sind. Da exakte Lösungen nicht bestimmt werden können, werden hier Ergebnisse kinetischer Modellrechnungen zum Vergleich hinzugezogen. Mit einem Entwicklungsansatz wurde die Boltzmann-Gleichung 2.4 in einer Raumdimension für ein vorgegebenes, axial inhomogenes elektrisches Feld gelöst.[1] Dabei wurde als Vorgabe das stationäre Feld des 4MM-Modells verwendet, wobei die auftretende Feldumkehr „abgeschnitten" und vor der Anode ($x = 1$ cm) ein konstantes Restfeld von -0.2 V/cm angenommen wurde. Das stationäre Feld des 4MM-Modells sowie das als Eingangsgröße in dem kinetischen Programm zur Lösung der Boltzmann-Gleichung verwendete modifizierte Feld sind in der Abbildung 6.6a dargestellt. Die Modifikation des elektri-

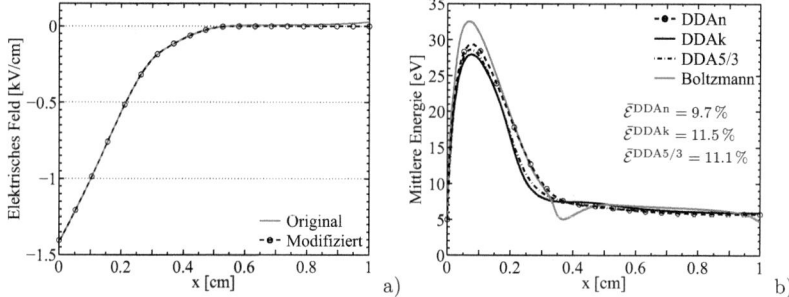

Abbildung 6.6: Stationäres Feld des 4MM-Modells und modifiziertes elektrisches Feld (a) sowie Vergleich der Ergebnisse der Drift-Diffusionsmodelle mit der Lösung der Boltzmann-Gleichung (b). $\bar{\mathcal{E}}$ bezeichnet den mittleren relativen Unterschied zwischen Fluid-Modell und kinetischem Modell in der mittleren Energie der Elektronen.

schen Feldes war erforderlich, um Probleme zu umgehen, die bei dem Vorhandensein einer Feldumkehr bei der Lösung der Boltzmann-Gleichung auftreten können [250]. So wie die Boltzmann-Gleichung, wurden auch die Drift-Diffusionsmodelle DDAn, DDAk und DDA5/3 für die Elektronen unter Vorgabe des modifizierten elektrischen Feldes gelöst. Das heißt, es wurde kein selbstkonsistentes Fluid-Poisson-Modell, sondern lediglich die entkoppelten Drift-Diffusionsgleichungen für die Teilchen- und die Energiedichte der Elektronen gelöst. Für die Mehr-Momenten-Modelle 4MM, 3MMn und 3MMk konnte mit diesem Ansatz kein konvergentes Ergebnis erzielt werden. Die Resultate der drei Drift-Diffusionsmodelle für die mittlere Energie der Elektronen sind in der Abbildung 6.6b im Vergleich mit der Lösung der Boltzmann-Gleichung dargestellt. Die Abbildung zeigt, dass die mit dem kinetischen Modell berechnete

---

[1]Die kinetischen Modellrechnungen wurden von F. Sigeneger (INP Greifswald e.V.) durchgeführt.

6 Ergebnisse der Modellierung anisothermer Argonplasmen

mittlere Energie ein lokales Minimum in dem Übergangsbereich vom Kathodengebiet zum negativen Glimmlicht aufweist. Dies lässt darauf schließen, dass die konsistenten Modelle weitaus besser in der Lage sind nichtlokale Effekte zu beschreiben als die in der Literatur üblicherweise verwendeten Modelle 3MMk und DDA5/3. Auch Nicoletopoulos und Robson [134] haben die Beobachtung gemacht, dass Fluid-Modelle in der Lage sind nichtlokale Effekte zu beschreiben, wenn der Energietransport der Elektronen hinreichend genau beschrieben wird. Der von Robson et al. [103] postulierte Ansatz erfordert jedoch empirische, problemspezifische Anpassungen gewisser Parameter zur Bestimmung der Wärmestromdichte der Elektronen [103, 134] und ist – anders als die hier vorgeschlagenen konsistenten Modelle – nicht generell einsetzbar. Ein Vergleich der in Abbildung 6.6b angegebenen relativen Unterschiede zwischen den Lösungen der Fluid-Modelle und der Lösung der Boltzmann-Gleichung für die mittlere Energie zeigt, dass die Resultate des neu eingeführten DDAn-Modells deutlich besser mit der Lösung der Boltzmann-Gleichung übereinstimmen als die Ergebnisse der beiden anderen Drift-Diffusionsmodelle.

Zusammenfassend lässt sich schlussfolgern, dass die vorgestellten konsistenten Modellansätze den konventionellen Fluid-Modellen zur Beschreibung der Elektronen in Bezug auf die Genauigkeit überlegen sind. Jedoch ist dem Autor keine eindeutige Dokumentation eines Minimums im axialen Verlauf der mittleren Elektronenenergie im Übergangsbereich vom Kathodengebiet zum negativen Glimmlicht bekannt. Es wurden lediglich Hinweise auf einen nichtmonotonen Verlauf von ε gefunden. Experimentelle Untersuchungen des axialen Verlaufs der mittleren Elektronenenergie wurden unter anderem von Zu et al. [251] und Baithwaite et al. [252] durchgeführt. Die publizierten Ergebnisse bestätigen den nichtmonotonen Verlauf der mittleren Elektronenenergie im negativen Glimmlicht. Des Weiteren haben Bogaerts et al. [253] die mittlere Energie der Elektronen in einer Argonglimmentladung bei unterschiedlichen Gasdrücken und Spannungen mittels eines 2D-Hybrid-Modells bestimmt. Auch hier zeigen die Modellergebnisse einen nichtmonotonen Verlauf der mittleren Energie.

Die Überlegenheit des DDAn-Modells gegenüber den konventionellen Drift-Diffusionsmodellen DDAk und DDA5/3 lässt erwarten, dass das Vier-Momenten-Modell 4MM von den betrachteten Modellen die genauesten Ergebnisse liefert. Um diese Annahme zu bestätigen oder zu widerlegen, muss in weiteren Arbeiten z. B. ein Vergleich der Ergebnisse der Fluid-Modelle mit Resultaten von selbstkonsistenten Hybrid-Modellen durchgeführt werden. Des Weiteren sind zur effizienten Nutzung des Vier-Momenten-Modells 4MM und des Drei-Momenten-Modells 3MMn weitere Arbeiten erforderlich, um die zuvor genannten Probleme bezüglich der numerischen Stabilität dieser beiden Modelle zu umgehen.

6.2 Vergleich und Diskussion der Fluid-Modelle

In dem folgenden Abschnitt wird der Frage nachgegangen, was die Ursache der Unterschiede in den Modellergebnissen ist. Weiterhin wird genauer untersucht, welche Auswirkungen die häufig verwendete nichtkonsistente Beschreibung des Energietransports der Elektronen hat. Dazu werden die Ergebnisse der Drift-Diffusionsmodelle DDAn, DDAk und DDA5/3 für die zuvor betrachtete Entladungssituation analysiert, wobei hier das im Anhang A in den Tabellen A.2 und A.3 zusammengefasste erweiterte reaktionskinetische Modell mit den Entladungsparametern aus der Tabelle A.5 Anwendung findet.

6.2.2 Einfluss der Energietransportkoeffizienten

Die bisherigen Betrachtungen haben verschiedene Möglichkeiten der Beschreibung des Elektronentransports aufgezeigt. In dem Abschnitt 6.2.1 wurde deutlich, dass das qualitative Verhalten der Modellergebnisse insbesondere von der Bestimmung der Energietransportkoeffizienten der Elektronen abhängig ist. Diesbezüglich werden im Folgenden weitere Untersuchungen durchgeführt und zur Beschreibung der Elektronen die drei Drift-Diffusionsmodelle DDAn, DDAk und DDA5/3 (vgl. Tabelle 2.2) genauer analysiert. Die Schwerteilchen werden ebenfalls mittels des Drift-Diffusionsmodells (2.44) beschrieben. Die Untersuchungen werden am Beispiel des bereits zuvor betrachteten Referenzmodells einer anomalen Glimmentladung durchgeführt, wobei das erweiterte reaktionskinetische Modell (vgl. Tabellen A.2 und A.3 in Anhang A) Anwendung findet. Die Entladungsparameter sind in der Tabelle A.5 zusammengefasst. Die Abbildung 6.7 zeigt den räumlichen Verlauf der mittleren Energie der Elektronen zwischen den beiden Elektroden bei $x = 0$ (Kathode) und bei $x = 1\,\text{cm}$ (Anode) zu den Zeitpunkten $t = 1\,\mu\text{s}$, $t = 10\,\mu\text{s}$, $t = 100\,\mu\text{s}$ sowie bei $t = 400\,\mu\text{s}$. Für DDAn und DDA5/3 ist zusätzlich der stationäre Zustand dargestellt, der für $p = 1\,\text{Torr}$ und $V_0 = -250\,\text{V}$ nach etwa 5 ms erreicht wird. Während der Townsendschen Entladungsphase ($t \approx 0.1 - 1\,\mu\text{s}$) liefern alle Ansätze nahezu gleiche Ergebnisse (vgl. Abbildung 6.7a). Mit dem Durchbruch der Entladung kommt es zu größeren Abweichungen in den Ergebnissen, die auf die stärkere Variation der mittleren Energie im Entladungsgebiet zurückzuführen sind (vgl. Abbildung 6.7b und 6.7c). Die in Abbildung 6.7c dargestellten Ergebnisse zum Zeitpunkt $t = 100\,\mu\text{s}$ stimmen weitgehend mit den in Abbildung 6.5 gezeigten stationären Resultaten des reduzierten Reaktionsmodells der gleichen Entladungssituation überein. Mit Annähern an den stationären Zustand (vgl. Abbildung 6.7d) zeigen sowohl die Ergebnisse des DDAn-Modells als auch die Ergebnisse des DDAk-Modells ein Minimum der mittleren Energie im Übergangsbereich vom Kathodengebiet zum negativen Glimmlicht ($x \approx 0.3\,\text{cm}$) und ein Maximum im negativen Glimmlicht. Die Er-

6 Ergebnisse der Modellierung anisothermer Argonplasmen

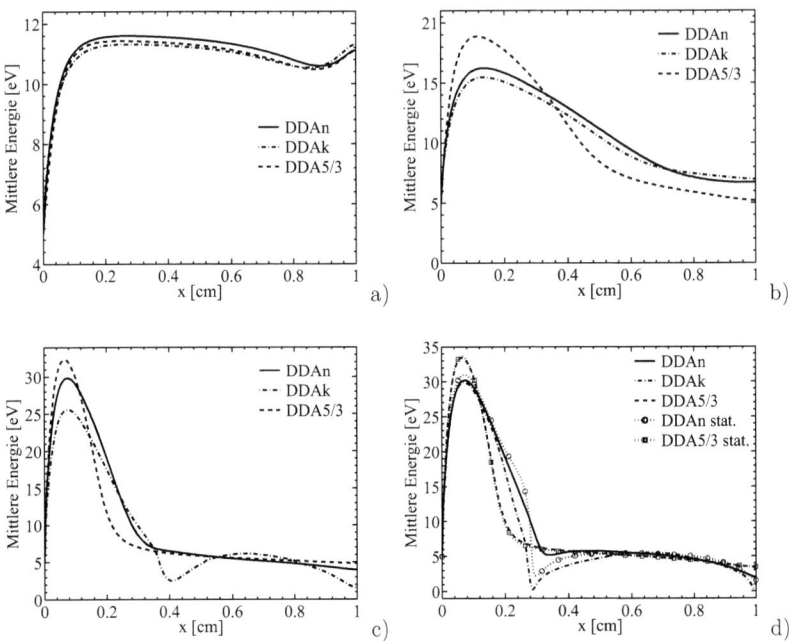

Abbildung 6.7: Vergleich der Ergebnisse des neuen Drift-Diffusionsmodells (DDAn), des konventionellen Drift-Diffusionsmodells (DDAk) und des konventionellen Drift-Diffusionsmodells mit vereinfachten Energietransportkoeffizienten (DDA5/3). Dargestellt ist der axiale Verlauf der mittleren Elektronenenergie bei $t = 1\,\mu\mathrm{s}$ (a), $t = 10\,\mu\mathrm{s}$ (b), $t = 100\,\mu\mathrm{s}$ (c) sowie bei $t = 400\,\mu\mathrm{s}$ (d). Für DDAn und DDA5/3 ist zusätzlich der stationäre Zustand (gepunktete Linien) dargestellt.

gebnisse des DDA5/3-Modells zeigen dagegen einen monoton fallenden Verlauf der mittleren Energie vom Energiemaximum im Kathodengebiet bis zu der geerdeten Elektrode bei $x = 1\,\mathrm{cm}$. Bei dem DDAk-Modell tritt vor Erreichen des stationären Zustands, etwa bei $t = 443\,\mu\mathrm{s}$, das Problem auf, dass die mittlere Energie im Minimum bei $x \approx 0.3\,\mathrm{cm}$ negative Werte annimmt. Dieses unphysikalische Verhalten führt aufgrund der starken Abhängigkeit der Transport- und Ratenkoeffizienten von der mittleren Energie ε zu einem Abbruch der Berechnungen, so dass mit DDAk kein stationärer Zustand bestimmt werden kann. Der in Abbildung 6.7d dargestellte stationäre Zustand für DDAn und DDA5/3 verdeutlicht, dass sich das in DDAn auftretende Minimum weiter ausprägt, die Werte von ε jedoch zu jedem Zeitpunkt positiv bleiben.

Eine Erklärung des qualitativen Unterschieds der Modellergebnisse liefert eine

6.2 Vergleich und Diskussion der Fluid-Modelle

genauere Betrachtung des Quotienten $\tilde{P}e/Pe$, wobei

$$Pe = L\frac{|E\,b_e|}{D_e} \quad \text{und} \quad \tilde{P}e = L\frac{|E\,\tilde{b}_e|}{\tilde{D}_e} \tag{6.1}$$

die Péclet-Zahlen (vgl. Gleichung (3.30)) des Teilchen- bzw. Energietransports bezeichnen. Für das betrachtete Modell ist $L = 1\,\text{cm}$. Bei Verwendung der vereinfachten Energietransportkoeffizienten (2.45) im Rahmen des Modells DDA5/3 folgt unmittelbar

$$\frac{\tilde{P}e}{Pe} = \frac{LE}{LE}\frac{b_e}{D_e}\frac{D_e}{b_e} = 1. \tag{6.2}$$

Das heißt, Teilchen und Energie haben in diesem Fall unabhängig von den Werten der mittleren Energie die gleichen Transporteigenschaften. Werden die Energietransportkoeffizienten dagegen – wie in den Modellen DDAn und DDAk – konsistent als Funktion der mittleren Energie bestimmt, variiert auch der in Abbildung 6.8 dargestellte Quotient $\tilde{P}e/Pe$ mit der mittleren Energie.

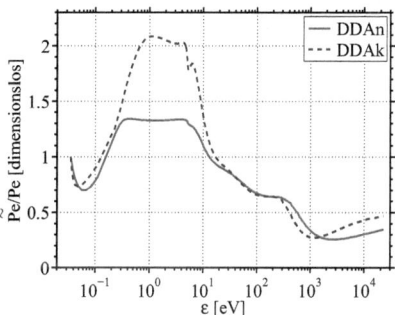

Abbildung 6.8: Vergleich des Quotienten $\tilde{P}e/Pe$ für DDAn und DDAk in Abhängigkeit von der mittleren Energie der Elektronen ε

Die raumzeitliche Änderung von $\tilde{P}e/Pe$ während des Entladungsprozesses ist zusammen mit dem entsprechenden Verlauf der mittleren Elektronenenergie ε in der Abbildung 6.9 dargestellt. Die Ergebnisse zeigen, dass ε sowohl bei dem DDAn-Modell als auch bei dem DDAk-Modell zu jedem Zeitpunkt des Entladungsverlaufs genau dort groß ist, wo $\tilde{P}e/Pe < 1$ und in den Regionen klein ist, in denen $\tilde{P}e/Pe > 1$ ist. Qualitativ zeigen $\tilde{P}e/Pe$ und ε in beiden Modellen das gleiche Verhalten. Jedoch liegt der maximale Wert von $\tilde{P}e/Pe$ im DDAn-Modell etwa bei 1.3 und im DDAk-Modell etwa bei 2.1. Unphysikalische Ergebnisse treten bei Verwendung des DDAk-Modells genau dann auf, wenn der Quotient $\tilde{P}e/Pe$ deutlich größer als Zwei ist. Somit scheint eine Überschätzung von $\tilde{P}e/Pe$ bei Verwendung der konventionel-

6 Ergebnisse der Modellierung anisothermer Argonplasmen

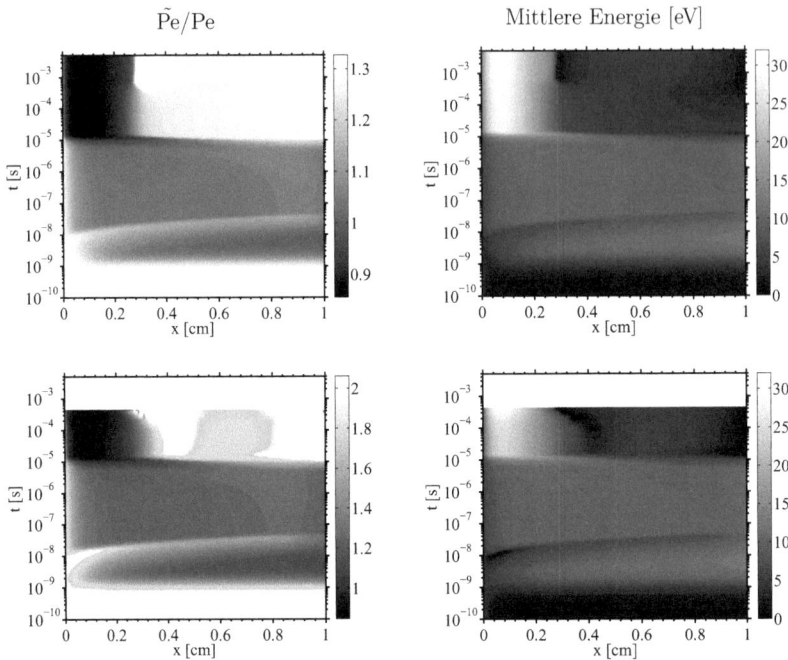

Abbildung 6.9: Vergleich von DDAn und DDAk (oben) und der konventionellen Drift-Diffusionsnäherung DDAk (unten)

len Drift-Diffusionsnäherung die Ursache für die auftretenden Probleme zu sein. Die Abbildung 6.8 zeigt, dass der Quotient $\tilde{P}e/Pe$ den Wert 1.4 bei dem hier eingeführten alternativen Ansatz nicht überschreitet, so dass kein unphysikalisches Lösungsverhalten auftritt.

Die konsistente Beschreibungsweise des Energietransports wirkt sich, außer auf den qualitativen Verlauf der mittleren Energie, auch wesentlich auf den qualitativen und quantitativen Verlauf der Teilchendichten und der Teilchenstromdichten aus. In der Abbildung 6.10 sind die mittels DDAn und DDA5/3 bestimmten stationären Ergebnisse für die Teilchendichten und die Teilchenstromdichten der Ladungsträger dargestellt. Die Abbildung zeigt, dass die mittels des DDAn-Modells bestimmten Dichten im negativen Glimmlicht etwa um den Faktor fünf größer sind als die mittels des DDA5/3 bestimmten Dichten. Im Kathodengebiet liefert dagegen das DDA5/3-Modell größere Werte für die Dichten der Elektronen und Ar^+-Ionen. Die Ar_2^+-Ionen spielen in der betrachteten Niederdruckentladung keine Rolle. Der qualitative Verlauf der Teilchenstromdichten unterscheidet sich insbesondere durch das bereits in

6.2 Vergleich und Diskussion der Fluid-Modelle

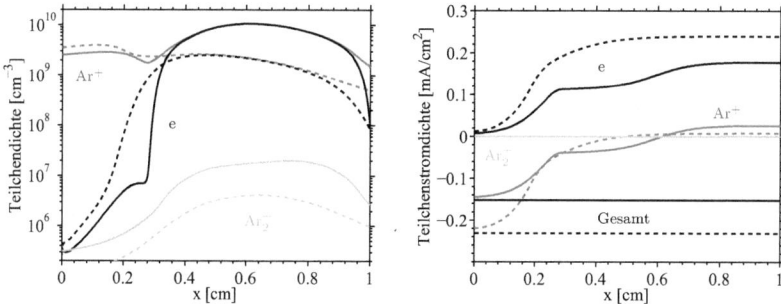

Abbildung 6.10: Ergebnisse von DDAn (durchgezogene Linie) und DDA5/3 (gestrichelte Linie) für die Teilchendichten (links) und die Teilchenstromdichten der Ladungsträger (rechts)

dem Abschnitt 6.2.1 diskutierte Plateau im Übergangsbereich vom Kathodengebiet zum negativen Glimmlicht. Die Gesamtstromdichten von DDAn und DDA5/3 unterscheiden sich etwa um den Faktor 1.7, wobei DDA5/3 die betragsmäßig größere Gesamtstromdichte liefert.

Die von dem DDAn-Modell vorausgesagte größere Elektronendichte im negativen Glimmlicht spiegelt sich in den Dichten der neutralen Argonatome wider. Diese sind in der Abbildung 6.11 dargestellt. Die mit dem DDAn-Modell bestimmten

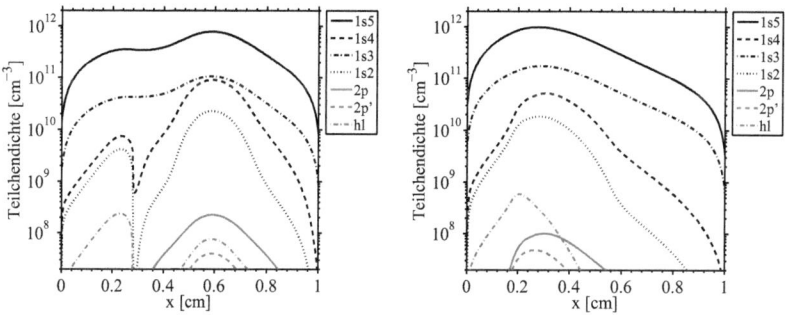

Abbildung 6.11: Ergebnisse von DDAn (links) und DDA5/3 (rechts) für die Dichten der angeregten Spezies

Dichten weisen ein Maximum im Kathodengebiet und ein zweites ausgeprägtes Maximum im negativen Glimmlicht auf. Dagegen zeigen die mit dem DDA5/3-Modell bestimmten Dichten lediglich *ein* Maximum und fallen von diesem monoton in Richtung Anode ab. Die Existenz eines zweiten Maximums in der Dichte metastabiler Argonatome in einer Niederdruckglimmladung wurde experimentell von Bo-

6 Ergebnisse der Modellierung anisothermer Argonplasmen

gaerts et al. [254] nachgewiesen, konnte mit dem dort verwendeten hybriden Monte-Carlo-Fluid-Modell aus [14] aber nicht beschrieben werden [254]. Dies zeigt, dass das qualitative Entladungsverhalten von dem neuen Drift-Diffusionsmodell genauer beschrieben wird.

Zur Klärung der physikalischen Prozesse, die zu dem bei Verwendung von DDAn bzw. DDA5/3 auftretenden Entladungsverhalten führen, sind in der Abbildung 6.12 die wesentlichen Elektronenerzeugungsraten dargestellt. Anschließend wird auf die Unterschiede im Energiehaushalt der Elektronen eingegangen. Die Rekombination

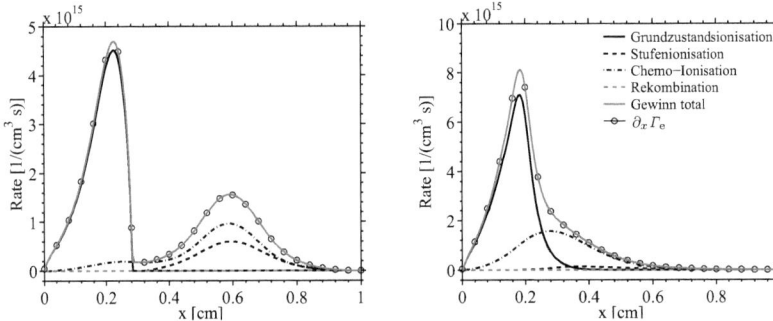

Abbildung 6.12: Elektronenerzeugungs- und Elektronenvernichtungsraten im stationären Zustand bei Verwendung des DDAn-Modells (links) und des DDA5/3-Modells (rechts)

geladener Teilchen spielt in der betrachteten Entladungssituation keine Rolle, so dass der Ladungsträgergewinn vollständig durch die Divergenz des Teilchenstroms kompensiert wird. Die Abbildung 6.12 zeigt, dass im Kathodengebiet die Grundzustandsionisation den wesentlichen Prozess der Ladungsträgererzeugung ausmacht. Dies ist auf die geringe Dichte angeregter Teilchen im Kathodengebiet zurückzuführen. In den Stößen mit Neutralteilchen im Grundzustand verlieren die Elektronen ihre Energie und es kommt vermehrt zu anregenden Stößen, was zu einer Zunahme der Dichte der angeregten Argonatome führt (vgl. Abbildung 6.11). Damit gewinnen Chemo- und Stufenionisationsprozesse an Bedeutung. Diese dominieren die Elektronenproduktion im negativen Glimmlicht. Aufgrund der vom DDA5/3-Modell vorausgesagten geringeren mittleren Elektronenenergie (vgl. Abbildung 6.7) und geringeren Elektronendichte im negativen Glimmlicht, sind die Raten der anregenden und ionisierenden Stöße in diesem Modell kleiner als im DDAn-Modell (vgl. Abbildung 6.12). Die Wechselwirkung zwischen dem Anstieg der Elektronenproduktionsraten und dem damit verbundenen Anwachsen der anregenden Elektron-Neutralteilchenstöße führt letztendlich zu dem vom DDAn-Modell vorausgesagten ausgeprägten Maximum in den Dichten der Neutralteilchen und der Ladungsträger

6.2 Vergleich und Diskussion der Fluid-Modelle

im negativen Glimmlicht. Dabei wird die Ladungsträgerproduktion von den Prozessen

$$Ar[1s_5] + e \longrightarrow Ar^+ + 2e \quad \text{und} \quad Ar[1s_5] + Ar[1s_5] \longrightarrow Ar^+ + e + Ar[1p_0]$$

dominiert. Der wesentliche Gewinn metastabiler $Ar[1s_5]$-Atome erfolgt über den unelastischen Stoßprozess

$$Ar[1p_0] + e \longrightarrow Ar[1s_5] + e$$

sowie den Strahlungsübergang

$$Ar[2p] \longrightarrow Ar[1s_5] + h\nu$$

bei einer Wellenlänge von 763–912 nm. Im Gegensatz dazu kommt es im DDA5/3-Modell zu keinem zweiten Anstieg der Elektronenproduktionsraten, so dass der beschriebene Wechselwirkungsprozess nicht stattfindet.

Die in Abbildung 6.13 dargestellten Energiegewinn- und Energieverlustraten der Elektronen veranschaulichen, dass sich die vom DDAn-Modell vorhergesagte hohe Anregungsrate im negativen Glimmlicht in einem dort stattfindenden starken Energieverlust durch anregende Stoßprozesse widerspiegelt. Im Kathodengebiet domi-

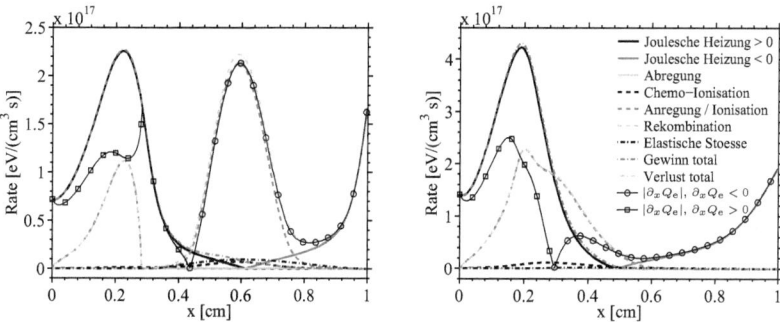

Abbildung 6.13: Energiegewinn- und Energieverlustraten im stationären Zustand bei Verwendung des DDAn-Modells (links) und des DDA5/3-Modells (rechts)

niert dagegen der Energiegewinn durch die Joulesche Heizung in dem dort vorherrschenden elektrischen Feld. Die Tatsache, dass sich die Energieeinkopplung durch das elektrische Feld und der Energiegewinn und Energieverlust in Stoßprozessen bei weitem nicht kompensieren zeigt, dass der Energietransport eine wesentliche Rolle in dem Entladungsverhalten spielt. Dies wird durch den in Abbildung 6.13 dargestellten Verlauf der Divergenz des Energiestroms bestätigt und steht im Gegensatz

6 Ergebnisse der Modellierung anisothermer Argonplasmen

zu der Situation in einer positiven Säule, in der die Divergenz des Energiestroms keine Rolle spielt (vgl. Abschnitt 6.4). Die vereinfachte Beschreibung des Energietransports im Rahmen des DDA5/3-Modells führt dazu, dass die Anregungsraten im negativen Glimmlicht deutlich geringer sind und somit auch der Energieverlust in Stoßprozessen kaum stattfindet. Die Modelle DDAn und DDA5/3 liefern lediglich im Kathodengebiet ein vergleichbares Verhalten des Energiehaushalts.

Der qualitative Unterschied in den Modellergebnissen von DDAn und DDA5/3 tritt in vergleichbarer Weise bei der Beschreibung der von Gamez et al. [255] experimentell und von Bogaerts et al. [253] mittels eines Hybrid-Modells untersuchten Gleichspannungsglimmentladung in Argon bei einem Gasdruck von 1 Torr und einer angelegten Spannung von $-515\,\mathrm{V}$ auf. Die Entladungsparameter dieser Modellsituation sind in der Tabelle 6.1 zusammengefasst. Die Gastemperatur wurde experimen-

Tabelle 6.1: Entladungsparameter der von Bogaerts et al. untersuchten Modellsituation

Parameter	Bedeutung	Wert
p	Gasdruck	1 Torr
T_g	Schwerteilchentemperatur	vgl. Abbildung 6.14
d	Elektrodenabstand	5 cm
V_0	angelegte Spannung	$-515\,\mathrm{V}$
τ_Φ	Einschaltzeit	10^{-9}
γ	Sekundärelektronenemissionskoeffizient	0.07
ε^γ	mittlere Energie der Sekundärelektronen	5 eV
r_e	Reflexionskoeffizient der Elektronen	0.3
r_i	Reflexionskoeffizient der Ionen	5×10^{-4}
r_m	Reflexionskoeffizient der metastabilen Teilchen	0.3

tell gemessen [255] und wird als räumlich variierendes Profil (vgl. Abbildung 6.14) in den durchgeführten Modellrechnungen vorgegeben.

Die Abbildung 6.15 zeigt die mit DDAn und DDA5/3 bestimmten stationären Ergebnisse für die mittlere Energie der Elektronen und die Dichten der Ladungsträger.

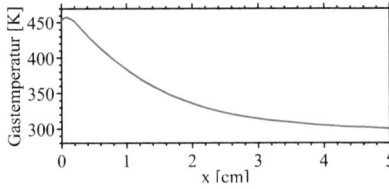

Abbildung 6.14: Vorgegebener ortsabhängiger Verlauf der Gastemperatur

6.2 Vergleich und Diskussion der Fluid-Modelle

Mit dem DDAk-Modell konnte aufgrund der bereits diskutierten Probleme kein sta-

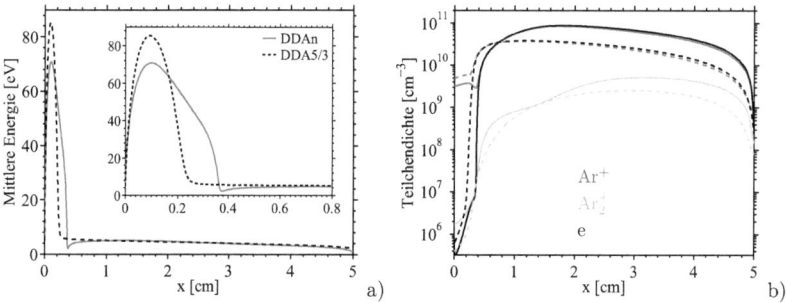

Abbildung 6.15: Vergleich der Ergebnisse von DDAn (durchgezogene Linie) und DDA5/3 (gestrichelte Linie). Dargestellt ist die mittlere Energie mit einer Vergrößerung des Kathodengebiets (a) und die Dichten der Ladungsträger (b).

tionärer Zustand gefunden werden. Wie in dem zuvor betrachteten Referenzmodell tritt auch hier in den mittels DDAn bestimmten Ergebnissen für die mittlere Energie ein Minimum im Übergangsbereich vom Kathodengebiet zum negativen Glimmlicht auf und die mit DDA5/3 bestimmte mittlere Energie fällt von dem Maximum im Kathodengebiet monoton in Richtung der Anode bei $x = 5\,\text{cm}$ ab. Die Darstellung der Ladungsträgerdichten in Abbildung 6.15b zeigt einen qualitativ ähnlichen Verlauf der Ergebnisse von DDAn und DDA5/3, wobei DDAn im negativen Glimmlicht größere Teilchendichten voraussagt.

Die Teilchendichten der angeregten Atome sind in der Abbildung 6.16 dargestellt. Auch hier ist wieder der Effekt zu beobachten, dass die mittels DDAn bestimm-

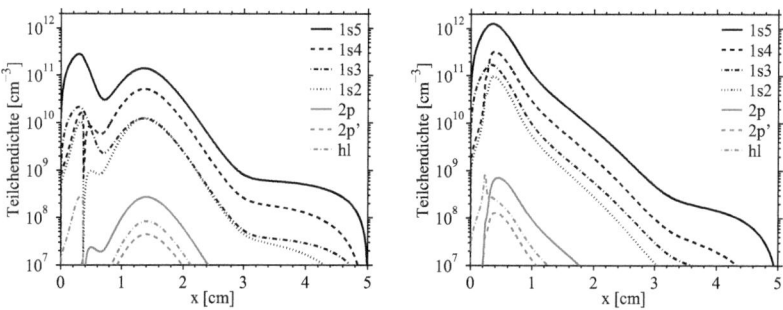

Abbildung 6.16: Vergleich der Ergebnisse von DDAn (links) und DDA5/3 (rechts) für die Dichten der angeregten Argonatome

ten Teilchendichten ein zweites Maximum im negativen Glimmlicht bei $x \approx 1.5\,\text{cm}$

6 Ergebnisse der Modellierung anisothermer Argonplasmen

aufweisen, wogegen die mittels DDA5/3 bestimmten Dichten – entgegen dem von Bogaerts *et al.* [254] experimentell beobachteten Verhalten – monoton abfallen.

In den Abschnitten 6.2.1 und 6.2.2 wurde der Einfluss der Beschreibungsweise der Elektronen genauer untersucht. Es wurde gezeigt, dass das qualitative Entladungsverhalten wesentlich durch die Konsistenz der Beschreibung des Energietransports beeinflusst wird. Die Abbildung 6.5 hat verdeutlicht, dass zum einen die konsistenten Modelle 4MM, 3MMn und DDAn und zum anderen die Modelle 3MMk und DDA5/3, in denen vereinfachende Annahmen zur Bestimmung des Energietransports verwendet werden, qualitativ und quantitativ ähnliche Ergebnisse liefern. Die Resultate des ebenfalls konsistenten Modells DDAk unterscheiden sich deutlich von den Ergebnissen der übrigen Modelle. Die Unterschiede zwischen den Ergebnissen der Modelle 4MM, 3MMn und DDAn sowie zwischen den Ergebnissen der Modelle 3MMk und DDA5/3 im stationären Zustand sind insbesondere auch auf die Unterschiede in der Anzahl der vorzugebenden physikalischen und numerischen Randbedingungen (vgl. Kapitel 4) zurückzuführen.

Die durchgeführten Untersuchungen haben gezeigt, dass die qualitativen Unterschiede in den Ergebnissen der konsistenten Modelle DDAn und DDAk sowie des vereinfachten Modells DDA5/3 auf die unterschiedliche Beschreibung der Energietransportkoeffizienten und die damit verbundenen Unterschiede im Ionisations- und Energiehaushalt zurückzuführen sind. Die konsistenten Drift-Diffusionsmodelle DDAn und DDAk sind dem vereinfachten Modell DDA5/3 vorzuziehen. Mit dem neuen Modell DDAn werden numerische Probleme umgangen, die bei der Verwendung des konventionellen Modells DDAk auftreten können. Des Weiteren sind die Ergebnisse von DDAn in besserer Übereinstimmung mit den Resultaten des kinetischen Modells, so dass das DDAn-Modell dem DDAk-Modell vorzuziehen ist. Zur effizienten Nutzung der neu eingeführten Mehr-Momenten-Modelle 4MM und 3MMn sind weitere Arbeiten erforderlich.

Um ein adäquates Modell zur Beschreibung einer gegebenen Entladungssituation auswählen zu können, muss der Frage nachgegangen werden, welchen Einfluss die Drift-Diffusionsnäherung auf die Modellergebnisse hat. Dazu werden im Folgenden die Ergebnisse des konventionellen Mehr-Momenten-Modells TMM (vgl. Tabelle 2.1) und des konventionellen Drift-Diffusionsmodells DDA (vgl. Tabelle 2.2) genauer untersucht und miteinander verglichen. Da aus Stabilitätsgründen ein alternativer Ansatz zum effizienten Lösen der neu eingeführten Mehr-Momenten-Modelle umgesetzt werden muss, wird für diese eine entsprechende Untersuchung in weiteren Arbeiten durchgeführt.

6.2.3 Einfluss der Drift-Diffusionsnäherung

Die Untersuchung des Einflusses der Drift-Diffusionsnäherung erfolgt am Beispiel des zuvor betrachteten Referenzmodells mit den Entladungsparametern aus der Tabelle A.5 und unter Berücksichtigung der in den Tabellen A.2 und A.3 zusammengefassten Reaktionsprozesse. Zur Lösung dieses Modells wird das Mehr-Momenten-Modell (2.28) (im Folgenden bezeichnet als TMM) sowie das Drift-Diffusionsmodell (2.44) (im Folgenden bezeichnet als DDA) eingesetzt. Da hier der Fokus auf der Analyse des Einflusses der Drift-Diffusionsnäherung und nicht des Energietransports liegt, werden die Elektronen mittels des DDA5/3-Modells beschrieben. Es wird gezeigt, dass die in diesem Modell verwendete Näherung (2.45) für die Energietransportkoeffizienten konsistent mit dem in dem TMM-Modell verwendeten Ansatz (2.17) zur Bestimmung der Wärmestromdichte der Elektronen ist.

Für die Energiestromdichte des DDA-Modells mit den Energietransportkoeffizienten (2.45) ergibt sich gemäß der Gleichung (2.42b) der Ausdruck

$$Q_e^{\text{DDA}} = -\frac{5}{3}\partial_x\left(D_e\varepsilon n_e\right) - \frac{5}{3}b_e\varepsilon E n_e = \frac{5}{3}\varepsilon\Gamma_e - \frac{5}{3}D_e n_e \partial_x\varepsilon\,. \quad (6.3)$$

Die in dem Mehr-Momenten-Modell in Gleichung (2.28c) auftretende Energiestromdichte kann in der Form

$$Q_e^{\text{TMM}} = \frac{5}{3}\varepsilon\Gamma_e - \frac{5}{3}D_e n_e \partial_x\varepsilon - \frac{m_e}{3}\bar{v}_e^2\Gamma_e \quad (6.4)$$

geschrieben werden. Bis auf den Term $m_e\bar{v}_e^2/3$ in Gleichung (6.4) sind Q_e^{DDA} und Q_e^{TMM} somit identisch. Insbesondere macht der Vergleich von (6.3) und (6.4) deutlich, dass die vereinfachte, nichtkonsistente Bestimmung des Energiediffusionskoeffizienten gemäß $\tilde{D}_e = 5\varepsilon D_e/3$ auf die in dem TMM-Modell verwendete Form des Wärmestroms führt.

Die Abbildung 6.17 zeigt den Einfluss der einzelnen Terme $Q_{e,j}$ in den Gleichungen (6.3) und (6.4) im stationären Zustand des hier betrachteten Referenzmodells. Hier wird deutlich, dass der Einfluss des Terms $m_e\Gamma_e\bar{v}_e^2/3$ in der Gleichung 6.4 vernachlässigbar ist. Diese Tatsache ist auf die kleine Masse und die moderaten Werte der mittleren Geschwindigkeit der Elektronen zurückzuführen. Die wesentlichen Beiträge zum Energiestrom liefert der Wärmestrom $\dot{q}_e = -5D_e n_e \partial_x\varepsilon/3$ und der Term $5\varepsilon\Gamma_e/3$.

Bei der Herleitung der Drift-Diffusionsnäherung für die Teilchenstromdichten (vgl. Abschnitt 2.3) wird die Annahme getroffen, dass die Zeitableitung in der Impulsbilanzgleichung vernachlässigt werden kann. Für die Impulsbilanzgleichung (2.28b)

6 Ergebnisse der Modellierung anisothermer Argonplasmen

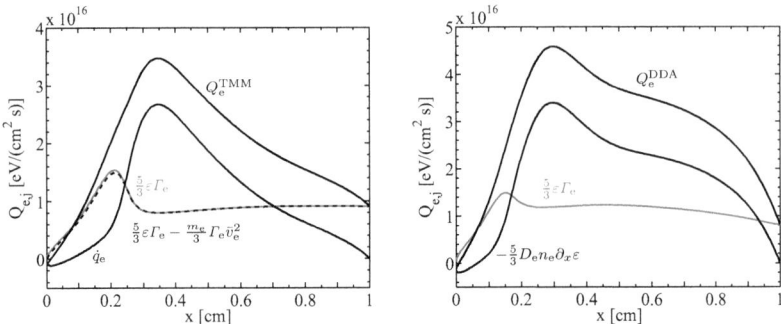

Abbildung 6.17: Beiträge zur Energiestromdichte der Elektronen im stationären Zustand bei Verwendung des Mehr-Momenten-Modells (links) und des Drift-Diffusionsmodells (rechts)

der Elektronen führt diese Annahme unmittelbar auf die Beziehung

$$\Gamma_e^{\text{TMM}} = -\frac{1}{\nu_e}\partial_x\left(\frac{2}{3}\Gamma_e\bar{v}_e + \frac{2}{3m_e}w_e\right) - \frac{e_0}{m_e\nu_e}n_eE\,. \tag{6.5}$$

Dieser Ausdruck ist zu vergleichen mit der im DDA-Modell verwendeten Drift-Diffusionsnäherung gemäß Gleichung (2.42a)

$$\Gamma_e^{\text{DDA}} = -\partial_x\left(D_e n_e\right) - b_e E\, n_e\,. \tag{6.6}$$

Die Abbildung 6.18 zeigt, dass der Term $2\Gamma_e\bar{v}_e/3$ in Gleichung (6.5) im stationären Zustand der betrachteten Entladungssituation keinen Einfluss hat. Das Vernachlässigen dieses Terms in (6.5) liefert wegen $w_e = \varepsilon n_e$ den Ausdruck

$$\Gamma_e^{\text{TMM}} = -\frac{1}{\nu_e}\partial_x\left(\frac{2\varepsilon}{3m_e}n_e\right) - \frac{e_0}{m_e\nu_e}n_eE\,. \tag{6.7}$$

An dieser Stelle ist anzumerken, dass die neue Drift-Diffusionsnäherung DDAn (vgl. Gleichung (2.37a)) dieser Form entspricht, wobei in (2.37a) durch den Koeffizienten ξ_1 zusätzlich der hier vernachlässigte Anisotropiebeitrag $2\Gamma_e\bar{v}_e/3$ berücksichtigt wird. Die konventionelle Drift-Diffusionsnäherung (6.6) ist dagegen nur dann in Übereinstimmung mit (6.7), wenn die Impulsdissipationsfrequenz ν_e räumlich konstant ist. In diesem Fall folgen für den Diffusionskoeffizienten und die Beweglichkeit die Be-

6.2 Vergleich und Diskussion der Fluid-Modelle

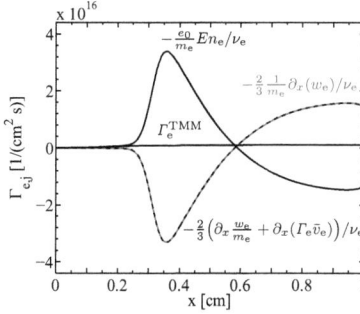 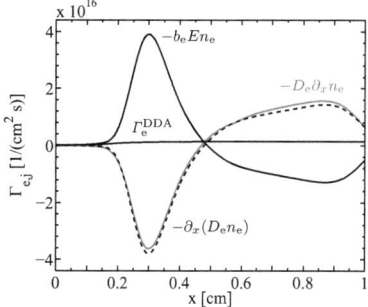

Abbildung 6.18: Beiträge zur Teilchenstromdichte der Elektronen im stationären Zustand bei Verwendung des Mehr-Momenten-Modells (links) und des Drift-Diffusionsmodells (rechts)

ziehungen [21]

$$D_\mathrm{e} = \frac{1}{3}\left\langle v^2/\nu_\mathrm{e}\right\rangle_\mathrm{e} = \frac{1}{3\nu_\mathrm{e}}\left\langle v^2\right\rangle_\mathrm{e} = \frac{2\varepsilon}{3\,m_\mathrm{e}\,\nu_\mathrm{e}} \quad \text{und} \quad b_\mathrm{e} = \frac{e_0}{m_\mathrm{e}\,\nu_\mathrm{e}} \qquad (6.8)$$

und somit die Gleichheit von (6.6) und (6.7). Jedoch ist aufgrund der räumlich stark variierenden mittleren Energie die Annahme einer konstanten Impulsdissipationsfrequenz in den betrachteten Entladungssituationen nicht gerechtfertigt, was – neben dem Einfluss der Randbedingungen – zu den Abweichungen in den Modellergebnissen des TMM-Modells und des DDA-Modells führt. Die Feststellung, dass das konventionelle Drift-Diffusionsmodell unter Umständen zu fehlerbehafteten Ergebnissen führt, hat auch Bløtekjær [256] bei dem Vergleich von Halbleitermodellen gemacht. Werden die Transportkoeffizienten in dem konventionellen, konsistenten Drift-Diffusionsmodell DDAk nicht mittels der LMEA, sondern raum- und zeitabhängig im Rahmen eines Hybrid-Modells durch Lösung der Boltzmann-Gleichung bestimmt, tritt die beschriebene Problematik nicht auf.

Die Abbildung 6.18 zeigt weiterhin, dass sich der diffusive Beitrag und der Driftbeitrag zur Elektronenstromdichte weitgehend kompensieren. Im Kathodengebiet dominiert die Drift, wogegen im negativen Glimmlicht aufgrund des dort schwachen elektrischen Feldes der Diffusionsbeitrag dominiert. Die Tatsache, dass Γ_e als Differenz zweier wesentlich größeren Beiträge bestimmt wird macht deutlich, dass eine genaue Beschreibung sowohl der Drift als auch der Diffusion erforderlich ist. Vor diesem Hintergrund zeigt der Vergleich der Terme $\partial_x(D_\mathrm{e} n_\mathrm{e})$ und $D_\mathrm{e}\partial_x n_\mathrm{e}$ in Abbildung 6.18, dass wegen der räumlich nichtkonstanten mittleren Energie der Diffusionskoeffizient nicht aus der partiellen Ableitung herausgezogen werden darf. Mit

6 Ergebnisse der Modellierung anisothermer Argonplasmen

anderen Worten, der thermoelektrische Effekt, dass der Teilchenstrom durch den Gradienten der mittleren Energie beeinflusst wird, kann nicht vernachlässigt werden.

Für die Ionen und metastabilen Schwerteilchen folgt mit dem Vernachlässigen der Zeitableitung in der Impulsbilanzgleichung (2.28e) der Ausdruck

$$\Gamma_h^{\text{TMM}} = -\frac{1}{\nu_h}\partial_x\left(\Gamma_h \bar{v}_h + \frac{k_B T_g}{m_h}n_h\right) + \frac{q_h}{m_h \nu_h}n_h E \, . \tag{6.9}$$

In dem Fall, dass die Schwerteilchentemperatur T_g räumlich konstant ist, stimmt dieser Ausdruck bis auf den Term $\partial_x(\Gamma_h \bar{v}_h)/\nu_h$ mit der Drift-Diffusionsnäherung

$$\Gamma_h^{\text{DDA}} = -D_h \partial_x n_h + \text{sgn}(q_h) b_h E\, n_h \tag{6.10}$$

überein, da der Diffusionskoeffizient D_h, die Beweglichkeit b_h und die Impulsübertragungsfrequenz ν_h der Schwerteilchen in der Beziehung

$$D_h = \frac{k_B T_g}{|q_h|}b_h = \frac{k_B T_h}{m_h \nu_h} \tag{6.11}$$

stehen (vgl. Abschnitt 2.1.2). In der Abbildung 6.19 ist zu sehen, dass der Term $\partial_x(\Gamma_h \bar{v}_h)/\nu_h$ für die Ar$^+$-Ionen einen schwachen Einfluss im Kathodengebiet hat und im negativen Glimmlicht vernachlässigt werden kann. Die Stromdichte der meta-

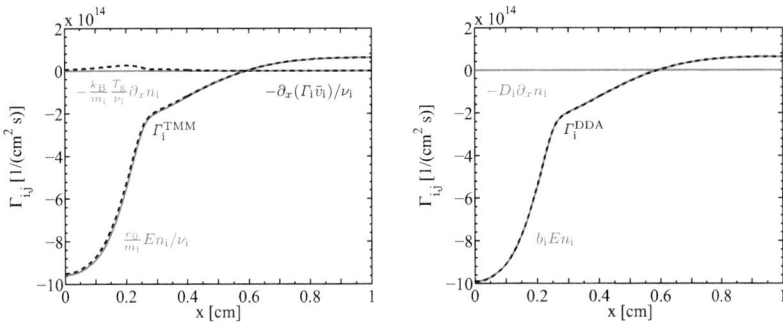

Abbildung 6.19: Beiträge zur Teilchenstromdichte der Ar$^+$-Ionen bei Verwendung des Mehr-Momenten-Modells (links) und des Drift-Diffusionsmodells (rechts)

stabilen Atome wird im gesamten Gebiet von dem Diffusionsbeitrag dominiert. Das heißt, für diese bietet das Drift-Diffusionsmodell eine gute Beschreibung, solange die Zeitableitung der Teilchenstromdichte eine untergeordnete Rolle spielt.

Die Ionenstromdichte wird nahezu im gesamten Entladungsgebiet von dem Drift-

6.2 Vergleich und Diskussion der Fluid-Modelle

beitrag dominiert. Lediglich in einer kleinen Umgebung des Punktes, in dem das elektrische Feld identisch Null ist ($x \approx 0.6$ cm), ist der Diffusionsbeitrag von Bedeutung.

Die Abbildung 6.19 zeigt, dass der Ionentransport von dem TMM-Modell und dem DDA-Modell in gleicher Weise beschrieben wird. Die kleineren Abweichungen sind auf Unterschiede in dem stationären elektrischen Feld zurückzuführen, die von dem Einfluss der Randbedingungen sowie des Elektronentransports hervorgerufen werden. Diese Aussage wird durch die in Abbildung 6.20 gezeigten Ergebnisse bestätigt. Hier ist die zeitliche Entwicklung des über alle Ortspunkte gemittelten rela-

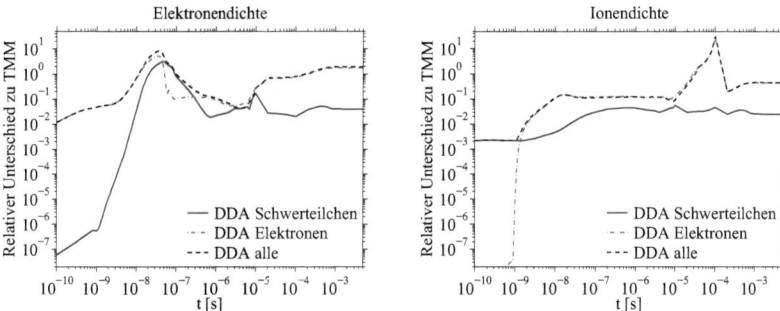

Abbildung 6.20: Relativer Unterschied zu den Ergebnissen des TMM-Modells in der Elektronendichte (links) und der Ionendichte (rechts) bei Verwendung des DDA-Modells nur für die Elektronen, nur für die Schwerteilchen und für alle Spezies

tiven Unterschieds zwischen den Ergebnissen des DDA-Modells und den Ergebnissen des TMM-Modells für die Elektronendichte und die Ionendichte dargestellt. Es werden die Fälle betrachtet, dass nur die Elektronen, nur die Schwerteilchen bzw. alle Spezies mit den entsprechenden Gleichungen des DDA-Modells beschrieben werden. Dabei zeigt sich, dass die Unterschiede in den Modellergebnissen nahezu während der gesamten zeitlichen Entwicklung von der Elektronenkomponente verursacht werden.

In dem Abschnitt 6.2 wurden die in dieser Arbeit betrachteten Modelle zur Beschreibung anisothermer Plasmen ausführlich diskutiert und die Resultate am Beispiel einer anomalen Glimmentladung miteinander verglichen. Es wurde gezeigt, dass eine konsistente Beschreibung des Energietransports wesentlich ist, wenn nichtlokale Effekte für das Entladungsverhalten von Bedeutung sind. Ein Vergleich der Ergebnisse der Drift-Diffusionsmodelle mit den Resultaten eines kinetischen Modells in Abschnitt 6.2.1, der Vergleich zwischen den Resultaten der Drift-Diffusionsmodelle

6 Ergebnisse der Modellierung anisothermer Argonplasmen

in Abschnitt 6.2.2 und die Gegenüberstellung eines Mehr-Momenten-Modells und eines Drift-Diffusionsmodells in Abschnitt 6.2.3 ergab, dass die in dieser Arbeit vorgeschlagenen neuartigen Modellansätze den konventionellen Modellen in Bezug auf die Genauigkeit überlegen sind. Des Weiteren haben die in Abschnitt 6.2.3 durchgeführten Untersuchungen gezeigt, dass die Beschreibung des Elektronentransports mit dem konventionellen Drift-Diffusionsmodell – außer der Vernachlässigung der Zeitableitung – die unrealistische Annahme beinhaltet, dass die Impulsdissipationsfrequenz der Elektronen räumlich konstant ist. Diese Annahme ist in dem neuen Drift-Diffusionsansatz DDAn nicht enthalten.

Nach der durchgeführten Analyse der Fluid-Modelle anhand des Referenzmodells einer anomalen Glimmentladung in Argon, werden diese nun zur Beschreibung einer RF-Entladung bei Niederdruck, einer gepulsten Atmosphärendruckentladung und einer dielektrisch behinderten Entladung bei Atmosphärendruck eingesetzt.

6.3 Modellierung einer kapazitiv gekoppelten RF-Entladung

Radio-Frequenz-Entladungen werden in vielen technischen Anwendungen, wie z. B. bei der Funktionalisierung von Oberflächen und Materialien, eingesetzt [28, 82, 257–259]. Es wird zwischen induktiv gekoppelten und kapazitiv gekoppelten RF-Entladungen unterschieden. Bei ersteren findet die Anregung durch ein alternierendes Magnetfeld statt, so dass das Plasma in keinem Kontakt mit den Elektroden steht. Bei den hier betrachteten kapazitiv gekoppelten RF-Entladungen steht das Plasma in direktem oder indirektem (wenn die Elektroden dielektrisch abgeschirmt sind) Kontakt mit den Elektroden und wird durch ein elektrisches Feld angeregt. Typischerweise wird eine sinusförmige Spannung mit einer Frequenz von 13.56 MHz vorgegeben [257].

Aufgrund des Koppelkondensators zwischen RF-Generator und gespeister Elektrode und der häufig genutzten Asymmetrie in der Größe der Elektroden, stellt sich in RF-Entladungen an der gespeisten Elektrode eine negative Gleichspannung V_{bias} ein, die als Bias-Spannung oder *self bias* bezeichnet wird und sich der Wechselspannung überlagert [4, 257]. Dadurch wird der Mittelwert des Spannungsverlaufs um den Wert V_{bias} verschoben. Die Asymmetrie in der Größe der Elektroden ergibt sich in der Regel daraus, dass die Wand des Plasmareaktors die geerdete Elektrode repräsentiert und die gespeiste Elektrode eine deutlich kleinere Fläche besitzt. Die Bias-Spannung gewährleistet, dass der Entladungsstrom an beiden Elektroden gleich ist. Aus anwendungsorientierter Sicht begünstigt die Bias-Spannung das Auftreten hoher Ionenenergien, die für den gewünschten Prozess ausgenutzt werden können [6, 257].

6.3 Modellierung einer kapazitiv gekoppelten RF-Entladung

Das hier betrachtete Modell einer kapazitiv gekoppelten RF-Entladung in Argon bei einem Gasdruck von 5 Pa basiert auf dem Plasmareaktor PULVA-INP, der zur Analyse des Verhaltens staubiger Teilchen mit einem Argonplasma eingesetzt wurde [242]. Für diesen Reaktor wurden von Sigeneger et al. [242, 260] 2D-Modellrechnungen durchgeführt. Hier wird das axiale Entladungsverhalten mit einem räumlich eindimensionalen Modell beschrieben. Da die Bias-Spannung V_{bias} im Rahmen eines 1D-Modells nicht selbstkonsistent bestimmt werden kann, wird diese gemäß den Resultaten des 2D-Modells aus [260] vorgegeben. An der gespeisten Elektrode bei $x = 0$ (vgl. Abbildung 2.2a) wird die sinusförmige Spannung

$$U_0(t) = V_0 \sin(2\pi f t) - V_{\text{bias}} \tag{6.12}$$

mit einer Frequenz von $f = 1/T = 13.56\,\text{MHz}$, der Spannungsamplitude $V_0 = -385\,\text{V}$ und der Bias-Spannung $V_{\text{bias}} = 356\,\text{V}$ vorgegeben. Die geerdete Elektrode befindet sich in einem Abstand von $d = 10\,\text{cm}$. Die weiteren Entladungsparameter sind in Tabelle 6.2 zusammengefasst. Die Beschreibung der Reaktionskinetik erfolgt gemäß der Tabellen A.1–A.3. Als Randbedingungen für die Bilanzgleichungen wer-

Tabelle 6.2: Entladungsparameter der RF-Entladung

Symbol	Bedeutung	Wert
p	Gasdruck	5 Pa
T_g	Schwerteilchentemperatur	300 K
d	Elektrodenabstand	10 cm
V_0	Spannungsamplitude	-385 V
V_{bias}	Bias-Spannung	356 V
f	Frequenz	13.56 MHz
γ	Sekundärelektronenemissionskoeffizient	0.1
ε^γ	mittlere Energie der Sekundärelektronen	5 eV
r_e	Reflexionskoeffizient der Elektronen	0.3
r_i	Reflexionskoeffizient der Ionen	5×10^{-4}
r_m	Reflexionskoeffizient der metastabilen Atome	0.3

den die in dem Kapitel 4 genannten Reflexionsbedingungen unter Berücksichtigung der Sekundärelektronenemission vorgegeben.

In der Abbildung 6.21 sind die reduzierten Feldänderungsfrequenzen für einen Gasdruck von 1–133 Pa im Vergleich mit den Impulsübertragungsfrequenzen der Elektronen und Schwerteilchen sowie der Dissipationsfrequenz der Energiestromdichte dargestellt. Die Gegenüberstellung zeigt, dass für den betrachteten Gasdruck von $p = 5\,\text{Pa}$ die Feldänderungsfrequenz in der gleichen Größenordnung (Elektronen) bzw. größer (Schwerteilchen) als die Impulsdissipationsfrequenzen ist. Somit

6 Ergebnisse der Modellierung anisothermer Argonplasmen

kann die Zeitableitung in der Impulsbilanzgleichung sowohl für die Elektronen als auch für die Schwerteilchen nicht vernachlässigt werden. Aus diesem Grund wird

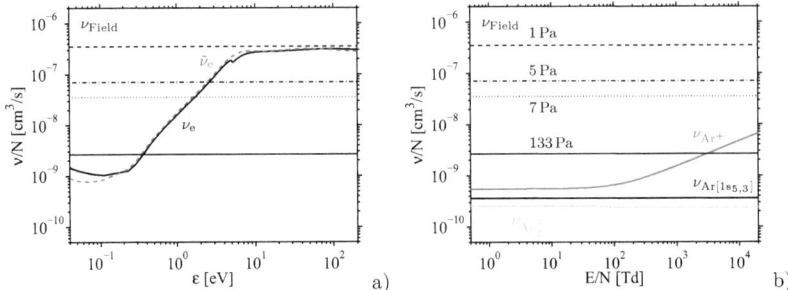

Abbildung 6.21: Impulsübertragungsfrequenzen der Elektronen (a) und Schwerteilchen (b) sowie die Dissipationsfrequenz der Elektronenenergiestromdichte im Vergleich mit der reduzierten Feldänderungsfrequenz ν_{Field}/N in 13.56 MHz RF-Entladungen bei einer Schwerteilchentemperatur von 300 K und einem Gasdruck von 1–133 Pa

zur Beschreibung der RF-Entladung das Mehr-Momenten-Modell TMM (2.28) eingesetzt. Da die betrachtete Entladungssituation in dem Grenzbereich des möglichen Einsatzgebiets von Fluid-Modellen liegt, sind die Ergebnisse kritisch zu betrachten. Es ist zu erwarten, dass in dem Entladungsverhalten nichtlokale Effekte auftreten, die nach den Ergebnissen aus Abschnitt 6.2 mit dem Mehr-Momenten-Modell TMM nur sehr eingeschränkt bzw. gar nicht beschrieben werden können. In zukünftigen Arbeiten ist ein Vergleich der Ergebnisse mit Resultaten des Vier-Momenten-Modells 4MM bzw. von Hybrid-Modellen oder PIC-MCC-Simulationen[2] zur Validierung der Ergebnisse nötig.

Der Einsatz des 4MM-Modells bzw. des neuen Drei-Momenten-Modells 3MMn für die Elektronen zur Beschreibung der betrachteten Entladung war aus Gründen der Rechenzeit im Rahmen dieser Arbeit nicht möglich. Aufgrund der langsamen Reaktionszeit der metastabilen Atome sind ausgehend von einem quasineutralen Plasma mit konstanten Dichten etwa 5×10^4 Perioden bis zum Erreichen eines periodischen Zustands zu rechnen. Dieses Problem kann mit der Nutzung eines beschleunigten Iterationsverfahrens umgangen werden, bei dem nicht die gesamte zeitliche Entwicklung beschrieben wird, sondern ein nichtlineares Gleichungssystem gelöst wird, welches den periodischen Zustand beschreibt [33, 104]. Die Umsetzung eines solchen, auf die Modellierung von RF-Entladungen ausgerichteten Verfahrens war jedoch nicht Zielstellung dieser Arbeit. Erste Ergebnisse des Vier-Momenten-Modells 4MM für die hier betrachtete Entladungssituation unter Verwendung des reduzierten Reakti-

---
[2] PIC = Particle-In-Cell, MCC = Monte Carlo Collision

6.3 Modellierung einer kapazitiv gekoppelten RF-Entladung

onsschemas gemäß Tabelle A.4 im Anhang A zeigen die prinzipielle Anwendbarkeit des 4MM-Modells zur Beschreibung von RF-Entladungen bei Niederdruck.

Aufgrund der in Abschnitt 6.1 genannten Probleme bei der Verwendung von FCT-Verfahren zur Modellierung von RF-Entladungen, werden Upwind-Verfahren (vgl. Abschnitt 5.3.1) zur Diskretisierung der Bilanzgleichungen mit $N_x = 501$ äquidistanten Gitterpunkten und einer Zeitschrittweite von $\Delta t = 20$ ps eingesetzt. Unter diesen Bedingungen beträgt die zur Bestimmung eines periodischen Zustands benötigte Rechenzeit etwa eine Woche auf einem handelsüblichen PC.

Die Ergebnisse der Modellrechnungen für den zeitlichen Verlauf der Randschichtspannungen

$$U_0^{rs}(t) = U_0(t) - \Phi(d/2,t) \quad \text{und} \quad U_d^{rs}(t) = -\Phi(d/2,t) \quad (6.13)$$

sowie für die Beiträge zur Gesamtstromdichte

$$I_g(x,t) = \varepsilon_0 \partial_t E(x,t) + \sum_s q_s \Gamma_s(x,t) \quad (6.14)$$

an den beiden Elektroden sind zusammen mit der angelegten RF-Spannung U_0 gemäß Gleichung (6.12) in der Abbildung 6.22 veranschaulicht. In (6.14) stellt der erste Term den Verschiebungsstrom dar und der zweite Term beschreibt den Gesamtteilchenstrom. Die Summe beider Beiträge ist zu jedem Zeitpunkt konstant über das Entladungsgebiet, jedoch variiert die Dominanz der einzelnen Beiträge.

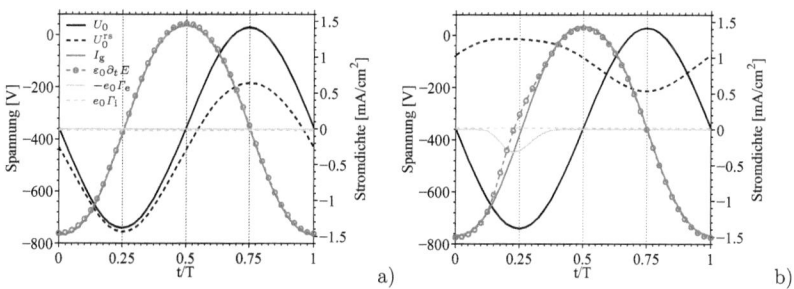

Abbildung 6.22: Zeitliche Entwicklung der Spannungen und Stromdichten an der gespeisten Elektrode bei $x = 0$ (a) sowie an der geerdeten Elektrode bei $x = 10$ cm (b).

Die Abbildung 6.22 macht die für RF-Entladungen typische Phasenverschiebung um 90° in dem periodischen Verhalten von Strom und Spannung sichtbar. Aufgrund der vorgegebenen Bias-Spannung von 356 V ist die Randschichtspannung der gespeisten Elektrode bei $x = 0$ wesentlich größer als die Spannung, die über die Randschicht

6 Ergebnisse der Modellierung anisothermer Argonplasmen

vor der geerdeten Elektrode bei $x = 10$ cm abfällt. Die Darstellung der Beiträge zur Gesamtstromdichte an den beiden Elektroden in Abbildung 6.22 verdeutlicht, dass an der gespeisten Elektrode zu jedem Zeitpunkt der Verschiebungsstrom den wesentlichen Beitrag liefert (vgl. Abbildung 6.22a). An der geerdeten Elektrode trägt dagegen der Elektronenstrom etwa bei $t = T/4$ wesentlich zum Gesamtstrom bei (vgl. Abbildung 6.22b). Dies ist der Zeitpunkt, zu dem die Elektronen die Elektrode erreichen und die Randschicht kollabiert. Die Asymmetrie in dem Verhalten wird durch die vorgegebene Bias-Spannung hervorgerufen. In dem dargestellten periodischen Gleichgewichtszustand ist der Netto-Strom

$$I_\mathrm{n} = \frac{1}{T} \int_0^T I_\mathrm{g}(\tau)\,\mathrm{d}\tau \tag{6.15}$$

identisch Null.

Das raumzeitliche Verhalten der Ladungsträger, der atomaren Argonzustände, des elektrischen Potenzials sowie der mittleren Energie der Elektronen ist in der Abbildung 6.23 dargestellt. Die ebenfalls berücksichtigten Molekülzustände haben in der betrachteten Niederdruckentladung keine Bedeutung.

Die Abbildung 6.23a zeigt die Dichten der Elektronen und der Ar^+-Ionen. Anders als bei den in den folgenden beiden Abschnitten betrachteten Atmosphärendruckentladungen, spielen hier die Ar_2^+-Ionen aufgrund der geringen Reaktionsrate ihrer Erzeugung durch den Dreierstoßprozess

$$\mathrm{Ar}^+ + 2\mathrm{Ar} \longrightarrow \mathrm{Ar}_2^+ + \mathrm{Ar}$$

keine Rolle. Die Darstellung der Ladungsträger in der Abbildung 6.23a veranschaulicht, dass lediglich die Elektronen in der Randschicht zeitlich variieren und sich die Ionendichte quasistationär einstellt. Da die Elektronen in entgegengesetzter Richtung zu dem elektrischen Feld driften, erreichen diese die geerdete Elektrode in der negativen Halbperiode und fliegen in der positiven Halbperiode in Richtung gespeister Elektrode. Als Folge der Bias-Spannung V_bias ist der Elektronenstrom auf die gespeiste Elektrode deutlich schwächer als der auf die geerdete Elektrode und beeinflusst kaum den in Abbildung 6.22a gezeigten Gesamtstrom an der gespeisten Elektrode. Da die Plasmafrequenz

$$\omega_\mathrm{i} = \sqrt{\frac{n_\mathrm{i} e_0^2}{m_\mathrm{i} \varepsilon_0}} \tag{6.16}$$

der Ionen kleiner ist als die Anregungsfrequenz ω_RF, können diese dem elektrischen Feld nicht folgen. Daraus resultiert, dass die Dichte der Ionen im periodischen Zustand zeitlich konstant ist. Auf Grund der kleinen Masse der Elektronen ist die

6.3 Modellierung einer kapazitiv gekoppelten RF-Entladung

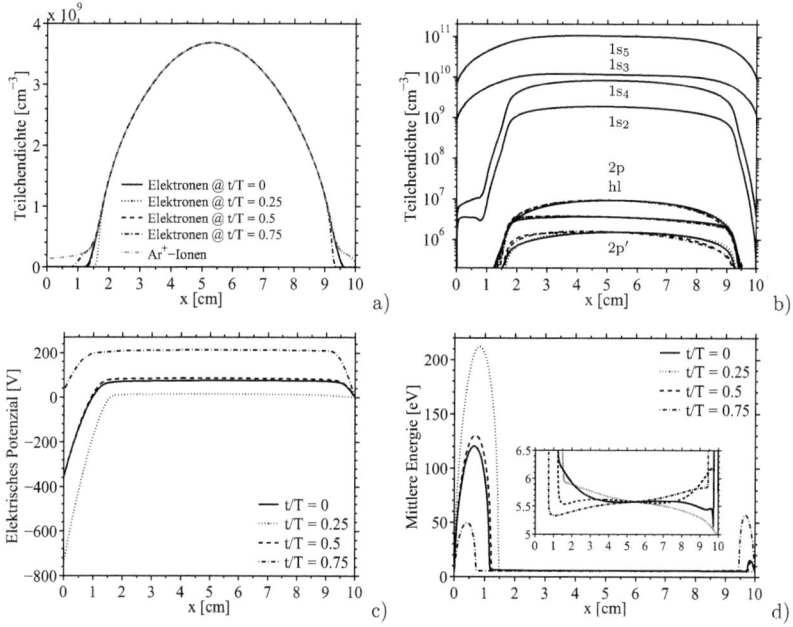

Abbildung 6.23: Raumzeitliche Entwicklung der Ladungsträger (a), der Neutralteilchen (b), des elektrischen Potenzials (d) und der mittleren Energie der Elektronen (d). Die Dichten der Ar[2p], Ar[2p′] und Ar*[hl]-Niveaus sind zu den Zeitpunkten $t/T = 0$ (durchgezogene Linie), $t/T = 1/4$ (gestrichelte Linie), $t/T = 1/2$ (gepunktete Linie) und $t/T = 3/2$ (gepunktstrichelte Linie) dargestellt.

Plasmafrequenz der Elektronen

$$\omega_e = \sqrt{\frac{n_e e_0^2}{m_e \varepsilon_0}} \qquad (6.17)$$

wesentlich größer als ω_{RF}. Es gilt die für RF-Entladungen typische Relation [261]

$$\omega_i \approx 12.69\,\text{MHz} < \omega_{RF} = 13.56\,\text{MHz} \ll \omega_e \approx 3.43\,\text{GHz}\,. \qquad (6.18)$$

Ebenso wie die Ionendichte, sind auch die Dichten der in Abbildung 6.23b gezeigten Neutralteilchen nahezu zeitunabhängig. Lediglich die Teilchendichten der oberen Energieniveaus 2p, 2p′ und hl variieren geringfügig mit der Zeit. Dies ist darauf zurückzuführen, dass für diese die Grundzustandsanregung wesentlich zum Teilchengewinn beiträgt. Die Darstellung der Ratenkoeffizienten in Abbildung B.5 im Anhang B.5 zeigt, dass geringe Änderungen in der mittleren Energie der Elektronen, für den hier vorliegenden Energiebereich von $5\,\text{eV} < \varepsilon < 6\,\text{eV}$ (vgl. Vergrößerung in Abbildung 6.23d), bereits zu großen Änderungen in den Ratenkoeffizienten der Grundzustandsanregung durch Elektron-Neutralteilchenstöße führen. Dagegen tragen Strahlungsübergänge aus den 2p- und 2p'-Niveaus wesentlich zum Gewinn der Energieniveaus $1s_2$–$1s_5$ bei. Der Verlust von $\text{Ar}[1s_4]$-, $\text{Ar}[1s_2]$-, $\text{Ar}[2p]$-, $\text{Ar}[2p']$- und $\text{Ar}^*[\text{hl}]$-Atomen erfolgt im Wesentlichen durch Strahlungsübergänge, wogegen der Verlust der metastabilen Argonatome $\text{Ar}[1s_5]$ und $\text{Ar}[1s_3]$ dominiert wird von den Anregungsprozessen

$$\text{M} + \text{e} \longrightarrow \text{Ar}[2p] + \text{e}\,, \quad \text{M} = \text{Ar}[1s_5],\, \text{Ar}[1s_3]\,.$$

Die in der Abbildung 6.23c dargestellte raumzeitliche Entwicklung des elektrischen Potenzials zeigt, dass das Plasmapotenzial im Vergleich zu dem Potenzial an der gespeisten Elektrode nur schwach variiert. Dies ist auf den großen Wert der Bias-Spannung zurückzuführen, die nahezu den maximal möglichen Wert annimmt. Um den fast konstanten Ionenstrom auf die Oberfläche zu kompensieren, muss den Elektronen die Möglichkeit gegeben werden, die Elektrode zu erreichen. Dazu muss die Randschicht zu einem Zeitpunkt kollabieren, das heißt die Bias-Spannung V_{bias} kann nicht größer als die Spannungsamplitude V_0 sein. Die Randschichtdicken von etwa 1.5 cm an der gespeisten Elektrode und etwa 0.5 cm an der geerdeten Elektrode stimmen gut mit den Resultaten des 2D-Modells aus [260] überein.

Die Abbildung 6.23d veranschaulicht das raumzeitliche Verhalten der mittleren Energie der Elektronen. Vor der gespeisten Elektrode bei $x = 0$ ist zu jedem Zeitpunkt ein Anwachsen der mittleren Energie zu beobachteten. Dagegen findet vor der geerdeten Elektrode bei $x = 10\,\text{cm}$ zum Zeitpunkt $t = T/4$ kein Anstieg statt. Dieses Verhalten korreliert mit dem kleinen Randschichtpotenzial und der damit verbundenen geringen elektrischen Feldstärke zu diesem Zeitpunkt.

Wie auch in der zuvor betrachteten Gleichstromentladung, ist der Anstieg der mittleren Energie auf den Energiegewinn durch Joulesche Heizung zurückzuführen. Dies wird von dem in Abbildung 6.24 dargestellten, zeitlich gemittelten Energiehaushalt bestätigt. Die Abbildung 6.24 zeigt, dass mit dem Erreichen des Plasmabulks insbesondere der Energieverlust in anregenden und ionisierenden Stößen zunimmt, was zu der Verringerung der mittleren Energie der Elektronen an der Grenze der Randschicht führt. Den wesentlichen Beitrag zum Energieverlust liefert dabei die Grundzustandsanregung. Im Plasmabulk ist die mittlere Energie räumlich nahezu konstant und hat hier einen Wert von etwa 5.5 eV. Die Abbildung 6.24 zeigt weiterhin, dass der Einfluss elastischer Stöße sowie der Einfluss von Chemo-Ionisationsprozessen auf den Energieverlust gering ist. Der Energieverlust durch Rekombination von Ladungsträgern spielt in der betrachteten Entladungssituation

6.3 Modellierung einer kapazitiv gekoppelten RF-Entladung

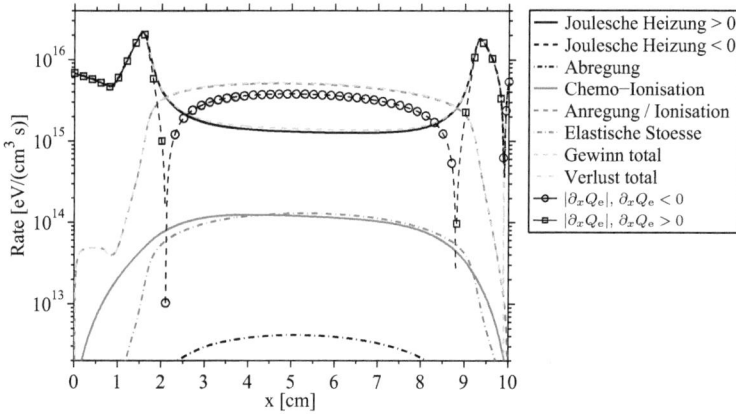

Abbildung 6.24: Zeitlich gemittelte Energiegewinn- und Energieverlustraten

ebenfalls keine Rolle. Der Energiegewinn durch Joulesche Heizung und Energieverlust in Stoßprozessen wird im zeitlichen Mittel kompensiert durch die Divergenz des Energiestroms[3].

Die raumzeitliche Variation der Ionisationsraten ist in Abbildung 6.25 gezeigt. Aufgrund der zeitlichen Variation der Elektronendichte in den Elektrodengebie-

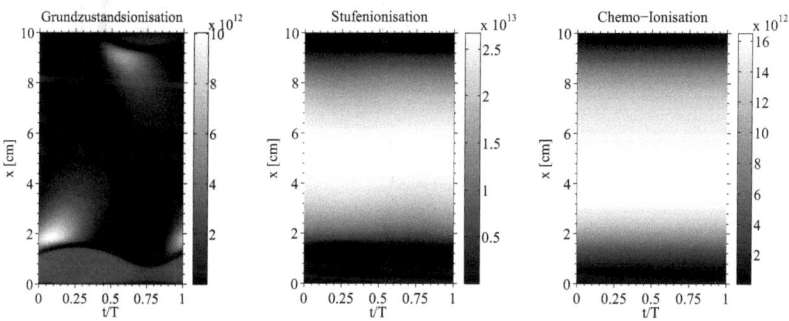

Abbildung 6.25: Raumzeitliche Entwicklung der Beiträge zur Ionisationsrate in $1/\text{cm}^3\text{s}$

ten variiert auch die Rate der Grundzustandsionisation erheblich mit der Zeit. Die höchsten Raten werden im Übergangsgebiet von der Randschicht zum Plasmabulk erreicht, wo insbesondere durch den Chemo-Ionisationsprozess

---
[3]Da die Zeitableitung der Energiedichte der Elektronen im zeitlichen Mittel identisch Null ist, ist die Divergenz des Energiestroms gleich der Differenz aller energieerzeugenden und aller energievernichtenden Stoßprozesse.

6 Ergebnisse der Modellierung anisothermer Argonplasmen

$$\mathrm{Ar}[1s_5] + \mathrm{Ar}[1s_5] \longrightarrow \mathrm{Ar}^+ + e + \mathrm{Ar}[1p_0]$$

bereits Elektronen produziert werden, die Stufenionisation jedoch noch eine geringere Bedeutung besitzt. Die Stufen- und Chemo-Ionisationsraten variieren dagegen kaum mit der Zeit. Dies ist darauf zurückzuführen, dass sich die Dichten der dominierenden angeregten Spezies quasistationär einstellen. Die Verschiebung des Maximums in der Chemo-Ionisationsrate in Richtung gespeister Elektrode korreliert mit einer entsprechenden Asymmetrie in den Dichten der angeregten Spezies, welche auf die Bias-Spannung zurückzuführen ist. Im Plasmabulk ist hauptsächlich die Stufenionisation für die Ladungsträgerproduktion verantwortlich. Wie auch in der zuvor betrachteten Entladungssituation einer anomalen Glimmentladung spielt der Verlust von Ladungsträgern durch Rekombination hier keine Rolle. Der Ladungsträgergewinn wird im zeitlichen Mittel in jedem Punkt des Entladungsgebiets durch die Divergenz der Teilchenströme kompensiert.

In diesem Abschnitt wurde das Mehr-Momenten-Modell TMM, in dem die Elektronen gemäß des konventionellen Drei-Momenten-Modells 3MMk beschrieben werden, erfolgreich zur Untersuchung einer Niederdruckentladung eingesetzt. Hier nicht gezeigte Ergebnisse von Modellrechnungen mit dem DDA-Modell (vgl. Tabelle 2.2) bestätigen, dass die Drift-Diffusionsnäherung zur Beschreibung der betrachteten Entladung ungeeignet ist. Die Vernachlässigung der Trägheitsterme in den Impulsbilanzgleichungen führt zu erheblichen Fehlern in den Modellergebnissen.

Erste Ergebnisse des Vier-Momenten-Modells 4MM, die auf Grundlage der reduzierten Reaktionskinetik gemäß der Tabelle A.4 im Anhang A bestimmt wurden, zeigen, dass Niederdruck RF-Entladungen prinzipiell mit dem 4MM-Modell beschrieben werden können. In weiteren Arbeiten müssen Vergleichsrechnungen unter Berücksichtigung einer detaillierteren Reaktionskinetik durchgeführt werden.

6.4 Analyse einer gepulsten Atmosphärendruckentladung

Atmosphärendruckentladungen haben gegenüber den bisher betrachteten Niederdruckentladungen den Vorteil, dass keine Vakuumkammer zum Betreiben der Entladung erforderlich ist. Dies ermöglicht vielfältige Anwendungen, wie z. B. die Reinigung komplexer Oberflächen oder die medizinische Behandlung kranken Gewebes mit sogenannten Plasma-Jets [89]. Ein Nachteil von Atmosphärendruckentladungen ist, dass gemäß des Paschen-Gesetzes[4] bei gleichem Elektrodenabstand wesentlich höhere Spannungen benötigt werden, um die Entladung zu zünden [262]. Die Ursache

---

[4]Das Paschen-Gesetz ist benannt nach Friedrich Paschen (1865–1947).

6.4 Analyse einer gepulsten Atmosphärendruckentladung

dieses Verhaltens ist, dass aufgrund der höheren Gasdichte die mittlere freie Weglänge der Elektronen kleiner ist als bei Niederdruckentladungen (vgl. Abbildung 1.1). Somit gewinnen die Elektronen bei gleicher Feldstärke weniger Energie und es finden bei zu geringen angelegten Spannungen keine ionisierenden Stöße statt. Zur Umgehung dieses Nachteils werden bei dem Betrieb von Atmosphärendruckentladungen oft sehr kleine Elektrodenabstände verwendet [5].

In der hier betrachteten Entladungssituation beträgt der Elektrodenabstand 1 cm, so dass eine hohe Spannung zum Zünden der Entladung benötigt wird. Das betrachtete räumlich eindimensionale Entladungsmodell einer gepulsten Atmosphärendruckentladung in Argon basiert auf dem experimentellen Aufbau einer koaxialen Entladungskonfiguration, die für die Erzeugung homogener Glimmentladungen bei Atmosphärendruck entwickelt wurde [139, 140]. Die Abbildung 2.3 zeigt ein Ersatzschaltbild des Aufbaus. Das Entladungsgebiet entspricht der in Abbildung 2.2a dargestellten Geometrie, wobei sich die an der gespeisten Elektrode (Kathode) anliegende Entladungsspannung aus den Eigenschaften der Schaltkreiselemente ergibt. Der extern vorgegebene Spannungspuls U_0 ist ebenfalls in der Abbildung 2.3 dargestellt. Die Pulsdauer beträgt etwa 100 ns und die Peakspannung liegt bei etwa 26 kV. Der äußere Stromkreis wird durch das folgende System gewöhnlicher Differenzialgleichungen beschrieben:

$$\frac{d}{dt}U_{C_p}(t) = \frac{1}{C_p}\left(\left(U_0(t) - U_{C_p}(t)\right)/R_p - I_{L_p}\right) \tag{6.19a}$$

$$\frac{d}{dt}I_{L_p}(t) = \frac{1}{L_p}\left(U_{C_p}(t) - U_{C_1}(t) - I_{L_p}R_{CuSO_4}\right) \tag{6.19b}$$

$$\frac{d}{dt}U_{C_1}(t) = \frac{1}{C_1}\left(I_{L_p}(t) - I_{L_1}(t)\right) \tag{6.19c}$$

$$\frac{d}{dt}I_{L_1}(t) = \frac{1}{L_1}\left(U_{C_1}(t) - U_{C_2}(t)\right) \tag{6.19d}$$

$$\frac{d}{dt}U_{C_2}(t) = \frac{1}{C_2}\left(I_{L_1}(t) - I_{L_2}(t)\right) \tag{6.19e}$$

$$\frac{d}{dt}I_{L_2}(t) = \frac{1}{L_2}\left(U_{C_2}(t) - U_d(t) - I_{L_2}R_{Shu}\right) \tag{6.19f}$$

$$\frac{d}{dt}U_d(t) = \frac{1}{C_d}\left(I_{L_2}(t) - U_d(t)/R_d(t)\right). \tag{6.19g}$$

Hier bezeichnet U_d die Entladungsspannug, C_d ist die Kapazität und R_d der zeitabhängige Widerstand des Entladungsvolumens. Die Kapazitäten, Widerstände und Induktivitäten des Schaltkreises wurden aus [140] entnommen und sind in der Tabelle 6.3 aufgeführt. Die Kapazität des Entladungsvolumens ist gegeben durch $C_d =$

6 Ergebnisse der Modellierung anisothermer Argonplasmen

Tabelle 6.3: Stromkreisparameter der gepulsten Atmosphärendruckentladung

Symbol	Bedeutung	Wert
C_p	Kapazität des Hochspannungssteckers	8 pF
C_1	Kapazität zwischen Hochspannungsstecker und kapazitivem Teiler	21 pF
C_2	Kapazität im Bereich des kapazitiven Teilers	3 pF
I_p	Induktivität des Hochspannungssteckers	70 nH
I_1	Induktivität zwischen C_1 und C_2	15 nH
I_2	Induktivität im Entladungsbereich	17 nH
R_p	Widerstand des Pulstransferkabels	50 Ω
R_{CuSO_4}	CuSO$_4$-Vorwiderstand	48 Ω
I_2	Shuntwiderstand	83 mΩ

$\varepsilon_0 A/d$ und der Widerstand des Entladungsvolumens wird bestimmt gemäß

$$R_\mathrm{d}(t) = U_\mathrm{d}(t) \left(\frac{A}{d} \int_0^d \sum_s q_s \Gamma_s(x,t) \mathrm{d}x \right)^{-1}. \qquad (6.20)$$

Dabei ist d der Elektrodenabstand und $A = \pi r_\mathrm{d}^2$ die Querschnittsfläche der Entladung mit dem Radius r_d. Die verwendeten Entladungsparameter sind in der Tabelle 6.4 zusammengefasst. Die Ergebnisse erster Untersuchungen zu dieser Entladungssituation wurden von dem Autor in [263] veröffentlicht.

Tabelle 6.4: Entladungsparameter der gepulsten Atmosphärendruckentladung

Symbol	Bedeutung	Wert
p	Gasdruck	760 Torr
T_g	Schwerteilchentemperatur	300 K
d	Elektrodenabstand	1 cm
r_d	Entladungsdurchmesser	0.56 cm
γ	Sekundärelektronenemissionskoeffizient	0.06
ε^γ	mittlere Energie der Sekundärelektronen	5 eV
r_e	Reflexionskoeffizient der Elektronen	0.3
r_i	Reflexionskoeffizient der Ionen	5×10^{-4}
r_m	Reflexionskoeffizient der metastabilen Argonatome	0.3

Zur theoretischen Beschreibung des Entladungsverhaltens wird das Drift-Diffusionsmodell DDAn (2.44) eingesetzt, bei dem die Teilchen- und die Energiestromdichte der Elektronen mit dem neu eingeführten Ansatz (2.37) beschrieben werden. Infolge des hohen Gasdrucks ist die Feldänderungsfrequenz etwa zwei Größenordnungen kleiner als die in der Abbildung 6.21 dargestellten Impulsübertragungsfrequenzen, so dass die Impulsbilanzgleichungen nicht zeitabhängig gelöst werden müssen.

6.4 Analyse einer gepulsten Atmosphärendruckentladung

Es wird die im Anhang A in den Tabellen A.1–A.3 beschriebene Reaktionskinetik verwendet.

Bei den Modellrechnungen kommt das in Abschnitt 5.2.1 angegebene exponentielle Finite-Differenzenverfahren zum Einsatz. Um das sehr kleine Kathodengebiet der betrachteten Entladungssituation räumlich auflösen zu können, werden $N_x = 10001$ Gitterpunkte und ein nichtäquidistantes Ortsgitter gemäß

$$x_i = d\left(\frac{i}{N_x}\right)^2, \quad x_{N_x - i} = d - x_i, \quad \text{für } i = 0, \ldots, N_x/2 \quad (6.21)$$

verwendet. Der Zeitschritt wird mit der in Abschnitt 5.1.3 beschriebenen fehlerabschätzungsbasierten Schrittweitensteuerung angepasst, wobei die Fehlertoleranz auf $TOL = 10^{-6}$ und der minimale Zeitschritt auf $\Delta t_{\min} = 0.05\,\text{ps}$ gesetzt wird. Unter diesen Bedingungen beträgt die Rechenzeit etwa fünf Tage auf einem handelsüblichen PC. Als Anfangswerte für die Teilchendichten wird bei $t = 0$ ein quasineutrales Plasma mit einer Teilchendichte für angeregte Spezies von $10^3\,\text{cm}^{-3}$ und einer Elektronendichte von $2 \times 10^9\,\text{cm}^{-3}$ bei der mittleren Energie $\varepsilon = 1.5\,\text{eV}$ angenommen. Die Dichten der atomaren und molekularen Ionen werden gleich gesetzt. Durch die angenommene hohe Vorionisation findet keine Streamer-Entladung statt [76].

An dieser Stelle soll angemerkt werden, dass der Zündprozess der folgend untersuchten Entladungssituation vergleichbar mit dem Zündprozess der von Simon und Bötticher in [76] analysierten XeCl-Atmosphärendruckglimmentladung ist. In [76] konnte jedoch aufgrund der verwendeten einfachen Reaktionskinetik nicht der gesamte Entladungsverlauf beschrieben werden, so dass lediglich der Zündprozess untersucht wurde. Die vollständige zeitliche Entwicklung einer vergleichbaren XeCl-Atmosphärendruckglimmentladung wurde von Belasri et al. in [264] mittels der Kopplung eines 1D-Modells zur Beschreibung des Kathodengebiets und eines 0D-Modells für den quasineutralen Bereich beschrieben. Die Modelle zur Beschreibung der Elektronen in [76] und [264] basieren auf der lokalen Feldnäherung. Da in der vorliegenden Arbeit den Modellen zur Beschreibung der Elektronen die lokale mittlere Energienäherung zugrunde liegt, kann, außer der Analyse des Zündverhaltens, für die hier betrachtete Atmosphärendruckglimmentladung in Argon eine Untersuchung des Energiehaushalts der Elektronen durchgeführt werden. Experimentell wurden Atmosphärendruckglimmentladungen z. B. von Staack et al. [265] untersucht.

Im Folgenden wird die Strom-Spannungscharakteristik (Abschnitt 6.4.1), das raumzeitliche Entladungsverhalten (Abschnitt 6.4.2) und der sich einstellende quasistationäre Zustand (Abschnitt 6.4.3) der betrachteten Gasentladung untersucht. Anschließend wird in dem Abschnitt 6.4.4 auf den Energiehaushalt der betrachteten

Entladungssituation eingegangen.

6.4.1 Strom-Spannungscharakteristik

Die zeitliche Änderung der Entladungsspannung und des Entladungsstroms ist in der Abbildung 6.26 dargestellt. Die Entwicklung der Entladung kann grob in vier Phasen eingeteilt werden, die in der Darstellung durch gestrichelte Linien kenntlich gemacht sind. Nach Einschalten der externen Spannungsquelle befindet sich die Entladung zunächst in einer Townsend-Phase ($t \approx 0$–$12\,\text{ns}$), in der die Entladungsspannung bei gleich bleibendem Strom anwächst. Mit dem Erreichen der Zündspannung von etwa 25 kV, findet der Übergang in die Zündphase ($t \approx 12$–$40\,\text{ns}$) statt. Diese ist dadurch charakterisiert, dass der Widerstand des Entladungsvolumens stark abnimmt und somit gleichzeitig die Entladungsspannung sinkt und der Strom durch das Entladungsvolumen größer wird. Bedingt durch den äußeren Stromkreis findet eine Stromstabilisierung statt und es stellt sich ein quasistationärer Zustand ein ($t \approx 40$–$92\,\text{ns}$), der andauert, bis durch das Abfallen der externen Spannungsquelle die Rekombinationsphase ($\approx t > 92\,\text{ns}$) ausgelöst wird. Die raumzeitliche Ände-

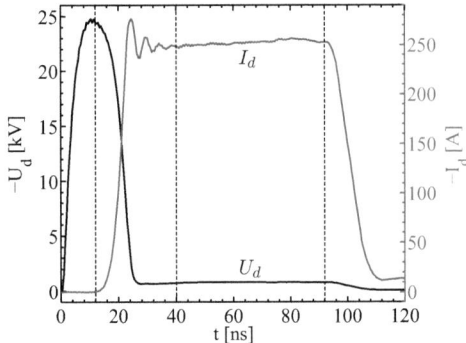

Abbildung 6.26: Strom-Spannungscharakteristik der gepulsten Atmosphärendruckentladung. Die verschiedenen Entladungsphasen sind durch gestrichelte Linien kenntlich gemacht.

rung der Ladungsträger und die wesentlichen Reaktionsprozesse während dieser vier Entladungsphasen werden folgend diskutiert.

6.4.2 Raumzeitliches Entladungsverhalten

Die Abbildung 6.27 zeigt die räumliche Variation der Ladungsträgerdichten während der Townsend-Phase ($t = 10\,\text{ns}$), der Zündphase ($t = 15\,\text{ns}$), des quasistationären

Zustands ($t = 60\,\text{ns}$) und der Rekombinationsphase ($t = 100\,\text{ns}$). Die Raten der

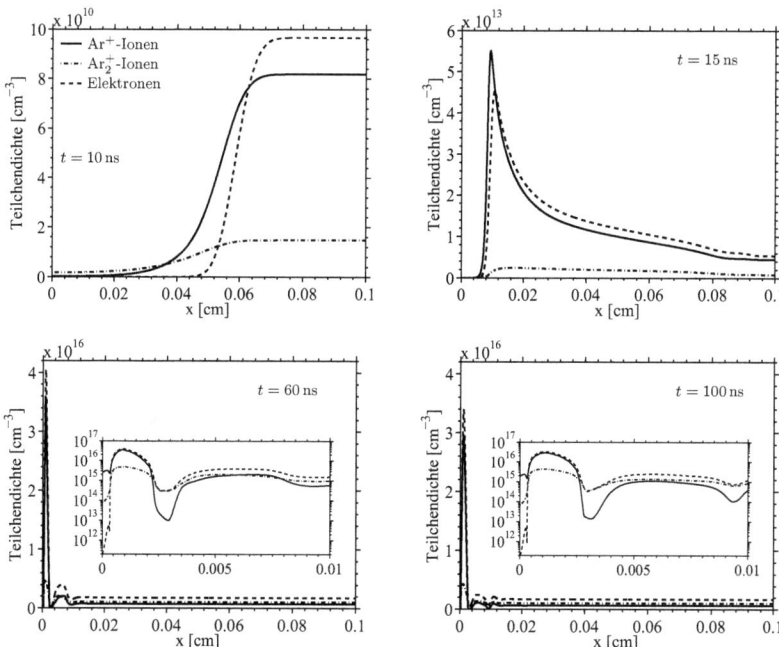

Abbildung 6.27: Teilchendichten der Ladungsträger bei $t = 10\,\text{ns}$, $t = 15\,\text{ns}$, $t = 60\,\text{ns}$ und $t = 100\,\text{ns}$. Dargestellt ist der Bereich vor der Kathode.

Stoßprozesse, die zu dem Gewinn und dem Verlust von Elektronen beitragen, sind zu den gleichen Zeitpunkten in der Abbildung 6.28 gezeigt. Zur besseren Veranschaulichung der wesentlichen Prozesse ist die Region vor der Kathode dargestellt. Bis auf einen kleinen Bereich vor der Anode verlaufen die Teilchendichten in dem sich anschließenden, nicht gezeigten Gebiet räumlich homogen. Die Ergebnisse für das gesamte Entladungsgebiet werden im Anhang E anhand der Abbildung E.1 dargestellt und kurz diskutiert.

Wie die Abbildungen 6.27 und 6.28 verdeutlichen, werden die Elektronen mit dem Anstieg der Entladungsspannung durch das elektrische Feld weg von der Kathode in das Entladungsvolumen beschleunigt, was dort zu einem Anstieg der Grundzustandsionisation führt. Unmittelbar vor der Kathode finden kaum ionisierende Stoßprozesse statt. Die Dichte der Ar^+-Ionen ist hier jedoch groß genug, dass die Ladungsaustauschreaktion

$$Ar^+ + 2Ar[1p_0] \longrightarrow Ar_2^+ + Ar[1p_0]$$

6 Ergebnisse der Modellierung anisothermer Argonplasmen

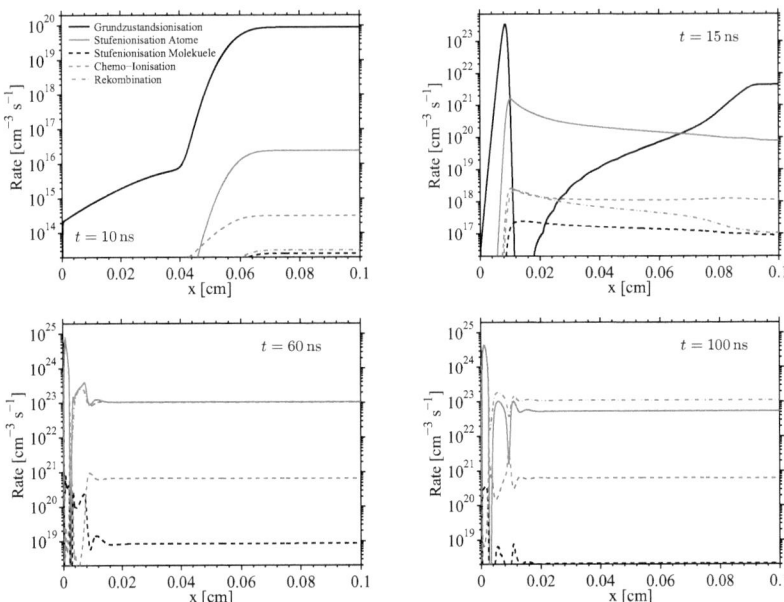

Abbildung 6.28: Elektronenerzeugungs- und Elektronenvernichtungsraten bei $t = 10$ ns, $t = 15$ ns, $t = 60$ ns und $t = 100$ ns. Dargestellt ist der Bereich vor der Kathode.

zu einer Dominanz der Ar_2^+-Ionen führt (vgl. $t = 10$ ns in Abbildung 6.27). Mit dem Erreichen der Zündspannung von etwa 25 kV kommt es zum Entladungsdurchbruch. Der Zündprozess ist charakterisiert durch eine Ionisationsfront, die ausgehen von dem Punkt $x \approx 1$ mm in Richtung Kathode propagiert (vgl. $t = 15$ ns in Abbildungen 6.27 und 6.28). Durch die zuvor beschriebene Drift der Elektronen in Richtung Anode kommt es zu einem Anstieg der Raumladung, was wiederum ein Anwachsen der elektrischen Feldstärke bewirkt. Damit gewinnen die Elektronen an Energie und die Raten der Grundzustands- und Stufenionisation steigen drastisch an. Die Elektronenproduktion erreicht ihr Maximum an der Front der Ionisationswelle, wobei hier die Grundzustandsionisation dominiert. Durch die hohe Anzahl ionisierender Stöße im Kathodengebiet verliert ein Großteil der von der Kathode kommenden Elektronen ihre Energie, was zu einem ausgeprägten Minimum im axialen Verlauf der mittleren Elektronenenergie führt. Damit sinkt unmittelbar hinter der Ionisationsfront auch die Rate der Grundzustandsionisation stark ab und es kommt zu einer Dominanz der Stufenionisation in dieser Region (vgl. $t = 15$ ns in Abbildung 6.28).

Der quasistationäre Zustand stellt sich nach etwa 40 ns ein. Es ist zu bemerken,

6.4 Analyse einer gepulsten Atmosphärendruckentladung

dass sich bis zum Ende des Spannungspulses noch nicht alle Spezies stationär eingestellt haben, so dass das Entladungsverhalten auch während der quasistationären Phase dynamisch bleibt. Insbesondere die Dichte der $\mathrm{Ar}_2^*[^3\Sigma_u^+, v = 0]$-Moleküle steigt weiter an, da der Strahlungsübergang

$$\mathrm{Ar}_2^*[^3\Sigma_u^+, v = 0] \longrightarrow \mathrm{Ar}[1p_0] + \mathrm{Ar}[1p_0]$$

den Gewinn durch das Quenching der $\mathrm{Ar}_2^*[^3\Sigma_u^+, v \gg 0]$-Moleküle nicht ausgleichen kann.

Der quasistationäre Zustand zeichnet sich dadurch aus, dass in einem Großteil des Entladungsgebiets ein quasineutraler Zustand herrscht (vgl. $t = 60\,\mathrm{ns}$ in Abbildung 6.27) und die Ladungsträgerproduktion weitgehend durch Rekombination kompensiert wird (vgl. $t = 60\,\mathrm{ns}$ in Abbildung 6.28). Anders als in Niederdruckglimmentladungen spielt hier der Verlust von Ladungsträgern durch ambipolare Diffusion zur Rohrwand keine Rolle.

Durch die hohe Besetzungsdichte angeregter Teilchen im Entladungsvolumen wird die Elektronenproduktion von Stufenionisationsprozessen dominiert, wobei die Ionisation aus den höher liegenden Niveaus den wesentlichen Beitrag liefert. Weitere Details dieser Entladungsphase werden in dem Abschnitt 6.4.3 diskutiert.

Mit dem Absinken der externen Spannung kann die Entladung nicht mehr aufrechterhalten werden und die Rekombination führt zu einem Rückgang der Ladungsträgerdichten. Das betrachtete Modell erlaubt auch die genauere Untersuchung des Abklingverhaltens, auf dieses soll hier jedoch nicht weiter eingegangen werden. Derartige Untersuchungen wurden z. B. von Bogaerts in [266] durchgeführt.

6.4.3 Quasistationärer Zustand

Der quasistationäre Zustand der betrachteten Entladungssituation zeigt charakteristische Eigenschaften einer Glimmentladung [262]. Das Entladungsgebiet kann grob separiert werden in das Kathodengebiet, das negative Glimmlicht, den Faraday-Dunkelraum[5], die positive Säule und das Anodengebiet. In Analogie zu dem räumlichen Verhalten der in Abschnitt 6.2 betrachteten Niederdruckentladung zeichnet sich das Kathodengebiet durch eine positive Raumladung und den damit verbundenen Kathodenfall aus. Der axiale Verlauf des elektrischen Potenzials ist in der Abbildung 6.29 veranschaulicht. Das Kathodengebiet erstreckt sich über $d_c \approx 3.5\,\mu\mathrm{m}$, womit sich für die relative Fallraumdicke der Wert $p \cdot d_c \approx 0.27\,\mathrm{Torr\,cm}$ ergibt. Dieser Wert ist in guter Übereinstimmung mit der Literatur [262]. Der Spannungsabfall im Kathodengebiet beträgt etwa 400 V.

---

[5]Der Faraday-Dunkelraum ist benannt nach Michael Faraday (1791–1867).

6 Ergebnisse der Modellierung anisothermer Argonplasmen

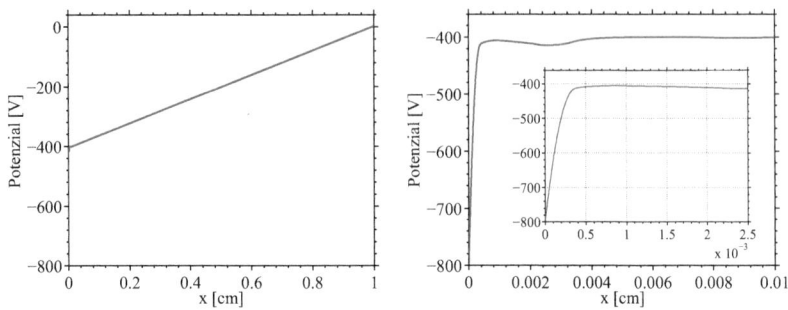

Abbildung 6.29: Elektrisches Potenzial im quasistationären Zustand

An das Kathodengebiet schließt sich das negative Glimmlicht an, in dem es durch die Ansammlung langsamer Elektronen zu einer Potenzialmulde kommt [250, 267, 268]. Der Faraday-Dunkelraum trennt das negative Glimmlicht von der positiven Säule, in der ein linearer Potenzialanstieg stattfindet, das heißt, das elektrische Feld ist hier konstant. Durch die Trennung von Glimmlicht und positiver Säule besitzen Glimmentladungen die Eigenschaft, dass das Entladungsverhalten nicht durch die Länge der positiven Säule beeinflusst wird. Es ändert sich lediglich die Spannung, die zum Zünden der Entladung erforderlich ist [262]. Anders als in Niederdruckentladungen, bei denen der Verlust von Elektronen in der positiven Säule durch ambipolare Diffusion zur Rohrwand dominiert wird, erfolgt hier der Verlust von Elektronen durch den Rekombinationsprozess [269]

$$Ar_2^+ + e \longrightarrow Ar[2p] + Ar[1p_0].$$

Die räumliche Variation der Teilchen- und Stromdichten der Ladungsträger sowie der axiale Verlauf der mittleren Energie der Elektronen ist in Abbildung 6.30 gezeigt. Die Vergrößerung des Bereichs vor der Kathode zeigt die qualitative Ähnlichkeit des Verlaufs der dargestellten Größen mit dem in Abschnitt 6.2 beobachteten Verhalten der Niederdruckentladung auf. Im Kathodengebiet und negativen Glimmlicht stellen die Ar^+-Ionen die dominierende Ionenspezies dar, so dass der Ionenstrom auf die Kathode im Wesentlichen von den Ar^+-Ionen getragen wird. Mit dem Übergang zur positiven Säule gewinnen die Ar_2^+-Ionen an Relevanz und liefern in dieser den wesentlichen Beitrag zur Gesamtdichte der Ionen. In der positiven Säule herrscht ein quasineutraler Zustand, das heißt die Dichte der negativen Elektronen und die Gesamtdichte der positiven Ionen sind praktisch gleich. Die Änderungen in der Zusammensetzung der Gesamtdichte der Ionen ist darauf zurückzuführen, dass sowohl

6.4 Analyse einer gepulsten Atmosphärendruckentladung

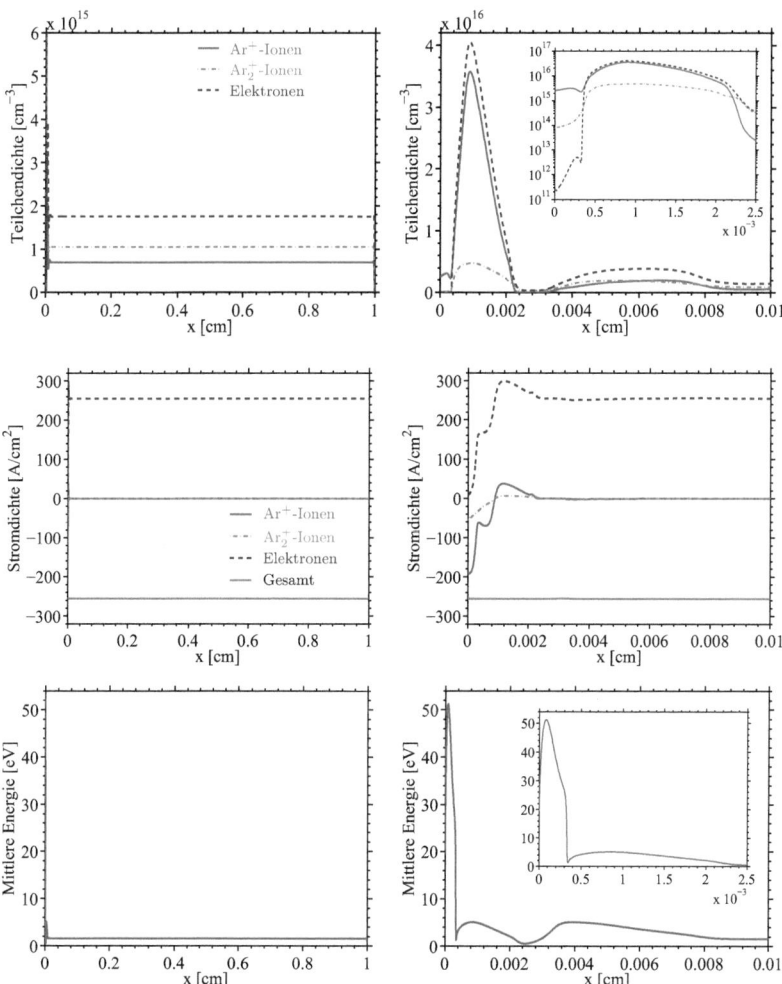

Abbildung 6.30: Teilchendichte der Ladungsträger (oben), Teilchenstromdichte der Ladungsträger (mitte) und mittlere Energie der Elektronen (unten) im quasistationären Zustand. Linke Spalte: gesamtes Entladungsgebiet, rechte Spalte: Vergrößerung des Gebiets vor der Kathode.

6 Ergebnisse der Modellierung anisothermer Argonplasmen

im Kathodengebiet als auch im negativen Glimmlicht die Ionisationsrate gegenüber der Rate des Ladungsaustauschs in Drei-Teilchen-Stößen gemäß der Reaktion

$$\mathrm{Ar}^+ + 2\mathrm{Ar}[1p_0] \longrightarrow \mathrm{Ar}_2^+ + \mathrm{Ar}[1p_0]$$

dominiert. Die Abbildung 6.31 zeigt, dass dabei im Kathodengebiet die Grundzustandsionisation und im negativen Glimmlicht die Stufenionisation der wesentliche Prozess ist. Der Überschuss in der Ionenproduktion wird durch die Divergenz des Io-

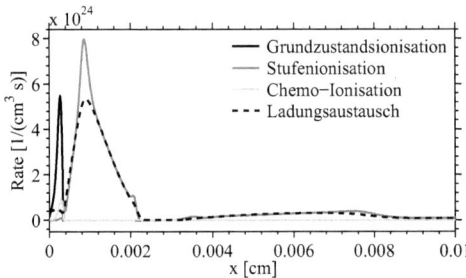

Abbildung 6.31: Gewinn- und Verlustraten für die Ar^+-Ionen bei $t = 60\,\mathrm{ns}$

nenstroms kompensiert. Dagegen gleichen sich die Ionisationsrate und die Ladungsaustauschrate mit dem Übergang zur positiven Säule weitgehend an, so dass hier für alle zusätzlich produzierten Ar^+-Ionen ein unmittelbarer Ladungsaustausch stattfindet und damit die Dichte der Ar_2^+-Ionen überwiegt.

Die Darstellung der Stromdichten in der Abbildung 6.30 zeigt, dass – wie zu erwarten – der Strom durch die Entladung weitgehend von den Elektronen getragen wird. Lediglich im Kathodengebiet dominiert der Ionenstrom, wobei – wie bereits erwähnt – der Strom der Ar^+-Ionen überwiegt. Die Gesamtteilchenstromdichte ergibt sich zu $J \approx 255\,\mathrm{A/cm^2}$, was einer relativen Stromdichte von $J/p^2 \approx 450\,\mu\mathrm{A}/(\mathrm{Torr^2\,cm^2})$ entspricht. Auch dieser Wert ist in grober Übereinstimmung mit dem zu erwartenden Wert aus der Literatur [262].

Der in Abbildung 6.30 dargestellte Verlauf der mittleren Energie im Kathodengebiet und negativen Glimmlicht entspricht qualitativ dem in Abbildung 6.7d gezeigten Ergebnis des neuen Drift-Diffusionsmodells DDAn für den stationären Zustand einer Glimmentladung bei Niederdruck, wobei auch hier ein Minimum im Übergangsbereich vom Kathodengebiet zum negativen Glimmlicht zu beobachten ist. Die Position $x = 3.4\,\mu\mathrm{m}$ dieses Minimums multipliziert mit dem Gasdruck $p = 760\,\mathrm{Torr}$ ist in guter Übereinstimmung mit dem entsprechenden Wert der Niederdruckentladung. Der weitere Verlauf der mittleren Energie ist durch ein zweites Minimum im Faraday-Dunkelraum, ein sich anschließendes Maximum und einen konstanten Verlauf in der

6.4 Analyse einer gepulsten Atmosphärendruckentladung

positiven Säule charakterisiert. Das deutlich modulierte Verhalten im Übergangsbereich vom Kathodengebiet zur positiven Säule weist auf das Auftreten nichtlokaler Effekte hin, die mit der hier verwendeten konsistenten Beschreibung des Energietransports wiedergegeben werden können.

Wird die gleiche Entladungssituation mit dem konventionellen Drift-Diffusionsmodell DDA5/3 beschrieben, bei dem die vereinfachten Energietransportkoeffizienten (2.45) verwendet werden, ist lediglich ein Minimum (Faraday-Dunkelraum) zu beobachten. Das konventionelle Drift-Diffusionsmodell DDAk in Kombination mit den entsprechenden konsistenten Energietransportkoeffizienten (2.43b) und (2.43d) konnte aufgrund eines unphysikalischen Lösungsverhaltens und numerischer Probleme zur Beschreibung des betrachteten Entladungsmodells nicht angewendet werden.

Die in der Abbildung 6.32 zum Zeitpunkt $t = 60\,\mathrm{ns}$ dargestellten Dichten der Neutralteilchen weisen ein komplexes Verhalten auf, lassen jedoch deutlich die typischen Strukturen einer Glimmentladung erkennen [262]. Vor der Kathode bei $x = 0$ wach-

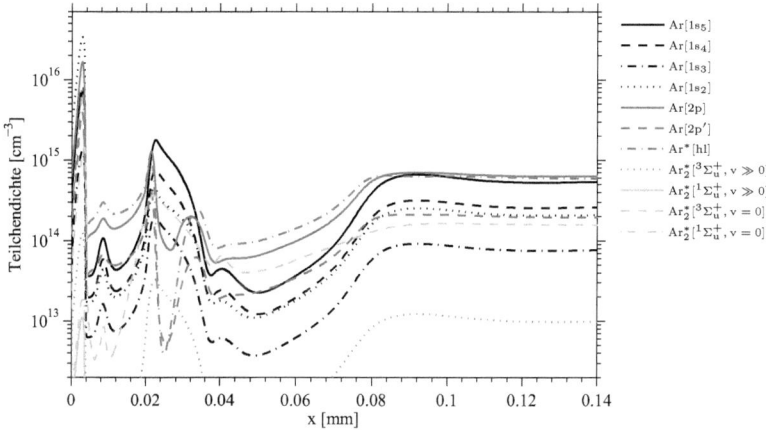

Abbildung 6.32: Dichten der Neutralteilchen bei $t = 60\,\mathrm{ns}$

sen die Teilchendichten an und erreichen ihr Maximum in der Kathodenschicht bei $x \approx 2.8\,\mu\mathrm{m}$. In der Kathodenschicht stellen die $\mathrm{Ar}[1s_2]$-Atome die dominierende Argonspezies dar. Der sich anschließende Kathodendunkelraum ($4\,\mu\mathrm{m} < x < 7\,\mu\mathrm{m}$) ist durch einen starken Rückgang der Teilchendichten gekennzeichnet. Mit dem Anstieg der mittleren Energie der Elektronen im negativen Glimmlicht steigen auch die Dichten der Neutralteilchen wieder an und erreichen ein lokales Maximum bei $x \approx 8\,\mu\mathrm{m}$. Im weiteren Verlauf zeigt sich insbesondere in der Dichte der $\mathrm{Ar}[2p]$-Atome ein stark moduliertes, schichtenartiges Verhalten. Im Faraday-Dunkelraum

6 Ergebnisse der Modellierung anisothermer Argonplasmen

bei $40\,\mu\mathrm{m} < x < 70\,\mu\mathrm{m}$ dominiert die Dichte der $\mathrm{Ar}^*[\mathrm{hl}]$-Atome. Mit dem Übergang zur positiven Säule bei $x > 80\,\mu\mathrm{m}$ stellt sich ein räumlich homogenes Verhalten ein, wobei für die Neutralteilchendichten die Relationen

$$2\mathrm{p} > \mathrm{hl} > 1\mathrm{s}_5 > 1\mathrm{s}_4 > 1\mathrm{s}_2 > 2\mathrm{p}' > [^3\Sigma_\mathrm{u}^+, \mathrm{v}=0] > 1\mathrm{s}_3 > [^3\Sigma_\mathrm{u}^+, \mathrm{v} \gg 0]$$

gelten. Die Molekülzustände $\mathrm{Ar}_2^*[^1\Sigma_\mathrm{u}^+, \mathrm{v}=0]$ und $\mathrm{Ar}_2^*[^1\Sigma_\mathrm{u}^+, \mathrm{v} \gg 0]$ sind von untergeordneter Bedeutung.

Die Teilchenbilanzen der Argonatome werden von an- und abregenden Elektron-Neutralteilchenstößen dominiert. Aufgrund der hohen Dichten der $\mathrm{Ar}[2\mathrm{p}]$-Atome spielen dabei die Stoßprozesse

$$\mathrm{Ar}[2\mathrm{p}] + \mathrm{e} \longrightarrow \mathrm{M} + \mathrm{e}\,, \quad \mathrm{M} = \mathrm{Ar}[1\mathrm{s}_l],\ l = 2,\ldots,5$$

eine bedeutende Rolle. Zudem trägt der superelastische Stoßprozess

$$\mathrm{Ar}[1\mathrm{s}_2] + \mathrm{e} \longrightarrow \mathrm{Ar}[1\mathrm{s}_5] + \mathrm{e}$$

wesentlich zum Verlust und das Quenching der $\mathrm{Ar}[2\mathrm{p}]$-Atome in dem Stoßprozess

$$\mathrm{Ar}[2\mathrm{p}] + \mathrm{Ar}[1\mathrm{p}_0] \longrightarrow \mathrm{Ar}[1\mathrm{s}_2] + \mathrm{Ar}[1\mathrm{p}_0]$$

zum Gewinn der $\mathrm{Ar}[1\mathrm{s}_2]$-Atome bei. Insbesondere im Kathodengebiet haben auch die Strahlungsübergänge aus dem $\mathrm{Ar}[2\mathrm{p}]$-Niveau gemäß der Reaktionen 94–97 in Tabelle A.3 einen nennenswerten Einfluss auf die Dichten der $\mathrm{Ar}[1\mathrm{s}_{2\ldots 5}]$-Atome.

Die Teilchenbilanzen der $\mathrm{Ar}[2\mathrm{p}]$-, $\mathrm{Ar}[2\mathrm{p}']$- und $\mathrm{Ar}^*[\mathrm{hl}]$-Niveaus wird im Wesentlichen von den Elektron-Neutralteilchenstößen

$$\mathrm{M} + \mathrm{e} \longleftrightarrow \mathrm{Ar}^*[\mathrm{hl}] + \mathrm{e}\,, \quad \mathrm{M} = \mathrm{Ar}[2\mathrm{p}], \mathrm{Ar}[2\mathrm{p}'] \tag{6.22}$$

dominiert. Wie bereits diskutiert, wird der Gewinn von $\mathrm{Ar}[^3\Sigma_\mathrm{u}^+, \mathrm{v}=0]$-Molekülen nicht kompensiert, und es findet ein stetiger Anstieg der Teilchendichte bis zum Abklingen der Entladung statt. Dagegen wird der Gewinn von $\mathrm{Ar}[^3\Sigma_\mathrm{u}^+, \mathrm{v} \gg 0]$-Molekülen in Drei-Teilchen-Stößen

$$\mathrm{Ar}[1\mathrm{s}_5] + 2\mathrm{Ar}[1\mathrm{p}_0] \longrightarrow \mathrm{Ar}_2^*[^3\Sigma_\mathrm{u}^+, \mathrm{v} \gg 0] + \mathrm{Ar}[1\mathrm{p}_0]$$

weitgehend kompensiert durch den Verlust in dem Quenchingprozess

$$\mathrm{Ar}_2^*[^3\Sigma_\mathrm{u}^+, \mathrm{v} \gg 0] + \mathrm{Ar}[1\mathrm{p}_0] \longrightarrow \mathrm{Ar}_2^*[^3\Sigma_\mathrm{u}^+, \mathrm{v} = 0] + \mathrm{Ar}[1\mathrm{p}_0]\,.$$

6.4.4 Energiehaushalt der Elektronen

Folgend wird die zeitliche Entwicklung des Energiehaushalts der Elektronen im Kathodengebiet ($x = 0.82\,\mu$m) sowie im Zentrum der Entladung ($x = 5\,$mm) untersucht. Der Ort $x = 0.82\,\mu$m entspricht dem Punkt, in dem die mittlere Energie der Elektronen während des quasistationären Zustands ihr Maximum von etwa 50 eV erreicht (vgl. Abbildung 6.30). Wie die bisherigen Betrachtungen gezeigt haben, ändern sich die Plasmaeigenschaften lediglich in unmittelbarer Nähe der Elektroden, so dass das für $x = 5\,$mm dargestellte Verhalten nahezu für das gesamte Entladungsvolumen zutrifft.

Die Abbildung 6.33 zeigt die zeitliche Variation des Energiegewinns und Energieverlusts durch Stoßprozesse zusammen mit dem Beitrag der Divergenz des Energiestroms $\partial_x Q_\mathrm{e}$ im Kathodengebiet (Abbildung 6.33a) und im Entladungszentrum (Abbildung 6.33b). Es zeigt sich, dass mit dem Beginn des Zündprozesses der Ener-

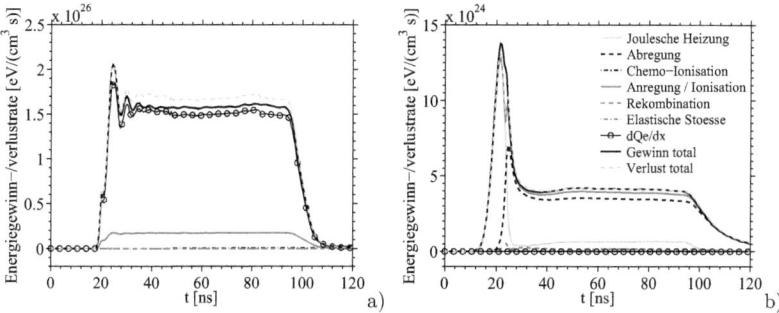

Abbildung 6.33: Zeitliche Änderung der Energieerzeugungs- und Energievernichtungsraten im Kathodengebiet bei $x = 0.82\,\mu$m (a) sowie im Entladungszentrum bei $x = 5\,$mm (b)

giegewinn aus dem elektrischen Feld (Term $-e_0 \Gamma_\mathrm{e} E$ in Energiebilanz), durch den Anstieg der elektrischen Feldstärke und das Anwachsen der Elektronendichte, zunächst im Entladungsvolumen stark zunimmt. Gleichzeitig wird dieser Energiegewinn nahezu vollständig kompensiert durch den Energieverlust in anregenden Elektron-Neutralteilchenstößen, wobei hier ionisierende Stöße mit eingeschlossen sind (vgl. Abbildung 6.33b). Den wesentlichen Beitrag liefert dabei die Anregung von Argonatomen im Grundzustand.

Mit dem Durchbruch der Entladung bei $t \approx 20\,$ns steigt der Energiegewinn durch Joulesche Heizung auch im Kathodengebiet an und wird hier zunächst kompensiert durch Transportprozesse (Term $\partial_x Q_\mathrm{e}$) sowie den Energieverlust in anregenden und ionisierenden Stößen. Dabei liefert die Grundzustandsionisation den größten Beitrag.

6 Ergebnisse der Modellierung anisothermer Argonplasmen

Durch die Ausbildung des Kathodenfalls und der damit verbundenen Reduktion der elektrischen Feldstärke im Entladungsvolumen sinkt der Energiegewinn aus dem elektrischen Feld im Entladungszentrum mit dem Zünden der Entladung ab. Die hohen Anregungsraten zu diesem Zeitpunkt der Entladung führen dazu, dass die Dichte angeregter Spezies zunimmt und gleichzeitig die mittlere Energie der Elektronen vom Kathodengebiet in Richtung Entladungsvolumen abnimmt. Dieses Verhalten führt wiederum zu einem Anstieg der Abregungsraten im Entladungsvolumen und damit zu einem Anwachsen des Energiegewinns in abregenden Stoßprozessen (vgl. Abbildung 6.33b). Bei Erreichen des quasistationären Zustands wird der Energieverlust in anregenden Stoßprozessen im Zentrum der Entladung vollständig kompensiert durch den Energiegewinn in abregenden Stößen und durch die Joulesche Heizung. Den wesentlichen Beitrag liefern dabei die Stoßprozesse

$$Ar[2p'] + e \longleftrightarrow Ar^*[hl] + e \quad \text{und} \quad Ar[2p] + e \longleftrightarrow Ar^*[hl] + e,$$

da die oberen Energieniveaus am stärksten besetzt sind (vgl. Abbildung 6.32).

Im Kathodengebiet wird dagegen während des quasistationären Zustands der Energieverlust durch den Energiegewinn nicht kompensiert. Der Verlust der Energie durch Transportprozesse sowie anregende und ionisierende Elektron-Neutralteilchenstöße überwiegt gegenüber dem Energiegewinn, der hier ausschließlich durch Joulesche Heizung stattfindet. Dies führt zu einem kontinuierlichen Rückgang der mittleren Energie im Kathodengebiet. Der Energieverlust in elastischen Stößen und durch Rekombination sowie der Energiegewinn in Chemo-Ionisatiosprozessen spielt in der betrachteten Entladungssituation eine untergeordnete Rolle.

In dem Abschnitt 6.4 wurde das aus dem Vier-Momenten-Modell (2.35) abgeleitete Drift-Diffusionsmodell DDAn (2.44) erfolgreich zur Modellierung einer gepulsten Atmosphärendruckentladung eingesetzt. Es hat sich gezeigt, dass das Entladungsverhalten in eine Townsend-Phase, eine Zündphase, einen quasistationären Zustand und eine Rekombinationsphase eingeteilt werden kann. Es wurde eine Analyse des raumzeitlichen Entladungsverhaltens durchgeführt und insbesondere die räumliche Struktur der Entladung und die wesentlichen reaktiven Prozesse während des quasistationären Zustands genauer untersucht. Die Untersuchungen haben ergeben, dass in dem homogenen, quasineutralen Bereich des quasistationären Zustands, die Elektronenproduktion von Stufenionisationsprozessen aus höher liegenden Energieniveaus dominiert wird, im Kathodengebiet dagegen die Grundzustandsionisation den wesentlichen Beitrag liefert. Des Weiteren wurde deutlich gemacht, dass im Entladungsvolumen der wesentliche Energiegewinn und Energieverlust der Elektronen durch anregende und abregende Stöße von Elektronen mit Neutralteilchen der

Ar[2p], Ar[2p′] und höher liegenden Energieniveaus verursacht wird und der Energiegewinn aus dem elektrischen Feld von untergeordneter Bedeutung ist. Im Kathodengebiet dominiert dagegen die Joulesche Heizung den Energiegewinn der Elektronen zu jedem Zeitpunkt der zeitlichen Entwicklung. Es hat sich gezeigt, das im Kathodengebiet der Energieverlust durch Transport- und anregende Stoßprozesse den Energiegewinn während des sich einstellenden quasistationären Zustands übersteigt, so dass ein kontinuierlicher Energieverlust stattfindet.

6.5 Mikroentladungen in dielektrisch behinderten Entladungen

Eine dielektrisch behinderte Entladung (DBE) ist dadurch charakterisiert, dass mindestens eine der Elektroden mit einem elektrisch nicht oder nur schwach leitenden Material beschichtet ist [3]. Die isolierende Schicht verursacht eine Limitierung des Stroms und verhindert so den Übergang zu einer Bogenentladung [186, 270]. Dielektrisch behinderte Entladungen werden in vielen technischen Prozessen eingesetzt. Typische Anwendungen sind z. B. die Behandlung, Modifikation und Beschichtung von Oberflächen, die Ozonerzeugung und Plasmabildschirme [3, 5, 271]. Typischerweise brennen dielektrisch behinderte Entladungen in einem filamentierten Modus, bei dem sich zwischen den Elektroden dünne Entladungskanäle – sogenannte Filamente – ausbilden. Insbesondere Entladungen in reinem Stickstoff oder Helium können jedoch auch in einem homogenen Modus betrieben werden [272]. Die hier betrachtete Entladungskonfiguration basiert auf experimentellen Untersuchungen eines einzelnen Entladungsfilaments von Hoder *et al.* [141], auf die im Folgenden kurz eingegangen wird.

6.5.1 Experimenteller Hintergrund und erste Ergebnisse

Bei experimentellen Untersuchungen eines Einzelfilaments in einer asymmetrischen DBE mit einseitigem Dielektrikum in Argon bei Atmosphärendruck, wurden axiale, stehende Schichtstrukturen beobachtet, die in Abhängigkeit von der Gasflussrate und der Spannungsamplitude auftreten [141, 273]. Das Auftreten derartiger Schichtstrukturen in Glimmentladungen bei Niederdruck ist wohlbekannt [274–276], wurde in Atmosphärendruckplasmen jedoch erst in den letzten Jahren beobachtet [277–281] und bisher wenig untersucht. Die DBE wurde mit einer sinusförmigen Spannung bei 60 kHz betrieben, wobei die Spannung an der metallischen Elektrode eingespeist wurde und die geerdete Anode mit einer isolierenden Aluminiumoxid-Schicht bedeckt war. Für weitere Details des experimentellen Aufbaus wird auf [141] verwiesen.

Die durchgeführten Messungen haben gezeigt, dass zum einen die Reinheit des

6 Ergebnisse der Modellierung anisothermer Argonplasmen

Gases für das Auftreten der Schichten wesentlich ist und zum anderen bei unterschiedlichen Spannungsamplituden verschiedene Entladungsmodi auftreten. Die beobachteten Modi unterscheiden sich insofern, als dass geschichtete Mikroentladungen in Kombination mit mehrfachen Strompeaks auftreten bzw. glimmentladungsähnliche Mikroentladungen mit einer homogenen positiven Säule in Kombination mit einem einzelnen, deutlich stärkeren Strompeak stattfinden. Es wurde beobachtet, dass für Spannungsamplituden, die nur wenig über der Zündspannung liegen, sowohl geschichtete als auch nichtgeschichtete Entladungen auftreten, wogegen bei höheren Spannungen nur geschichtete Mikroentladungen stattfinden [141].

Zur Unterstützung der experimentellen Untersuchungen dieses komplexen Entladungsverhaltens wurde ein zu DDA5/3 analoges Modell zur räumlich eindimensionalen Beschreibung der experimentellen Entladungskonfiguration angepasst und es wurden umfangreiche Modellrechnungen durchgeführt [**282, 283**]. Die ersten Untersuchungen erfolgten vor der Entwicklung der neuen Modellansätze und der Fertigstellung des reaktionskinetischen Modells, so dass im Folgenden nur die wesentlichen Ergebnisse dieser Untersuchungen zusammengefasst werden. Die bei den Modellrechnungen berücksichtigten Reaktionen entsprechen im wesentlichen denen in den Tabellen A.2 und A.3. Nicht berücksichtigt wurden die Chemo-Ionisationsprozesse 74–78 in Tabelle A.3. Weiterhin wurden die Ratenkoeffizienten $k_{81} = 2.3 \times 10^{-11}$ statt $k_{81} = 1.7 \times 10^{-11}$, $k_{82} = 8.3 \times 10^{-13}$ statt $k_{82} = 2.5 \times 10^{-12}$, $k_{84} = 1.5 \times 10^{-14}$ statt $k_{84} = 5.3 \times 10^{-15}$, $k_{92} = 6.4/\sqrt{d} \times 10^4$ statt $k_{92} = 6.2/\sqrt{d} \times 10^4$ und $k_{93} = 2.8/\sqrt{d} \times 10^5$ statt $k_{93} = 2.5/\sqrt{d} \times 10^5$ für die Reaktionen 81, 82, 84, 92 bzw. 93 in der Tabelle A.3 verwendet. Auf die Ergebnisse von Modellrechnungen mit dem neuen DDAn-Modell und dem Reaktionsschema für Argon gemäß der Tabellen A.1–A.3 wird in den folgenden Abschnitten eingegangen.

Beispielhaft für die ersten Ergebnisse der theoretischen Untersuchungen sind in der Abbildung 6.34 der Entladungsstrom I_d, die Entladungsspannung U_d sowie die extern vorgegebene Spannung U_0 für die Spannungsamplituden 2 kV, 2.5 kV und 3 kV aufgetragen. Die Entladungsspannung entspricht dem Anteil der äußeren Spannung, der über dem Entladungsspalt abfällt. Die dargestellten Resultate zeigen, dass die experimentell beobachteten Entladungsmodi mit dem Modell grob beschrieben werden können. Für die geringeren Spannungsamplituden $V_0 = 2$ kV und $V_0 = 2.5$ kV treten sowohl Mikroentladungen mit mehrfachen kleineren als auch mit deutlich stärkeren einzelnen Strompeaks auf, wogegen für $V_0 = 3$ kV nur Mikroentladungen mit mehrfachen kleinen Stromspitzen zu beobachten sind. Die mittels einer Parameterstudie bestimmte Abhängigkeit der auftretenden maximalen Stromspitzen in einer Sinus-Periode von der Spannungsamplitude ist in der Abbildung 6.35 dargestellt.

6.5 Mikroentladungen in dielektrisch behinderten Entladungen

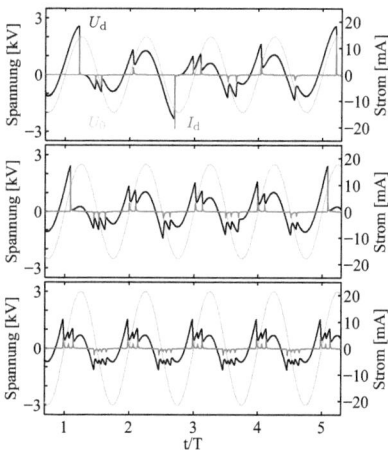

Abbildung 6.34: Strom-Spannungscharakteristik für die Spannungsamplituden 2 kV, 2.5 kV und 3 kV

Hier ist ein Bifurkationsverhalten bezüglich des Effekts der Periodenmultiplikation zu beobachten. Für Spannungsamplituden < 2.75 kV findet eine Periodenmultiplikation statt, das heißt, das quasiperiodische Verhalten hat eine Periodenlänge, die in dem vorliegenden Fall vier mal länger ist als die Periodenlänge der externen Spannungsfrequenz. Dieses Verhalten äußert sich in dem Auftreten von vier unterschiedlichen Werten der Stromspitzen. Für Spannungsamplituden > 2.75 kV stellt sich ein periodischer Zustand ein. Der Übergangsbereich bei $V_0 = 2.75$ kV ist durch ein chaotisches Verhalten charakterisiert, das weder periodisch noch quasiperiodisch ist. Vergleichbare Effekte in Entladungsplasmen wurden bei experimentellen und

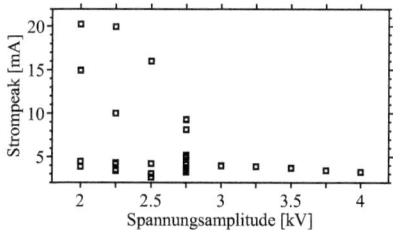

Abbildung 6.35: Abhängigkeit der maximalen Stromspitzen in einer Sinus-Periode von der Spannungsamplitude

theoretischen Untersuchungen sowohl von dielektrisch behinderten Entladungen als auch anderer Entladungsformen beobachtet [284–293].

6 Ergebnisse der Modellierung anisothermer Argonplasmen

Weitere Untersuchungen zur Abhängigkeit des Entladungsverhaltens von der Spannungsamplitude werden in [**283**] durchgeführt. Im Folgenden werden die in dieser Arbeit vorgestellten Modelle und Verfahren zur Modellierung der betrachteten Entladungskonfiguration eingesetzt und das Entladungsverhalten genauer untersucht.

6.5.2 Theoretisches Modell der Entladungssituation

Zur theoretischen Beschreibung von Mikroentladungen in einer asymmetrischen Entladungskonfiguration, bei der die geerdete Elektrode mit einem Dielektrikum versehen ist, wird die in Abbildung 2.2b dargestellte räumlich eindimensionale Entladungsgeometrie verwendet. An der gespeisten, metallischen Elektrode wird die sinusförmige Spannung

$$U_0(t) = V_0 \sin(2\pi f t) \tag{6.23}$$

vorgegeben, wobei $V_0 = 2.5\,\mathrm{kV}$ die Spannungsamplitude und $f = 1/T = 60\,\mathrm{kHz}$ die Frequenz ist. Die Dicke der isolierenden Aluminiumoxid-Schicht beträgt $D = 1\,\mathrm{mm}$ und der Abstand der Elektrodenoberflächen ist $d = 1.5\,\mathrm{mm}$. Die weiteren Entladungsparameter sind in der Tabelle 6.5 angegeben. Soweit die Werte bekannt sind,

Tabelle 6.5: Entladungsparameter der dielektrisch behinderten Entladung

Symbol	Bedeutung	Wert
p	Gasdruck	760 Torr
T_g	Schwerteilchentemperatur	300 K
d	Entladungsspalt	1.5 mm
D	Dicke des Dielektrikums	1 mm
γ^M	Sekundärelektronenemissionskoeffizient (Metall)	0.06
γ^D	Sekundärelektronenemissionskoeffizient (Dielektrikum)	0.02
ε^γ	Mittlere Energie der Sekundärelektronen	1 eV
r_e^M	Reflexionskoeffizient der Elektronen (Metall)	0.3
r_e^D	Reflexionskoeffizient der Elektronen (Dielektrikum)	0.7
r_i^M	Reflexionskoeffizient der Ionen (Metall)	5×10^{-4}
r_i^D	Reflexionskoeffizient der Ionen (Dielektrikum)	5×10^{-3}
r_m	Reflexionskoeffizient der Metastabilen (Metall, Dielektrikum)	0.3
V_0	Spannungsamplitude	2.5 kV
f	Frequenz	60 kHz

wurden die Daten des zuvor genannten Experiments von Hoder *et al.* übernommen. Das Dielektrikum wird – wie in Abschnitt 4.4 beschrieben – als Randbedingung für die Poisson-Gleichung zur Bestimmung des elektrischen Potenzials in dem Modellansatz berücksichtigt. Zur Beschreibung der Ladungsträger und Neutralteilchen wird das DDAn-Modell eingesetzt, das heißt, es wird das Drift-Diffusionsmodell (2.44) gelöst, wobei der Teilchen- und der Energiestrom der Elektronen gemäß des neuen Ansatzes (2.37) bestimmt werden. Die Reaktionskinetik wird gemäß der Tabellen A.1–A.3 beschrieben. Als Randbedingungen werden die in den Kapiteln 4.2 und 4.3 angegebenen Reflexionsbedingungen vorgegeben.

Die Lösung der Modellgleichungen erfolgt nach dem in Abschnitt 5.3.2 beschriebenen Vorgehen, wobei die Teilchenbilanzgleichungen für die Ladungsträger mit dem exponentiellen Differenzenverfahren (5.22) diskretisiert werden und zur Diskretisierung der Teilchenbilanzen für die metastabilen Atome sowie der Poisson-Gleichung ein zentraler Differenzenquotient genutzt wird. Die diskretisierten Gleichungen werden auf einem nichtäquidistanten Gitter mit $N_x = 901$ Gitterpunkten gelöst, welches gemäß (6.21) zu den Elektroden hin verfeinert ist. Die Zeitschrittweite wird nach dem in Abschnitt 5.1.3 beschriebenen fehlerabschätzungsbasierten Steuerungsverfahren angepasst, wobei die Fehlertoleranz auf $TOL = 10^{-4}$ gesetzt wird. Unter diesen Bedingungen beträgt die Rechenzeit zum Erreichen eines periodischen bzw. quasiperiodischen Zustands auf einem handelsüblichen PC etwa eine Woche.

Insbesondere bei der Modellierung der nun betrachteten Mikroentladungen hat sich der Einsatz eines Verfahrens zur Schrittweitensteuerung als sehr nützlich erwiesen. Der in Abbildung 6.34 dargestellte Stromverlauf macht deutlich, dass die Dauer einer einzelnen Mikroentladung sehr kurz im Vergleich zu der Periodendauer T ist und dass die Strompulse zu einem nicht vorhersagbaren Zeitpunkt auftreten. Die Schrittweitensteuerung ermöglicht eine automatische Anpassung der Zeitschrittweite an die jeweiligen Bedingungen.

6.5.3 Strom-Spannungscharakteristik

Die Modellrechnungen werden ausgehend von einem quasineutralen Zustand mit einer Angeregtendichte von $10^6 \, cm^{-3}$, einer Elektronendichte von $2 \times 10^6 \, cm^{-3}$ und einer mittleren Energie von $1.5 \, eV$ durchgeführt. Die erste Periode wird mit einer deutlich höheren Spannungsamplitude von $6 \, kV$ gerechnet, um das Zünden der Entladung zu ermöglichen. Anschließend wird die Spannungsamplitude $V_0 = 2.5 \, kV$ eingestellt und nicht mehr geändert. Die Tatsache, dass die Zündspannung höher als die Brennspannung ist, wurde auch in den experimentellen Untersuchungen beobachtet [294]. Dies ist darauf zurückzuführen, dass sich mit dem ersten Durchzünden der Entladung die Gas- und Oberflächeneigenschaften derart ändern, dass zum erneuten Durchzünden innerhalb einer kurzen Zeitspanne eine geringere Spannung erforderlich ist. Die zeitliche Entwicklung der Entladungen wird solange verfolgt, bis sich ein periodischer bzw. ein quasiperiodischer Zustand einstellt. In der hier betrachteten Situation ergeben sich nach etwa 15 Perioden keine Änderungen mehr

6 Ergebnisse der Modellierung anisothermer Argonplasmen

in dem periodischen Verhalten.

Der zeitliche Verlauf des Entladungsstroms I_d, der Entladungsspannung U_d, der externen Spannung U_0 sowie der sogenannten Speicherspannung (memory voltage)

$$U_\mathrm{m} = U_0 - U_\mathrm{d} \qquad (6.24)$$

ist zusammen mit der Entwicklung der Oberflächenladung σ auf dem Dielektrikum in Abbildung 6.36 dargestellt. Hier wird deutlich, dass ein quasiperiodisches Ver-

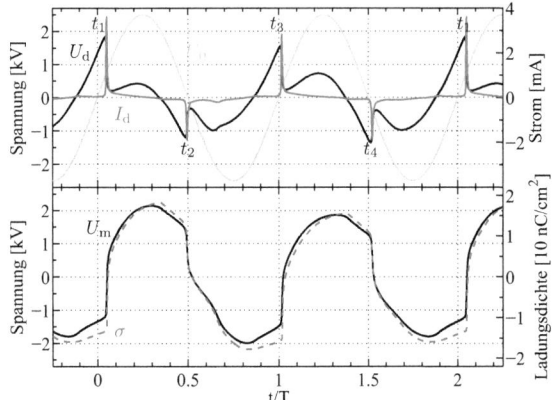

Abbildung 6.36: Zeitliche Entwicklung der externen Spannung, der Entladungsspannung und des Entladungsstrom (oben) sowie der Speicherspannung und der Oberflächenladung auf dem Dielektrikum (unten)

halten vorliegt, bei dem die Periodenlänge des Stromverlaufs doppelt so groß ist wie die Periodenlänge $T = 1/f$ der äußeren Spannung. Es treten vier unterschiedliche Stromspitzen auf und die gleiche Strom-Spannungscharakteristik wiederholt sich fortwährend in jeder zweiten Periode. In diesem Zusammenhang wird auch von Periodendopplung gesprochen [289]. Die Zeitpunkte des jeweils maximalen Entladungsstroms der vier auftretenden Mikroentladungen bei $t/T \approx 0$, $t/T \approx 1/2$, $t/T \approx 1$ und $t/T \approx 3/2$ werden im Folgenden mit t_1, t_2, t_3 und t_4 bezeichnet.

Im Gegensatz zu der Abbildung 6.34 ist hier eine Periodendopplung statt einer Vervierfachung der Periode zu beobachten. Die Abweichungen von den in Abschnitt 6.5.1 gezeigten Ergebnissen sind auf die genannten Unterschiede in der Reaktionskinetik und einer Variation der Dicke D des Dielektrikums zurückzuführen. Die in dem Abschnitt 6.5.1 dargestellten Ergebnisse wurden mit $D = 0.5\,\mathrm{mm}$ bestimmt wogegen hier $D = 1\,\mathrm{mm}$ verwendet wird. Eine Analyse des Einflusses

6.5 Mikroentladungen in dielektrisch behinderten Entladungen

der durchgeführten Modifikationen hat ergeben, dass die Hinzunahme der Chemo-Ionisationsprozesse 74–78 in Tabelle A.3 wesentlich für die Änderungen der Strom-Spannungscharakteristik verantwortlich ist. Die Beobachtung, dass geringe Änderungen in der Reaktionskinetik zu einem veränderten Entladungsverhalten in dielektrisch behinderten Entladungen führen können, haben auch Avtaeva *et al.* [295] gemacht. Dies zeigt, dass möglichst detaillierte Reaktionsschemata zur Beschreibung von dielektrisch behinderten Entladungen eingesetzt werden sollten und die Ratenkoeffizienten kritisch geprüft werden müssen.

Eine Variation der Dicke des Dielektrikums von $D = 1\,\text{mm}$ auf $D = 0.5\,\text{mm}$ führt bei gleichbleibendem Reaktionsschema zu dem Ergebnis, dass stärkere Stromspitzen auftreten und keine Periodenmultiplikation stattfindet. Die Variation der Spannungsamplitude für das aktuelle Modell, in Analogie zu der in Abbildung 6.35 veranschaulichten Untersuchungen, hat ergeben, dass bei Spannungsamplituden zwischen $2.25\,\text{kV}$ und $2.5\,\text{kV}$ eine Periodendopplung stattfindet und sich für kleinere bzw. größere Spannungen ein einfaches periodisches Verhalten einstellt. Eine Vervierfachung der Periode wurde nicht beobachtet.

Die Ungleichheit des in Abbildung 6.36 dargestellten Stromverlaufs während der positiven und der negativen Halbperioden ist auf die unterschiedlichen Oberflächeneigenschaften der beiden Elektroden zurückzuführen. Insbesondere die Unterschiede in der Sekundärelektronenemission bewirken ein asymmetrisches Verhalten. Eine im Rahmen dieser Arbeit durchgeführte Parameterstudie hat gezeigt, dass die Stärke der Stromspitzen wesentlich von den Werten des Sekundärelektronenemissionskoeffizienten γ der entsprechenden Oberfläche abhängig ist. Die hier verwendeten Werte für γ wurden in Anlehnung an die Literatur [72, 296] gewählt. Die Tatsache, dass eine Periodendopplung stattfindet, ist zum einen auf die Akkumulation von Ladungen auf dem Dielektrikum und zum anderen auf eine hohe Dichte metastabiler Atome während der gesamten zeitlichen Entwicklung zurückzuführen. Auf letzteres wird im folgenden Abschnitt genauer eingegangen.

Die zeitliche Variation der Oberflächenladung ist in dem unteren Teil der Abbildung 6.36 zusammen mit der Speicherspannung dargestellt. Hier ist zu beobachten, dass der Verlauf der Speicherspannung der Auf- und Entladung der Oberfläche folgt. Der Vergleich der Werte der Speicherspannung bei $t/T = 0$ und $t/T = 1$ macht die Unterschiede in den Ausgangssituationen der diesen Zeitpunkten folgenden Entladungsereignissen kenntlich. Der Betrag der Speicherspannung bei $t/T = 1$ ist größer als der entsprechende Wert bei $t/T = 0$, was sich in einer geringeren Zündspannung und damit in einem schwächeren Strompuls äußert. Nach zwei Spannungsperioden ist die gleiche Ausgangssituation erreicht und das Verhalten wiederholt sich.

6 Ergebnisse der Modellierung anisothermer Argonplasmen

Die Abbildung 6.37 zeigt, dass in der positiven Halbperiode der Ionenstrom und in der negativen Halbperiode der Elektronenstrom den wesentlichen Beitrag zum Teilchenstrom auf das Dielektrikum – und damit zur Ladungsakkumulation – liefert. Dieses Verhalten ergibt sich aus der einfachen Tatsache, dass die Ionen dem

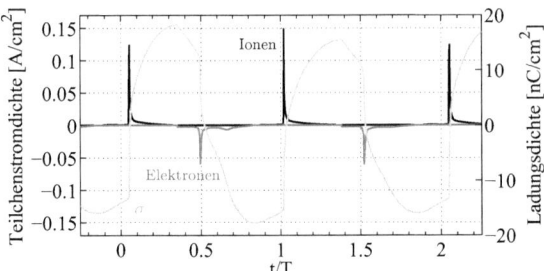

Abbildung 6.37: Zeitliche Entwicklung der Teilchenstromdichte und der Oberflächenladung auf dem Dielektrikum

elektrischen Feld folgen und der Elektronenstrom entgegen der Feldrichtung gerichtet ist. Ist der Ionenstrom auf die Oberfläche gerichtet, werden negative Ladungen kompensiert und es findet eine positive Aufladung der Oberfläche statt. Mit dem Wechsel der Polarität fliegen die Elektronen in Richtung beschichteter Elektrode, so dass die Oberfläche negativ aufgeladen wird.

Da kein Verhalten vorliegt, das sich nach jeder Spannungsperiode wiederholt, kann die Dynamik der Entladungen nicht allein durch den Strom und die Spannung beschrieben werden. Nur zusammen mit der Oberflächenladung ist eine eindeutige Charakterisierung möglich. Die Abbildung 6.38 zeigt die gegenseitige Abhängigkeit dieser drei Größen voneinander. Hier wird deutlich, dass erst nach zwei Spannungsperioden ein geschlossener Kreislauf vorliegt, der fortwährend durchlaufen wird. Ausgehend von dem Zeitpunkt $t/T = 0$ steigt die Entladungsspannung der blauen Kurve folgend an. Ist die Zündspannung erreicht, steigt der Entladungsstrom abrupt an und es kommt zu einer Aufladung der isolierten Oberfläche. Letzteres verursacht wiederum einen Anstieg der Speicherspannung, womit die Entladungsspannung absinkt. Da ein Anwachsen des Entladungsstroms bei gleichzeitigem Abfallen der Entladungsspannung stattfindet, liegt eine negative differenzielle Leitfähigkeit vor und somit ist die Entladung in dieser Phase besonders instabil [297]. Ein unbeschränktes Anwachsen des Stroms und der Übergang zu einer Bogenentladung wird jedoch durch die mit wachsendem Strom zunehmende Akkumulation positiver Ladungen auf der Oberfläche verhindert. Die Oberflächenaufladung führt dazu, dass die elektrische Feldstärke stark abnimmt, die weitere Ionisation des Gases verhindert wird und die

6.5 Mikroentladungen in dielektrisch behinderten Entladungen

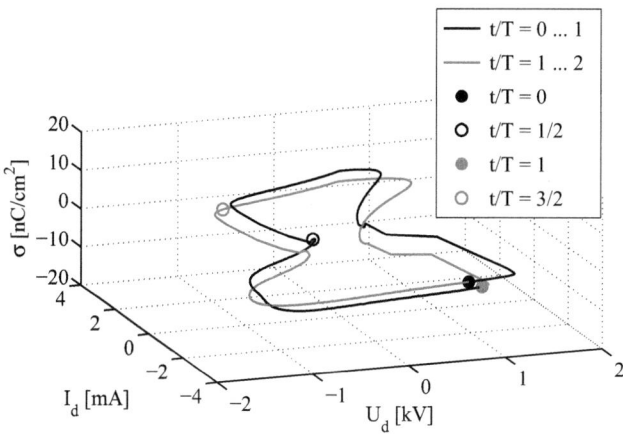

Abbildung 6.38: Entladungsdynamik im Phasenraum von Strom, Spannung und Oberflächenladung

Entladung wieder abklingt. Mit dem Wechsel der Polarität steigt der Betrag der Entladungsspannung erneut an bis bei $t/T \approx 1/2$ die Zündspannung erreicht ist. Mit dem Entladungsdurchbruch wächst der Strom betragsmäßig wieder an, wobei dieser nun von den Elektronen getragen wird und somit negativ ist. Infolgedessen findet eine negative Aufladung des Dielektrikums statt. Am Ende der blauen Kurve, das heißt am Ende der ersten Periode bei $t/T = 1$, ist die negative Aufladung der Oberfläche größer als bei $t/T = 0$. Dies führt dazu, dass ein qualitativ ähnliches aber nicht identisches dynamisches Verhalten einsetzt. Erst bei $t/T = 2$ ist der Ausgangszustand wieder erreicht und die Dynamik wiederholt sich. Eine Erklärung der Unterschiede in den einzelnen Mikroentladungen liefert die folgende Analyse der stattfindenden Mikroentladungen.

6.5.4 Analyse der Mikroentladungen

In diesem Abschnitt werden die bei $t_1 \approx 0$, $t_2 \approx T/2$, $t_3 \approx T$ und $t_4 \approx 3T/2$ auftretenden Entladungsereignisse untersucht. Dabei wird zunächst auf das raumzeitliche Entladungsverhalten eingegangen. Anschließend werden der Ionisationshaushalt sowie der Energiehaushalt der Elektronen genauer untersucht.

Raumzeitliches Entladungsverhalten

Die Abbildung 6.39a zeigt die raumzeitliche Entwicklung der Elektronendichte während der bei t_1 stattfindenden Entladung. Dabei bezeichnet t_1 den Zeitpunkt, in dem der Entladungsstrom während des ersten Entladungsereignisses sein betragsmäßiges Maximum erreicht (vgl. Abbildung 6.36). In den Abbildungen 6.39b–6.39d sind die

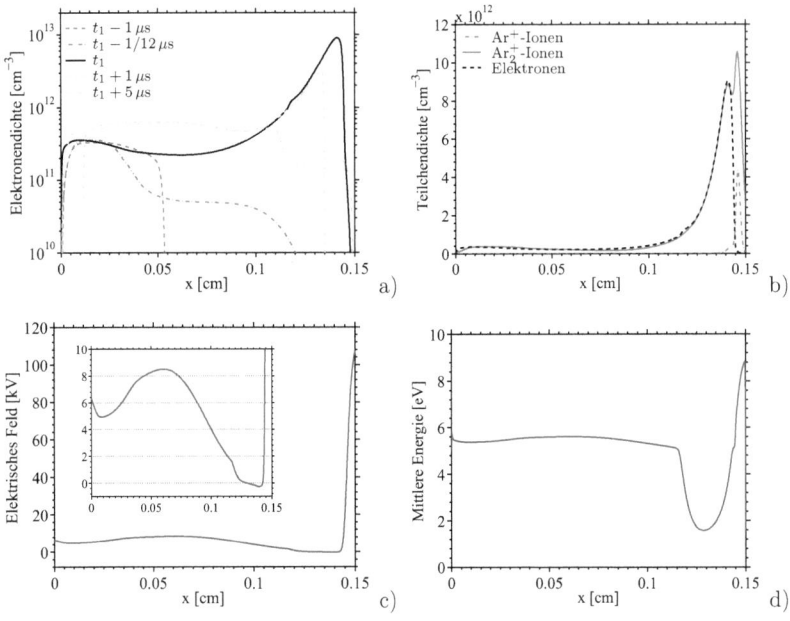

Abbildung 6.39: Raumzeitliche Entwicklung der Elektronendichte (a) sowie räumliche Variation der Ladungsträgerdichten (b), des elektrischen Feldes (c) und der mittleren Energie der Elektronen (d) zum Zeitpunkt t_1

Dichten der Ladungsträger sowie das elektrische Feld und die mittlere Energie der Elektronen zum Zeitpunkt t_1 dargestellt. Während des Zündprozesses ist die Potenzialdifferenz zwischen der gespeisten Elektrode und dem Dielektrikum positiv, das heißt, die gespeiste Elektrode ist die Anode und die geerdete Elektrode die Kathode. Die Abbildung 6.39a veranschaulicht, dass vor dem Durchbruch der Entladung ($t_1 - 1\,\mu s$) die Elektronendichte lediglich vor der Anode bei $x = 0$ relativ hoch ist. Im weiteren Verlauf kommt es zu einem Anstieg der Elektronendichte im Entladungsvolumen ($t_1 - 1/12\,\mu s$) bis die Entladung schließlich zündet. Nach etwa $5\,\mu s$ klingt die Entladung ab und die Ladungsträger rekombinieren.

Während des Entladungsereignisses bei t_1 ist die Dichte der Ar_2^+-Ionen im gesamten Entladungsgebiet größer als die Dichte der Ar^+-Ionen (vgl. Abbildung 6.39b). Anders als bei der in Abschnitt 6.4 untersuchten gepulsten Atmosphärendruckentladung dominiert hier also im Kathodengebiet nicht die Dichte der Ar^+-Ionen. Dieser

6.5 Mikroentladungen in dielektrisch behinderten Entladungen

Unterschied ist darauf zurückzuführen, dass aufgrund der vergleichsweise kleinen Elektronendichte im Kathodengebiet, die Grundzustands- und Stufenionisationsraten um etwa drei bis vier Größenordnungen kleiner sind. Letzteres führt dazu, dass im Kathodengebiet der Gewinn von Ar^+-Ionen nahezu kompensiert wird durch ihren Verlust in dem Dreierstoßprozess

$$Ar^+ + 2Ar \longrightarrow Ar_2^+ + Ar.$$

Das in Abbildung 6.39 dargestellte elektrische Feld zeigt im Kathodenfallgebiet bei $1.4\,\text{mm} < x \leq 1.5\,\text{mm}$ einen typischen, nahezu linearen Verlauf. Es ist ein starkes Abfallen der Feldstärke in Richtung des quasineutralen Bereichs zu beobachten. In dem Übergangsbereich vom Kathodengebiet zum Entladungsvolumen ($1.2\,\text{mm} < x \leq 1.4\,\text{mm}$) tritt eine Umkehr der Feldrichtung auf.

Aufgrund des Energiegewinns durch Joulesche Heizung in dem Kathodenfallgebiet steigt die mittlere Energie der Elektronen von der Kathode zum Entladungsvolumen hin an (vgl. Abbildung 6.39d). Anders als in den Entladungssituationen, die in den Abschnitten 6.2–6.4 untersucht wurden, findet hier jedoch nur ein schwacher Anstieg der mittleren Energie auf etwa 9 eV statt. Der Übergang vom Kathodengebiet zum Entladungsvolumen ist durch ein ausgeprägtes Minimum in der mittleren Energie bei $x \approx 1.3\,\text{mm}$ gekennzeichnet. Im Entladungsvolumen zeigen sowohl das elektrische Feld als auch die mittlere Energie ein inhomogenes Verhalten mit einem lokalen Maximum etwa im Zentrum des Entladungsspalts.

Während des zweiten Entladungsereignisses bei t_2 ist die Entladungsspannung negativ und somit ist die gespeiste Elektrode bei $x = 0$ die Kathode und die geerdete Elektrode bei $x = 1.5\,\text{mm}$ die Anode. Die raumzeitliche Entwicklung der Elektronendichte und die Dichten der Ladungsträger, das elektrische Feld sowie die mittlere Energie der Elektronen zum Zeitpunkt t_2 sind in der Abbildung 6.40 veranschaulicht. Die Abbildung 6.40a zeigt, dass, anders als bei der zuvor betrachteten Mikroentladung bei t_1, die Elektronendichte vor dem Entladungsdurchbruch ($t_2 - 1\,\mu\text{s}$) in einem weiten Bereich des Entladungsvolumens groß ist. Dieser Unterschied wird unter anderem dadurch verursacht, dass die Sekundärelektronenemission an der metallischen Elektrode ($\gamma = 0.06$) höher ist als an der beschichteten Elektrode ($\gamma = 0.02$). Aufgrund der schnelleren Ionisierung des Gases zündet die Entladung in Bezug auf die Periode der externen Spannung früher. Zudem ist die Zündspannung durch die höhere Konzentration der Ladungsträger und angeregten Teilchen, die in der ersten Mikroentladung erzeugt wurden, geringer (vgl. Abbildung 6.36).

Das in den Abbildungen 6.40b–6.40d gezeigte räumliche Verhalten der Ladungsträgerdichten, des elektrischen Feldes und der mittleren Energie der Elektronen zum Zeitpunkt t_2 weist im Kathodengebiet bei $0 \leq x < 0.14\,\text{mm}$ und im Übergangsbe-

6 Ergebnisse der Modellierung anisothermer Argonplasmen

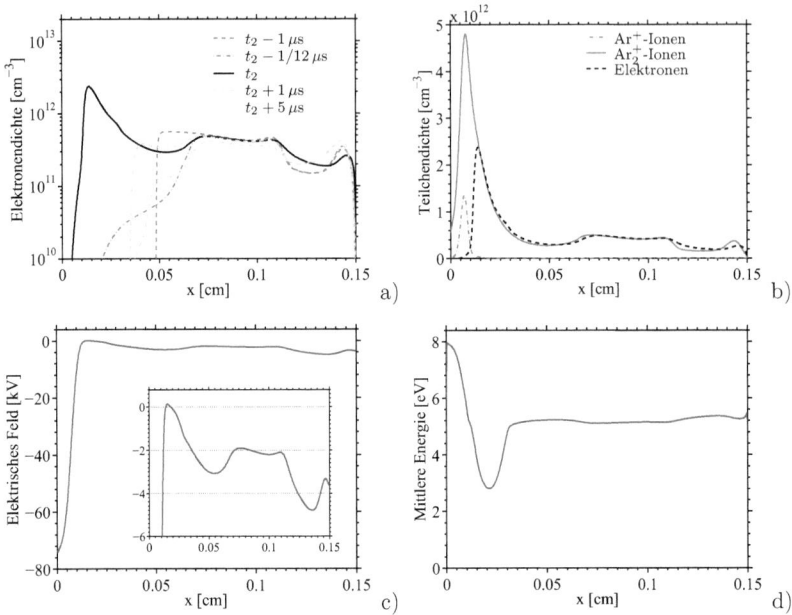

Abbildung 6.40: Raumzeitliche Entwicklung der Elektronendichte (a) sowie räumliche Variation der Ladungsträgerdichten (b), des elektrischen Feldes (c) und der mittleren Energie der Elektronen (d) zum Zeitpunkt t_2

reich zum Entladungsvolumen bei $0.14\,\text{mm} \leq x < 0.2\,\text{mm}$ ein ähnliches Verhalten wie bei t_1 auf. Aufgrund der geringeren Zündspannung ist das Kathodenfallgebiet jedoch geringfügig größer und somit die maximale Feldstärke kleiner als in der zuvor diskutierten Situation. Die geringere Feldstärke führt wiederum zu einer kleineren mittleren Elektronenenergie im Kathodengebiet.

Im Entladungsvolumen sind ausgeprägte Schichtstrukturen zu beobachten, die während der Mikroentladung bei t_1 nicht zu beobachten sind und gleichermaßen in den Dichten der Ladungsträger, dem elektrischen Feld und der mittleren Energie der Elektronen auftreten. Der axiale Verlauf des elektrischen Feldes und der mittleren Energie im Entladungsvolumen weist, statt des globalen Maximums bei t_1, hier mehrfache lokale Maxima auf. Es ist zu beobachten, dass die lokalen Maxima in den Ladungsträgerdichten und dem elektrischen Feld mit lokalen Minima in der mittleren Energie einhergehen. Lokale Minima in ersteren korrelieren mit lokalen Maxima in der mittleren Energie. Auf die Ursachen der Schichtstrukturen wird in dem folgenden Unterabschnitt eingegangen.

6.5 Mikroentladungen in dielektrisch behinderten Entladungen

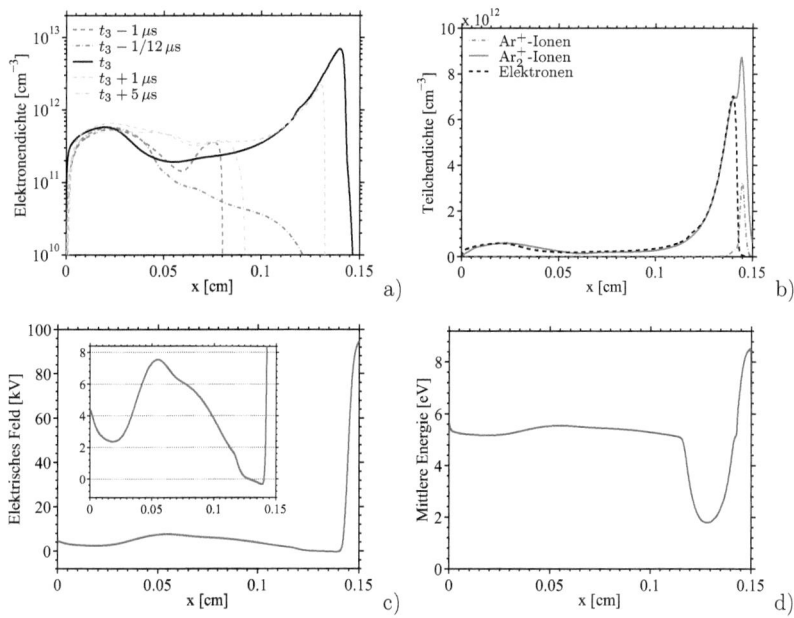

Abbildung 6.41: Raumzeitliche Entwicklung der Elektronendichte (a) sowie räumliche Variation der Ladungsträgerdichten (b), des elektrischen Feldes (c) und der mittleren Energie der Elektronen (d) t_3

Das in den Abbildungen 6.41 und 6.42 dargestellte raumzeitliche Verhalten der Mikroentladungen bei t_3 und t_4 ist qualitativ vergleichbar mit den Resultaten bei t_1 bzw. bei t_2. Die Mikroentladung bei t_3 (vgl. Abbildung 6.41) ist vergleichbar mit der, die zum Zeitpunkt t_1 stattfindet, wobei die Zündspannung geringfügig kleiner ist (vgl. Abbildung 6.36) und somit auch die maximale Feldstärke bei t_3 kleiner ist als bei t_1. Auch hier ist die geringere Zündspannung auf das vorherrschen höherer Konzentrationen der Ladungsträger und angeregten Teilchen im Entladungsvolumen zurückzuführen.

Die Abbildung 6.42 zeigt, dass das Entladungsereignis bei t_4 grob vergleichbar mit dem Verhalten bei t_2 ist. Anstatt der zum Zeitpunkt t_2 beobachteten drei Maxima im axialen Verlauf der Ladungsträgerdichten und des elektrischen Feldes im Entladungsvolumen, treten hier jedoch lediglich zwei Maxima auf.

6 Ergebnisse der Modellierung anisothermer Argonplasmen

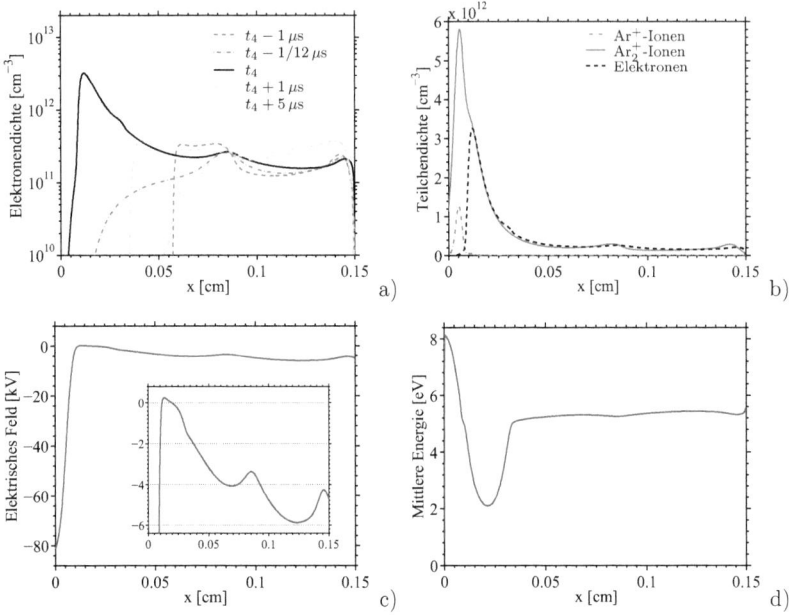

Abbildung 6.42: Raumzeitliche Entwicklung der Elektronendichte (a) sowie räumliche Variation der Ladungsträgerdichten (b), des elektrischen Feldes (c) und der mittleren Energie der Elektronen (d) zum Zeitpunkt t_4

Ionisationshaushalt

Um das komplexe Entladungsverhalten erklären zu können und um insbesondere die Ursache der Schichtstrukturen und der Periodendopplung zu verstehen, wird folgend der Ionisationshaushalt während der stattfindenden Mikroentladungen diskutiert.

Die Abbildung 6.43 zeigt die Ionisations- und Rekombinationsraten vor und während der vier Mikroentladungen zu den Zeitpunkten t_1, t_2, t_3 und t_4. Die dargestellten Ergebnisse machen deutlich, dass sich der Ionisationshaushalt $1/12\,\mu s$ vor dem Durchbruch in allen Fällen wesentlich unterscheidet. Lediglich im Bereich vor der jeweiligen Kathode zeigt sich ein qualitativ ähnliches Verhalten. Hier ist die Elektronendichte bei allen Entladungen klein (vgl. Abbildungen 6.39–6.42) und die Grundzustandsionisation dominiert die Ladungsträgerproduktion.

Zum Zeitpunkt des betragsmäßig größten Entladungsstroms ist ein deutlicher Unterschied zwischen den Entladungen bei t_1 und t_3 sowie den Entladungen bei t_2 und t_4 zu beobachten. Bei ersteren liefert die Grundzustandsionisation im Entladungsvolumen einen wesentlichen Beitrag, wogegen der Einfluss der Grundzustandsionisation

6.5 Mikroentladungen in dielektrisch behinderten Entladungen

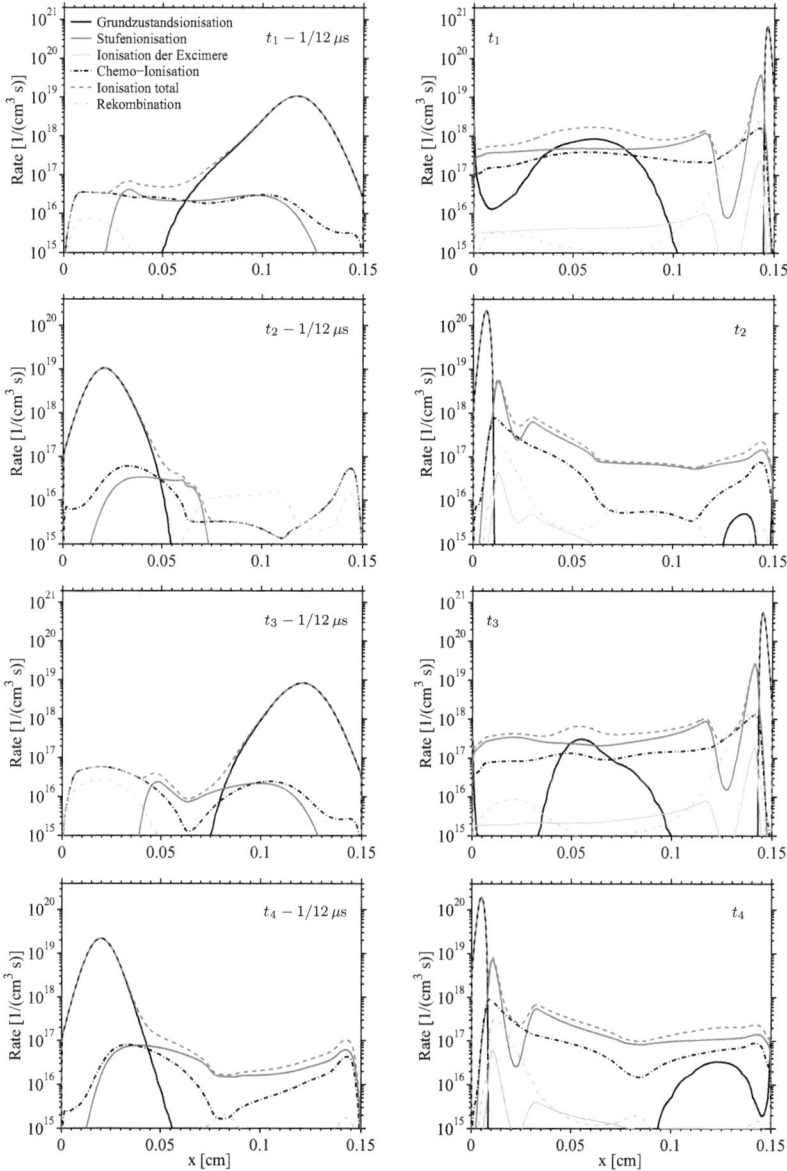

Abbildung 6.43: Ionisations- und Rekombinationsraten $1/12\,\mu s$ vor (links) und während (rechts) der Mikroentladungen bei t_1, t_2, t_3 und t_4

6 Ergebnisse der Modellierung anisothermer Argonplasmen

in letzteren nur eine untergeordnete Rolle spielt. Die im Entladungsvolumen lokal große Grundzustandsionisation zu den Zeitpunkten t_1 und t_3 verursacht das bei t_1 und t_3 beobachtete Maximum im axialen Verlauf des elektrischen Feldes.

Die Schichtstrukturen sind besonders ausgeprägt bei der zum Zeitpunkt t_2 stattfindenden Entladung sichtbar und treten schwächer auch bei t_4 auf. Bei ersterer hat die Grundzustandsionisation im Entladungsvolumen den geringsten Einfluss und liefert lediglich im Kathodengebiet den wesentlichen Beitrag zur Ladungsträgerproduktion. Im Übergangsbereich vom Kathodengebiet zum Entladungsvolumen gewinnt die Chemo-Ionisation an Bedeutung und im Entladungsvolumen dominiert die Stufenionisation. Dabei liefern insbesondere die Stoßprozesse mit Ar[$1s_3$]-Atomen einen wesentlichen Beitrag.

Das lokale Anwachsen und Abfallen der Stufen- und Chemo-Ionisationsraten ist auf entsprechende Inhomogenitäten in den Dichten der metastabilen Atome zurückzuführen, die während der zeitlichen Entwicklung der Mikroentladung bei t_2 in der Abbildung 6.44 dargestellt sind. Die Abbildung zeigt, dass die Dichte der Ar[$1s_5$]-

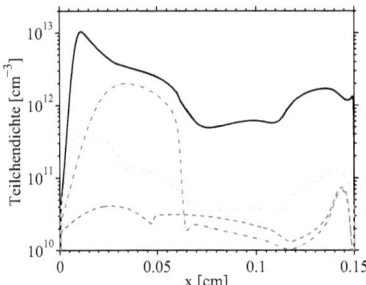 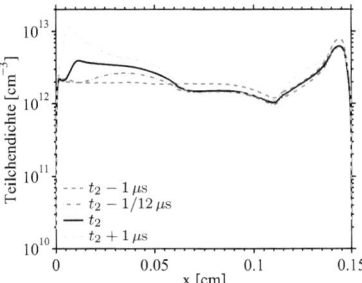

Abbildung 6.44: Raumzeitliche Entwicklung der Dichten der Ar[$1s_5$]-Atome (links) und der Ar[$1s_3$]-Atome (rechts) während des Entladungsdurchbruchs bei t_2

Atome lediglich zum Zeitpunkt des Entladungsdurchbruchs größer als die Dichte der Ar[$1s_3$]-Atome ist, so dass letztere wesentlich das Zünd- und Abklingverhalten beeinflussen. Der starke Rückgang der Dichte der metastabilen Ar[$1s_5$]-Atome unmittelbar nach dem Entladungsdurchbruch ist auf den Verlust in Drei-Teilchen-Stößen mit Schwerteilchen im Grundzustand gemäß der Reaktion

$$Ar[1s_5] + 2Ar[1p_0] \longrightarrow Ar_2^*[^3\Sigma_u^+, v \gg 0] + Ar[1p_0]$$

zurückzuführen. Für die Ar[$1s_3$]-Atome dominiert dagegen mit dem Abklingen der Entladung lokal der Teilchengewinn in dem Quenchingprozess für die Ar[$1s_2$]-Atome

$$Ar[1s_2] + Ar[1p_0] \longrightarrow Ar[1s_3] + Ar[1p_0]\,.$$

6.5 Mikroentladungen in dielektrisch behinderten Entladungen

Dies führt dazu, dass die Dichte der metastabilen Ar[$1s_3$]-Atome während der gesamten zeitlichen Entwicklung in der selben Größenordnung bleibt.

Ein weiterer Effekt, der durch die hohe Dichte der metastabilen Atome ausgelöst wird ist, dass während des gesamten quasiperiodischen Verlaufs lokal hohen Stufen- und Chemo-Ionisationsraten vorhanden sind. Diese verhindern ein vollständiges Abklingen der Entladung, so dass vor jedem neuen Zünden ein anderer Ausgangszustand herrscht, der zu den veränderten Entladungseigenschaften führt und letztendlich das quasiperiodische Verhalten auslöst. Das Entladungsereignis zum Zeitpunkt t_1 macht deutlich, dass mit zunehmender Relevanz der Grundzustandsionisation diese Effekte überdeckt werden.

In der Abbildung 6.45 ist die zeitliche Entwicklung der Ionisations- und Rekombinationsraten im Zentrum der Entladung während des gesamten periodischen Verhaltens mit einer Vergrößerung des Zeitraums der vier Entladungsereignisse dargestellt. Die Abbildung verdeutlicht die Unterschiede in den vier Entladungsereignissen

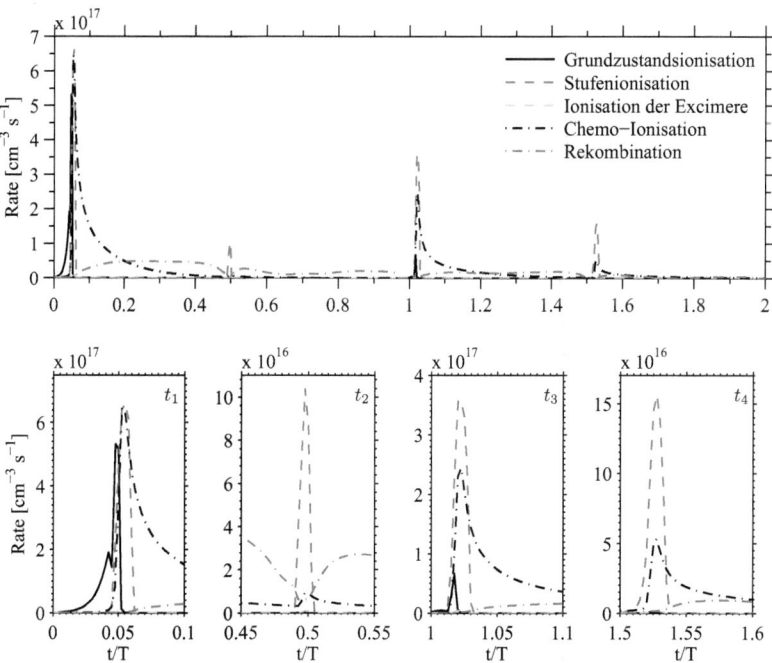

Abbildung 6.45: Zeitlicher Verlauf der Ionisations- und Rekombinationsraten im Zentrum des Entladungsspalts bei $x = 0.75$ mm während der vier Entladungsereignisse

und der zugrunde liegenden Prozesse. Der Anstieg der Elektronendichte im Entladungsvolumen vor dem Zünden der ersten Mikroentladung bei t_1 wird durch ionisierende Stöße von Elektronen mit Neutralteilchen im Grundzustand verursacht. Erst mit dem Entladungsdurchbruch gewinnen Chemo- und Stufenionisationsprozesse im Entladungszentrum an Bedeutung und liefern zum Zeitpunkt der maximalen Produktion bei t_1 etwa den gleichen Beitrag. Mit dem Abklingen der Entladung steigt die Rekombinationsrate an und dominiert schließlich die Elektronenbilanz bis zum Neuzünden der Entladung bei t_2.

Anders als bei dem Entladungsdurchbruch zum Zeitpunkt t_1, findet bei t_2 die Elektronenerzeugung im Zentrum fast ausschließlich durch Stufenionisationsprozesse statt. Die Chemo-Ionisation liefert nur einen geringen Beitrag und die Grundzustandsionisation ist vernachlässigbar. Auch in dem dritten und vierten Entladungsereignis liefert die Stufenionisation im Entladungszentrum den größten Beitrag zur Elektronenerzeugung, hier gewinnt jedoch auch die Chemo-Ionisation und bei t_3 zusätzlich die Grundzustandsionisation wieder an Bedeutung.

Die Abbildung 6.45 zeigt weiterhin, dass insbesondere während des Abklingens der vergleichsweise starken Entladungen bei t_1 und t_3 eine hohe Chemo-Ionisationsrate vorherrscht, wobei – aufgrund der hohen Dichte der Ar[$1s_3$]-Atome – der Stoßprozess

$$Ar[1s_3] + Ar[1s_3] \longrightarrow Ar^+ + e + Ar[1p_0]$$

den wesentlichen Beitrag liefert. Die dadurch stattfindende Ladungsträgerproduktion führt dazu, dass die Entladungen nicht vollständig abklingen und es zu der beobachteten Schichtenbildung sowie der Periodendopplung kommt.

Energiehaushalt der Elektronen

Die Raten der energieerzeugenden und energievernichtenden Stoßprozesse zu den Zeitpunkten der maximalen Stromspitzen t_1, t_2, t_3 und t_4 sind in der Abbildung 6.46 dargestellt. Die Abbildung veranschaulicht, dass die wesentlichen Energieerzeugungs- und Energievernichtungsprozesse in allen vier Fällen die gleichen sind. Im Kathodengebiet dominiert der Energiegewinn durch Joulesche Heizung. Dieser wird jedoch nahezu vollständig kompensiert durch den Energieverlust in anregenden und ionisierenden Elektron-Neutralteilchenstößen. Dies ist die Ursache für den, während aller vier Entladungsereignisse beobachteten, geringen Anstieg der mittleren Elektronenenergie im Kathodengebiet.

Der mit dem Anstieg der Elektronendichte in Richtung Entladungsvolumen zunehmende Energieverlust in elastischen und anregenden bzw. ionisierenden Stoßprozessen verursacht die starke Reduktion der mittleren Energie bis zu dem Energieminimum im Übergangsbereich vom Kathodengebiet zum Entladungsvolumen (vgl.

6.5 Mikroentladungen in dielektrisch behinderten Entladungen

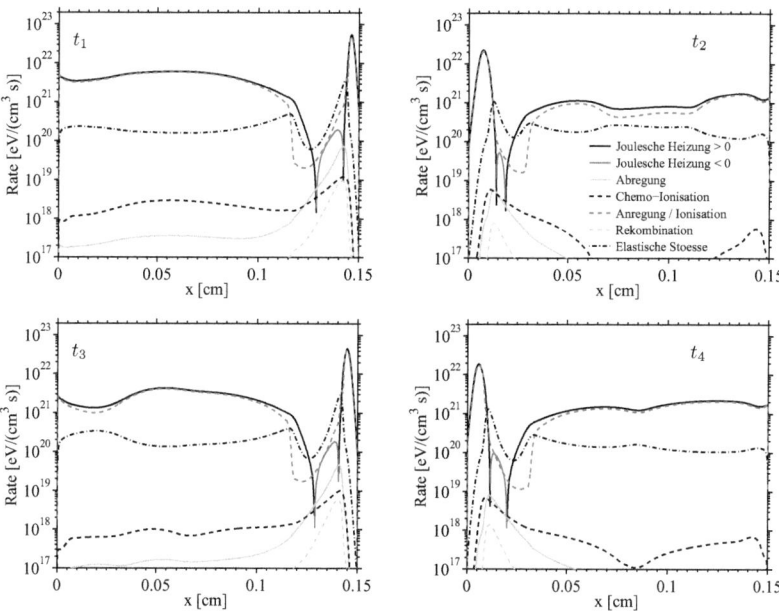

Abbildung 6.46: Energiehaushalt zum Zeitpunkt des maximalen Stroms während der vier auftretenden Entladungsereignisse

Abbildungen 6.39d–6.42d). Durch die stattfindende Feldumkehr trägt hier zudem die Joulesche „Heizung" zum Energieverlust bei.

Weiterhin macht die Abbildung 6.46 deutlich, dass der sich anschließende Wiederanstieg der mittleren Energie auf einen erneuten Energiegewinn aus dem anwachsenden elektrischen Feld (Joulesche Heizung) zurückzuführen ist. Mit dem Anstieg der mittleren Energie wachsen auch die Anregungs- und Ionisationsraten an und kompensieren zusammen mit dem Energieverlust durch elastische Stöße den Energiegewinn im Entladungsvolumen. Der Energiegewinn durch superelastische Elektron-Neutralteilchenstöße sowie durch Chemo-Ionisation spielt ebenso wie der Energieverlust durch Rekombination eine untergeordnete Rolle. Die hier nicht dargestellte Divergenz des Energiestroms der Elektronen trägt lediglich im Übergangsbereich vom Kathodengebiet zum Entladungsvolumen zum Energiehaushalt der Elektronen bei.[6]

Zum Zeitpunkt des Entladungsdurchbruchs findet der Energieverlust der Elektro-

---

[6] Die explizite Bestimmung des Terms $\partial_x Q_e$ ist numerisch problematisch, so dass hier auf eine Darstellung verzichtet wird.

6 Ergebnisse der Modellierung anisothermer Argonplasmen

nen sowohl im Kathodengebiet als auch im Entladungsvolumen vorwiegend durch Anregung von Teilchen im Grundzustand statt. Lediglich in dem Übergangsbereich, in dem die mittlere Energie das ausgeprägte Minimum aufweist, dominiert der Energieverlust in elastischen Elektron-Neutralteilchenstößen (vgl. Abbildung 6.46). Dieses Verhalten ändert sich mit dem Abklingen der Entladung. Der in Abbildung 6.47 dargestellte zeitliche Verlauf der Energiegewinn- und Energieverlustraten im Ent-

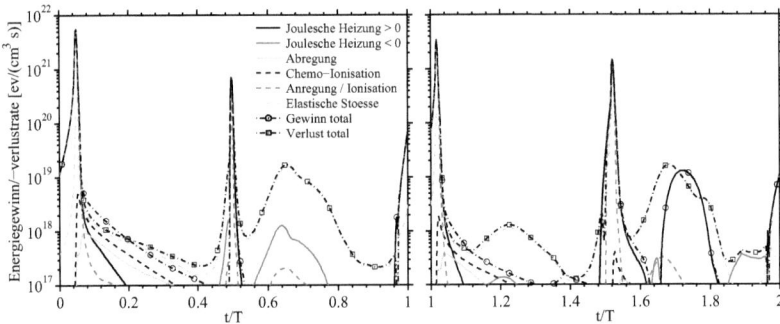

Abbildung 6.47: Zeitlicher Verlauf der Energiegewinn- und Energieverlustraten im Zentrum des Entladungsspalts bei $x = 0.75\,\text{mm}$

ladungszentrum während des gesamten periodischen Verhaltens verdeutlicht, dass zwischen den einzelnen Mikroentladungen, elastische Stöße den Energieverlust im Entladungszentrum dominieren. Weiterhin trägt die aus dem genannten Grund hier nicht gezeigte Divergenz des Energiestroms zwischen den einzelnen Mikroentladungen zum Energieverlust bei, so dass der Energieverlust nicht kompensiert wird und die Energiedichte absinkt.

In dem Abschnitt 6.5 wurde das in dieser Arbeit eingeführte Drift-Diffusionsmodell DDAn erfolgreich zur theoretischen Beschreibung von Mikroentladungen in einer dielektrisch behinderten Entladung eingesetzt. Der in Abbildung 6.48 gezeigte Vergleich der Resultate des hier eingesetzten Drift-Diffusionsmodells mit den Ergebnissen des konventionellen Drift-Diffusionsmodells DD5/3, bei dem die vereinfachten Energietransportkoeffizienten Anwendung finden, macht deutlich, dass der Stromverlauf von dem jeweils verwendeten Modellansatz nur unwesentlich beeinflusst wird. Insbesondere werden jedoch die beobachteten Schichtstrukturen mit dem konventionellen Drift-Diffusionsmodell nur eingeschränkt wiedergegeben und es treten größere Abweichungen in der räumlichen Variation der Teilchendichten auf. Mit Verwendung der konsistenten Energietransportkoeffizienten im Rahmen des Modells DDAk konnten aufgrund eines unphysikalischen Lösungsverhaltens keine Ergebnisse erzielt

6.5 Mikroentladungen in dielektrisch behinderten Entladungen

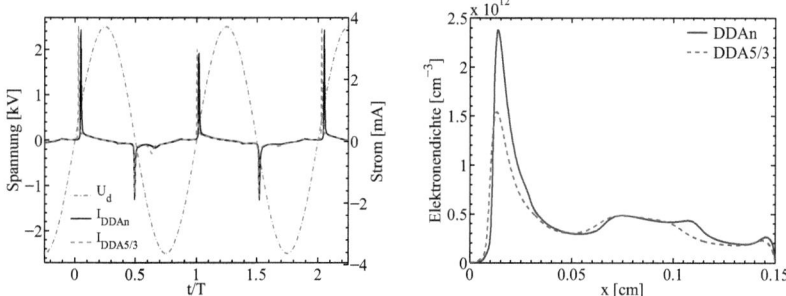

Abbildung 6.48: Vergleich der Ergebnisse des neuen Drift-Diffusionsmodells DDAn mit den Resultaten des konventionellen Drift-Diffsionsmodells mit vereinfachten Energietransportkoeffizienten DDA5/3. Dargestellt ist der zeitliche Verlauf des Entladungsstroms (links) sowie die Elektronendichte zum Zeitpunkt t_2 (rechts)

werden. Die Tatsache, dass ausgeprägte Schichtungen auch in dem zugrunde liegenden Experiment beobachtet wurden [141], lässt auch hier die Schlussfolgerung zu, dass der neue Drift-Diffusionsansatz DDAn den konventionellen Modellen überlegen ist.

Eine detaillierte Analyse der Modellergebnisse hat ergeben, dass sowohl die Periodendopplung als auch die Schichtstrukturen durch die hohe Dichte metastabiler Atome während der gesamten zeitlichen Entwicklung und dem damit verbundenen Auftreten lokaler Maxima in den Stufen- und Chemo-Ionisationsraten verursacht werden. Dies bestätigt die Vermutung anderer Autoren, dass metastabile Atome für das Auftreten komplexer dynamischer Phänomene in Atmosphärendruckplasmen verantwortlich sein können [298–300]. Weiterhin haben die durchgeführten Untersuchungen gezeigt, dass in Entladungssituationen, bei denen die Grundzustandsionisation den wesentlichen Ionisationsprozess ausmacht, nicht mit dem Auftreten derartiger Phänomene zu rechnen ist.

7 Schlussbetrachtung und Ausblick

In der vorliegenden Arbeit wurden hydrodynamische Modelle und numerische Verfahren zur theoretischen, computergestützten Beschreibung von anisothermen Entladungsplasmen untersucht und zur Modellierung von anwendungsbezogenen Argonentladungen eingesetzt. Dabei lagen die Schwerpunkte der Arbeit auf der Untersuchung von Mehr-Momenten-Modellen und Drift-Diffusionsmodellen zur Beschreibung der Elektronen sowie bei der Entwicklung impliziter numerischer Verfahren zur Diskretisierung der Systeme partieller Differenzialgleichungen. Ein weiterer Schwerpunkt war die Anwendung der Modelle und Verfahren zur Analyse einer RF-Entladung bei Niederdruck sowie einer gepulsten Glimmentladung und einer dielektrisch behinderten Entladung bei Atmosphärendruck.

Nach der Herleitung allgemeiner Momentengleichungen für die Teilchendichte, die Teilchenstromdichte und die Energiedichte der Elektronen sowie für die Teilchendichte und die Teilchenstromdichte der Schwerteilchen, die gekoppelt mit der Poisson-Gleichung für das elektrische Potenzial gelöst werden, wurde insbesondere auf den Abschluss des Modells zur Beschreibung der Elektronen eingegangen. Es wurde aufgezeigt, dass der konventionelle Abschluss durch Approximation des Wärmestroms auf Annahmen beruht, die im Allgemeinen nicht erfüllt sind und zu Fehlern in den Modellergebnissen führen können.

Für die in dieser Arbeit betrachteten, räumlich eindimensionalen Entladungsgeometrien wurde ein neuer Ansatz eingeführt, der im Rahmen eines Vier-Momenten-Modells (4MM), welches Bilanzgleichungen für die Teilchendichte, die Teilchenstromdichte, die Energiedichte sowie die Energiestromdichte der Elektronen umfasst, den Abschluss der Momentengleichungen für die Elektronen über den Energiestrom ermöglicht. Es wurde gezeigt, dass das Vier-Momenten-Modell mittels zusätzlicher Annahmen zu einem Drei-Momenten-Modell (3MMn) bzw. einem Drift-Diffusionsmodell (DDAn) vereinfacht werden kann, wobei sich sowohl das neue Drei-Momenten-Modell als auch das neue Drift-Diffusionsmodell von den entsprechenden konventionellen Modellen 3MMk bzw. DDAk unterscheiden.

Um geeignete Randbedingungen zum Abschluss der Systeme partieller Differenzialgleichungen auswählen zu können und um eine adäquate Diskretisierung der partiellen Differenzialgleichungen zu ermöglichen, wurde eine Klassifizierung der Modell-

7 Schlussbetrachtung und Ausblick

gleichungen bezüglich ihres Typs vorgenommen. Dabei wurde unter anderem das Mehr-Momenten-Modell für die Schwerteilchen als hyperbolisch und das konventionelle Mehr-Momenten-Modell für die Elektronen als parabolisch klassifiziert. Unter gewissen Annahmen wurden die neu eingeführten Mehr-Momenten-Modelle als hyperbolisch (4MM) bzw. parabolisch (3MMn) klassifiziert.

Zur Festlegung der Anzahl der vorzugebenden Randbedingungen, wurde eine Analyse der charakteristischen Wellen des hyperbolischen Anteils der Systeme partieller Differenzialgleichungen vorgenommen. Die physikalisch motivierten Reflexionsbedingungen für die Teilchenströme sowie den Energiestrom der Elektronen wurden durch numerische Randbedingungen ergänzt, sofern der Typ der Gleichung dies erforderte.

Bei den Untersuchungen zu den numerischen Diskretisierungsverfahren standen insbesondere implizite Verfahren im Vordergrund, da explizite Verfahren Stabilitätsbedingungen an die Zeitschrittweite unterliegen, die oftmals zu sehr hohen Rechenzeiten führen. Dabei wurden, neben bekannten impliziten Finite-Differenzen-Verfahren, insbesondere stabilisierte Flux-Corrected-Transport (FCT) Verfahren zur Diskretisierung der Mehr-Momenten-Modelle untersucht. Es wurde ein neues implizites Finite-Differenzen-FCT-Verfahren (IFCT) entwickelt und ein verbessertes implizites Finite-Elemente-FCT-Verfahren (FEFCTs) eingeführt. Des Weiteren wurde eine Anpassung des exponentiellen Differenzenverfahrens nach Scharfetter und Gummel zur Diskretisierung des neuen Drift-Diffusionsmodells vorgenommen.

Ein Vergleich der FCT-Verfahren IFCT und FEFCTs am Beispiel des Referenzmodells einer anomalen Glimmentladung in Argon hat gezeigt, dass die neu eingeführten FCT-Verfahren den bekannten Verfahren überlegen sind. Insbesondere werden unphysikalische Artefakte in den numerischen Lösungen vermieden, die bei anderen FCT-Verfahren gelegentlich auftreten und aufgrund der starken nichtlinearen Kopplung der partiellen Differenzialgleichungen untereinander und der Abhängigkeit der Transport- und Ratenkoeffizienten der Elektronen von der mittleren Energie zu einem unphysikalischen Lösungsverhalten und damit zu einem Abbruch der Modellrechnungen führen können. Insgesamt hat sich das IFCT-Verfahren gegenüber dem FEFCTs-Verfahren als geeigneter erwiesen.

Eine Gegenüberstellung der Ergebnisse der FCT-Verfahren mit den Resultaten des Finite-Differenzen-Upwind-Verfahrens hat ergeben, dass insbesondere bei der Approximation steiler Gradienten beide FCT-Verfahren auf einem groben Ortsgitter deutlich genauere Ergebnisse liefern als das Upwind-Verfahren. Die konvergenten Lösungen aller Verfahren sind identisch. Nachteile beider FCT-Verfahren haben sich

7 Schlussbetrachtung und Ausblick

gezeigt, als diese zusammen mit einem Algorithmus zur automatischen Anpassung der Zeitschrittweite eingesetzt wurden. Grundsätzlich kann auch bei der Verwendung der FCT-Verfahren ein Algorithmus zur Schrittweitensteuerung eingesetzt werden. Jedoch ist damit zu rechnen, dass dieser ineffizienter arbeitet, als wenn klassische Diskretisierungsansätze – wie z. B. das Upwind-Verfahren – verwendet werden. Weiterhin wurde verdeutlicht, dass die betrachteten FCT-Verfahren nicht zur Beschreibung von RF-Entladungen geeignet sind. Hier sind weitere Arbeiten notwendig, um die auftretenden numerischen Probleme zu minimieren.

Zusammenfassend ist der Einsatz des IFCT-Verfahrens dann empfehlenswert, wenn in Gleichstromentladungen bzw. gepulsten Entladungen steile Gradienten in den Lösungsvariablen auftreten, die auf einem groben Ortsgitter gut aufgelöst werden müssen. Für eine weitere Bewertung ist ein direkter Vergleich der hier vorgestellten impliziten FCT-Verfahren mit den in der Literatur verwendeten expliziten Verfahren bei der Modellierung von Streamer-Entladungen erstrebenswert.

Die entwickelten Modelle und Verfahren wurden in Form eines eigenständigen FORTRAN-Programms umgesetzt. Das Programm wurde erfolgreich zur Modellierung von anwendungsnahen Argonentladungen sowohl bei Niederdruck als auch bei Atmosphärendruck eingesetzt. Dazu ist zu bemerken, dass weder die betrachteten Modelle noch die numerischen Verfahren auf die Beschreibung von Argonplasmen beschränkt sind. Aufgrund der modularen Programmstruktur und der implementierten Routinen zum Einlesen allgemeiner Reaktionsschemata und Teilchenkonfigurationen, können nach dem Bereitstellen der erforderlichen Daten und der Anpassung der Entladungsparameter unmittelbar Modellrechnungen für andere Gase durchgeführt werden. Mit geringen Änderungen der entsprechenden Routinen sind ebenso Untersuchungen von Gasgemischen möglich. Bei der Anwendung des Programms ist zu beachten, dass sowohl die Temperatur der Schwerteilchen als auch die Grundgasdichte als konstant angenommen werden. Ist zu erwarten, dass eine (lokale) Aufheizung des Gases eine bedeutende Rolle spielt, sollte eine Bilanzgleichung für die Schwerteilchentemperatur integriert werden. Eine derartige Anpassung ist in dem Computerprogramm bereits vorgesehen.

Zum Vergleich der neuen Modellansätze 4MM, 3MMn und DDAn zur Beschreibung der Elektronen mit den konventionellen Modellen wurde auf das zuvor genannte Referenzmodell einer anomalen Glimmentladung in Argon zurückgegriffen. Der Vergleich hat verdeutlicht, dass die neuen Modelle den konventionellen Modellen in Bezug auf die Genauigkeit überlegen sind und eine verbesserte Beschreibung nichtlokaler Effekte ermöglichen. Insbesondere der neue Drift-Diffusionsansatz DDAn hat sich sowohl zur Beschreibung von Niederdruckentladungen als auch von Atmosphä-

7 Schlussbetrachtung und Ausblick

rendruckentladungen etabliert. Aufgrund einer starken Limitierung der Zeitschrittweite bei der Verwendung der neuen Drei- bzw. Vier-Momenten-Modelle, sind zur effizienten Nutzung dieser Modelle weitere Arbeiten notwendig. Insbesondere das Vier-Momenten-Modell muss weiter untersucht und ein verbessertes Berechnungsschema zur Umgehung des Problems der hohen Rechenzeiten umgesetzt werden.

Eine Untersuchung des neuen Drift-Diffusionsmodells DDAn und der konventionellen Drift-Diffusionsmodelle DDAk und DDA5/3 hat deutlich gemacht, dass das qualitative Entladungsverhalten wesentlich durch die Konsistenz der Beschreibung des Energietransports beeinflusst wird. Ein Vergleich der Resultate der Drift-Diffusionsmodelle mit Ergebnissen eines kinetischen Modells hat gezeigt, dass das neue Modell DDAn die beste Übereinstimmung mit den kinetischen Resultaten liefert. Daraus lässt sich die Schlussfolgerung ziehen, das DDAn eine genauere Beschreibung der Elektronen ermöglicht als die konventionellen Modelle. Es wurde festgestellt, dass ein experimentell beobachtetes Maximum in der Dichte metastabiler Argonatome in einer Gleichspannungsglimmentladung von dem neuen Drift-Diffusionsmodell, nicht aber von dem konventionellen Drift-Diffusionsmodell DDA5/3 vorhergesagt wird.

Ein Vergleich zwischen den Ergebnissen des konventionellen Mehr-Momenten-Modells und den Resultaten des konventionellen Drift-Diffusionsmodells hat verdeutlicht, dass die Ergebnisse der beiden Modellansätze auch dann nicht übereinstimmen, wenn die im Drift-Diffusionsmodell vernachlässigten zeitlichen und räumlichen Ableitungen keine Rolle spielen. Die Abweichungen in den Modellergebnissen wurden, neben dem Einfluss der Randbedingungen, auf Unterschiede in der Beschreibung des Elektronentransports zurückgeführt. Es wurde gezeigt, dass das konventionelle Drift-Diffusionsmodell zusätzliche Annahmen beinhaltet, die in der Regel nicht erfüllt sind. Da das neue Drift-Diffusionsmodell konsistent aus dem Vier-Momenten-Modell abgeleitet wurde, tritt dieses Problem bei diesem Modell nicht auf.

Zusammenfassend ist das neue DDAn-Modell den konventionellen Modellen zur Beschreibung der Elektronen vorzuziehen, wenn die der Drift-Diffusionsnäherung zugrunde liegenden Annahmen gerechtfertigt sind. Zur Beschreibung von Entladungen bei sehr kleinem Druck ist auf Mehr-Momenten-Modelle oder auf hier nicht untersuchte Hybrid- bzw. kinetische Modelle zurückzugreifen. Erste Ergebnisse des Vier-Momenten-Modells zur Beschreibung einer Niederdruck-RF-Entladung sind Erfolg versprechend. Anhand von Benchmark-Modellen kann die Genauigkeit der verschiedenen Modellansätze abgeschätzt und die numerischen Ergebnisse können mit analytischen Lösungen verglichen werden. Eine Durchführung dieser Untersuchungen kann Gegenstand weiterführender Arbeiten sein.

Um einerseits physikalische Fragestellungen zu klären und andererseits die Anwend-

7 Schlussbetrachtung und Ausblick

barkeit der entwickelten Modelle und Verfahren zu belegen, wurden im Rahmen dieser Arbeit eine RF-Entladung bei Niederdruck sowie eine gepulste Entladung und eine dielektrisch behinderte Entladung bei Atmosphärendruck modelliert und analysiert.

Zur Beschreibung der RF-Entladung wurde das konventionelle Mehr-Momenten-Modell 3MMk eingesetzt, da aufgrund des niedrigen Drucks die Feldänderungsfrequenz in der gleichen Größenordnung bzw. größer als die Impulsübertragungsfrequenzen ist und somit Drift-Diffusionsmodelle nicht angewendet werden sollten. Die Untersuchung der wesentlichen Ionisationsprozesse hat ergeben, dass im Plasmabulk Stufenionisationsprozesse im Wesentlichen für die Elektronenproduktion verantwortlich sind, wogegen in der Plasmarandschicht sowie im Übergangsbereich vom Plasmabulk zur Plasmarandschicht die Grundzustandsionisation dominiert. In zukünftigen Arbeiten ist ein Vergleich der Ergebnisse mit Resultaten des Vier-Momenten-Modells bzw. von Hybrid-Modellen oder PIC-MCC-Simulationen zur Validierung der Ergebnisse nötig.

In Atmosphärendruckplasmen ist die Impulsübertragungsfrequenz der Elektronen in der Regel wesentlich größer als die Frequenz, mit der sich das elektrische Feld ändert, so dass Drift-Diffusionsmodelle angewendet werden können. Sowohl zur Beschreibung der gepulsten Entladung als auch zur Modellierung der dielektrisch behinderten Entladung wurde erfolgreich das neue Drift-Diffusionsmodell DDAn eingesetzt.

Die Untersuchung der gepulsten Atmosphärendruckentladung hat herausgestellt, dass das Entladungsverhalten in eine Townsend-Phase, eine Zündphase, einen quasistationären Zustand und eine Rekombinationsphase eingeteilt werden kann. Es wurde gezeigt, dass in dem homogenen, quasineutralen Bereich des quasistationären Zustands, die Elektronenproduktion von Stufenionisationsprozessen aus höher liegenden Energieniveaus dominiert wird, wogegen im Kathodengebiet die Grundzustandsionisation den wesentlichen Beitrag liefert. Des Weiteren wurde deutlich gemacht, dass im Entladungsvolumen der wesentliche Energiegewinn und Energieverlust der Elektronen durch anregende und abregende Stöße von Elektronen mit Neutralteilchen der Ar[2p], Ar[2p'] und höher liegenden Energieniveaus verursacht wird und der Energiegewinn aus dem elektrischen Feld von untergeordneter Bedeutung ist. Im Kathodengebiet dominiert dagegen die Joulesche Heizung den Energiegewinn der Elektronen zu jedem Zeitpunkt der zeitlichen Entwicklung. Die Bestimmung von Ähnlichkeitsparametern hat ergeben, dass sowohl die relative Fallraumdicke als auch die relative Stromdichte in grober Übereinstimmung mit bekannten Werten aus der Literatur sind.

7 Schlussbetrachtung und Ausblick

Die Analyse der dielektrisch behinderten Entladung wurde ergänzend zu aktuellen experimentellen Untersuchungen am INP Greifswald e.V. durchgeführt. Insbesondere wurde den Fragen nachgegangen, welche grundlegenden Prozesse zu den experimentell beobachteten Schichtstrukturen führen und wodurch die in den Modellergebnissen auftretende Periodendopplung verursacht wird. Im Rahmen der durchgeführten Untersuchungen konnten diese Fragestellungen beantwortet werden. Mittels einer detaillierten Analyse des Entladungsverhaltens und des Ionisationshaushalts wurde die hohe Dichte metastabiler Argonatome während der gesamten quasiperiodischen Entwicklung als Ursache für die beobachteten Phänomene identifiziert. Dabei hat sich herausgestellt, dass insbesondere bei der Beschreibung der Schichtstrukturen, der neue Drift-Diffusionsansatz dem konventionellen Modell überlegen ist. Es wurde gezeigt, dass hohe Chemo-Ionisationsraten während des Abklingens der quasiperiodisch stattfindenden Mikroentladungen dazu führen, dass im Entladungsvolumen kontinuierlich Ladungsträger produziert werden und so ein vollständiges Abklingen der Entladungen verhindern. Diese Tatsache ermöglicht wiederum das Auftreten komplexer Entladungsphänomene wie Schichtstrukturen und Periodenmultiplikationen.

Weiterhin wurde festgestellt, dass die Strom-Spannungscharakteristik der betrachteten dielektrisch behinderten Entladung sensitiv von den im Modell berücksichtigten Chemo-Ionisationsprozessen abhängig ist. Diese Tatsache ist auf den genannten Einfluss der Chemo-Ionisation zurückzuführen. Somit sollten in weiteren Untersuchungen die entsprechenden Prozesse kritisch geprüft und die zugehörigen Raten z. B. durch experimentelle Messungen validiert werden. Darüber hinaus ist in weiteren Arbeiten der Einfluss einer exakten Beschreibung des Strahlungstransports auf die Ergebnisse des Fluid-Modells zu untersuchen.

Die durchgeführte Arbeit hat verdeutlicht, dass weder ein Modell zur Beschreibung aller Entladungssituationen, noch ein numerisches Verfahren zur Diskretisierung aller Modellgleichungen verwendet werden kann. Die eingesetzten Modelle und Verfahren sind für eine gegebene Entladungssituation sorgfältig auszuwählen. Dazu kann auf die Ergebnisse dieser Arbeit zurückgegriffen werden. Das entwickelte Computerprogramm bietet dem Nutzer die Möglichkeit, zwischen den hier untersuchten Modellen und numerischen Verfahren auszuwählen.

In weiteren Arbeiten sollte eine Erweiterung der beschriebenen Modelle und Diskretisierungsansätze zur Berücksichtigung von zwei- bzw. dreidimensionalen Entladungsgeometrien vorgenommen werden. Dabei ist insbesondere die zweidimensionale Beschreibung der betrachteten dielektrisch behinderten Entladung von Interesse, um den Einfluss der Geometrie der Elektroden auf das Entladungsverhalten zu untersu-

7 Schlussbetrachtung und Ausblick

chen. Weiterhin kann so geklärt werden, welchen Einfluss die radiale Komponente der betrachteten Entladungen auf das raumzeitliche Entladungsverhaten hat.

Bei der Herleitung räumlich mehrdimensionaler Plasmamodelle ist es möglich, die im Rahmen dieser Arbeit neu eingeführten Modellansätze zur Beschreibung der Elektronen unmittelbar zu übernehmen, wenn die Transporteigenschaften der Elektronen als isotrop angenommen werden können. Andernfalls kann bei der Herleitung der Modellgleichungen auf analoge Weise eine Entwicklung der Geschwindigkeitsverteilungsfunktion der Elektronen nach sphärischen harmonischen Funktionen anstatt nach Legendre-Polynomen vorgenommen werden.

Die Verallgemeinerung des im Rahmen dieser Arbeit entwickelten Finite-Differenzen basierten IFCT-Verfahrens und ebenso der modifizierten Scharfetter-Gummel-Methode auf zwei Raumdimensionen, ist durch die Anwendung eines Dimensionssplitting-Verfahrens möglich. Dagegen kann das Finite-Elemente basierte FEFCTs-Verfahren mit den entsprechenden mehrdimensionalen Ansatzfunktionen unmittelbar zur Diskretisierung von zwei- und dreidimensionalen Problemen eingesetzt werden.

Literaturverzeichnis

[1] G. Lister, J. Lawler, W. Lapatovich and V. Godyak. The physics of discharge lamps. *Rev. Mod. Phys.*, 76:541–598, 2004.

[2] A. Bogaerts, E. Neyts, R. Gijbels and J. v. d. Mullen. Gas discharge plasmas and their applications. *Spectrochim. Acta B: At. Spectrosc.*, 57:609–658, 2002.

[3] U. Kogelschatz. Dielectric-Barrier Discharges: Their History, Discharge Physics, and Industrial Applications. *Plasma Chem. Plasma Process.*, 23:1–46, 2003.

[4] R. Hippler. *Low temperature plasmas: Fundamentals, Technologies, and Techniques Volume 1*. Wiley-VCH, Weinheim, 2. edition, 2008.

[5] R. Hippler. *Low temperature plasmas: Fundamentals, Technologies, and Techniques Volume 2*. Wiley-VCH, Weinheim, 2. edition, 2008.

[6] G. G. Lister. Low-pressure gas discharge modelling. *J. Phys. D: Appl. Phys.*, 25:1649–1680, 1992.

[7] D. Loffhagen and F. Sigeneger. Advances in Boltzmann equation based modelling of discharge plasmas. *Plasma Sources Sci. Technol.*, 18:034006, 2009.

[8] H. C. Kim, F. Iza, S. S. Yang, M. Radmilovic-Radjenovic and J. K. Lee. Particle and fluid simulations of low-temperature plasma discharges: benchmarks and kinetic effects. *J. Phys. D: Appl. Phys.*, 38:R283–R301, 2005.

[9] R. E. Robson, P. Nicoletopoulos, B. Li and R. D. White. Kinetic theoretical and fluid modelling of plasmas and swarms: the big picture. *Plasma Sources Sci. Technol.*, 17:024020, 2008.

[10] M. J. Kushner. Hybrid modelling of low temperature plasmas for fundamental investigations and equipment design. *J. Phys. D: Appl. Phys.*, 42:194013, 2009.

[11] A. Salabas, G. Gousset and L. L. Alves. Two-dimensional fluid modelling of charged particle transport in radio-frequency capacitively coupled discharges. *Plasma Sources Sci. Technol.*, 11:448–465, 2002.

Literaturverzeichnis

[12] M. J. Kushner. A model for the discharge kinetics and plasma chemistry during plasma enhanced chemical vapor deposition of amorphous silicon. *J. Appl. Phys.*, 63:2532–2551, 1988.

[13] J. P. Boeuf and L. Pitchford. Pseudospark Discharges Via Computer Simulation. *IEEE Trans. Plasma Sci.*, 19:286–296, 1991.

[14] A. Bogaerts, R. Gijbels and W. J. Goedheer. Hybrid Monte Carlo-fluid model of a direct current glow discharge. *J. Appl. Phys.*, 78:2233–2241, 1995.

[15] Z. Donkó. Hybrid model of a rectangular hollow cathode discharge. *Phys. Rev. E*, 57:7126–7137, 1998.

[16] Z. Donkó, P. Hartmann and K. Kutasi. On the reliability of low-pressure dc glow discharge modelling. *Plasma Sources Sci. Technol.*, 15:178–186, 2006.

[17] F. Sigeneger, Z. Donkó and D. Loffhagen. Boltzmann equation and particle-fluid hybrid modelling of a hollow cathode discharge. *Eur. Phys. J. AP*, 38:161–167, 2007.

[18] A. Derzsi, P. Hartmann, I. Korolov, J. Karácsony, G. Bánó and Z. Donkó. On the accuracy and limitations of fluid models of the cathode region of dc glow discharges. *J. Phys. D: Appl. Phys.*, 42:225204, 2009.

[19] V. I. Kolobov. Fokker-Planck modeling of electron kinetics in plasmas and semiconductors. *Comput. Mater. Sci.*, 28:302–320, 2003.

[20] E. Gogolides and H. H. Sawin. Continuum modeling of radio-frequency glow discharges. I. Theory and results for electropositive and electronegative gases. *J. Appl. Phys.*, 72:3971–3987, 1992.

[21] V. E. Golant, A. P. Zilinskij, I. E. Sacharov and S. C. Brown. *Fundamentals of plasma physics*. Wiley, New York, 1980.

[22] M. S. Barnes, T. J. Colter and E. Elta. Large-signal time-domain modeling of low-pressure rf glow discharges. *J. Appl. Phys.*, 61:81–89, 1987.

[23] D. J. Rose and S. C. Brown. High-Frequency Gas Discharge Plasma in Hydrogen. *Phys. Rev.*, 98:310–316, 1955.

[24] P. Belenguer and J. P. Boeuf. Transition between different regimes of rf glow discharges. *Phys. Rev. A*, 41:8, 1990.

[25] J. P. Boeuf. Numerical model of rf glow discharges. *Phys. Rev. A*, 36:2782–2792, 1987.

[26] J. P. Boeuf. A two-dimensional model of dc glow discharges. *J. Appl. Phys.*, 63:1342–1349, 1988.

[27] J. P. Boeuf and L. C. Pitchford. Two-dimensional model of a capacitively coupled rf discharge and comparisons with experiments in the Gaseous Electronics Conference reference reactor. *Phys. Rev. E*, 51:1376–1390, 1995.

[28] S. Elaissi, M. Yousfi, H. Helali, S. Kazziz, K. Charrada and M. Sassi. Radiofrequency electronegative gas discharge behaviour in a parallel-plate reactor for material processing. *Plasma Dev. Oper.*, 14:27–45, 2006.

[29] T. Farouk, B. Farouk, D. Staack, A. Gutsol and A. Fridman. Simulation of dc atmospheric pressure argon micro glow-discharge. *Plasma Sources Sci. Technol.*, 15:676–688, 2006.

[30] A. Fiala, L. C. Pitchford and J. P. Boeuf. Two-dimensional, hybrid model of low-pressure glow discharges. *Phys. Rev. E*, 49:5607–5623, 1994.

[31] G. E. Georghiou, R. Morrow and A. C. Metaxas. The theory of short-gap breakdown of needle point-plane gaps in air using finite-difference and finite-element methods. *J. Phys. D: Appl. Phys.*, 32:1370–1385, 1999.

[32] D. B. Graves and K. F. Jensen. A Continuum Model of DC and RF Discharges. *IEEE Trans. Plasma Sci.*, 14:78–91, 1986.

[33] D. P. Lymberopoulos and D. J. Economou. Fluid simulations of glow discharges: Effect of metastable atoms in argon. *J. Appl. Phys.*, 73:3668–3679, 1993.

[34] Y. H. Oh, N. H. Choi and D. I. Choi. A numerical simulation of rf glow discharge containing an electronegative gas composition. *J. Appl. Phys.*, 67:3264–3268, 1990.

[35] S. K. Park and D. J. Economou. Analysis of low pressure rf glow discharges using a continuum model. *J. Appl. Phys.*, 68:3904–3915, 1990.

[36] J. D. P. Passchier and W. J. Goedheer. Relaxation phenomena after laser-induced photodetachment in electronegative rf discharges. *J. Appl. Phys.*, 73:1073–1079, 1993.

Literaturverzeichnis

[37] I. A. Porokhova, J. Winter, F. Sigeneger, D. Loffhagen and H. Lange. Investigation of a low-pressure He-Xe discharge in spot mode. *Plasma Sources Sci. Technol.*, 18:015013, 2009.

[38] J. Schäfer, F. Sigeneger, R. Foest, D. Loffhagen and K. Weltmann. On plasma parameters of a self-organized plasma jet at atmospheric pressure. *Eur. Phys. J. D*, 60:531–538, 2010.

[39] T. N. Tran, I. O. Golosnoy, P. L. Lewin and G. E. Georghiou. Numerical modelling of negative discharges in air with experimental validation. *J. Phys. D: Appl. Phys.*, 44:015203, 2011.

[40] E. A. Bogdanov, S. F. Adams, V. I. Demidov, A. A. Kudryavtsev and J. M. Williamson. Influence of the transverse dimension on the structure and properties of dc glow discharges. *Phys. Plasmas*, 17:103502, 2010.

[41] A. Sobota, J. v. Dijk and M. Haverlag. Ac breakdown in near-atmospheric pressure noble gases: II. Simulations. *J. Phys. D: Appl. Phys.*, 44:224003, 2011.

[42] M. J. Kushner. Modeling of microdischarge devices: Pyramidal structures. *J. Appl. Phys.*, 95:846–859, 2004.

[43] Q. Wang, D. J. Economou and V. M. Donnelly. Simulation of a direct current microplasma discharge in helium at atmospheric pressure. *J. Appl. Phys.*, 100:023301, 2006.

[44] J. D. Bukowski, D. B. Graves and P. Vitello. Two-dimensional fluid model of an inductively coupled plasma with comparison to experimental spatial profiles. *J. Appl. Phys.*, 80:2614–2623, 1996.

[45] G. Chen and L. L. Raja. Fluid modeling of electron heating in low-pressure, high-frequency capacitively coupled plasma discharges. *J. Appl. Phys.*, 96:6073–6081, 2004.

[46] E. P. Hammond, K. Mahesh and P. Moin. A Numerical Method to Simulate Radio-Frequency Plasma Discharges. *J. Comput. Phys.*, 176:402–429, 2002.

[47] H. W. Lee, G. Y. Park, Y. S. Seo, Y. H. Im, S. B. Shim and H. J. Lee. Modelling of atmospheric pressure plasmas for biomedical applications. *J. Phys. D: Appl. Phys.*, 44:053001, 2011.

Literaturverzeichnis

[48] Y. R. Zhang, X. Xu and Y. N. Wang. Fluid simulation for influence of metastable atoms on the characteristics of capacitively coupled argon plasmas. *Phys. Plasmas*, 17:033507, 2010.

[49] F. F. Young and C. H. Wu. Two-Dimensional, Self-Consistant, Three-Moment Simulation of RF Glow Discharges. *IEEE Trans. Plasma Sci.*, 21:312–321, 1993.

[50] S. Elaissi, M. Yousfi, K. Charrada and L. Troudi. Electric discharge fluid modelling with the contribution of convective and drift energy effects. *Eur. Phys. J. AP*, 32:37–44, 2005.

[51] F. F. Young and C. H. Wu. A comparative study between non-equilibrium and equilibrium models of RF glow discharges. *J. Phys. D: Appl. Phys.*, 26:782–792, 1993.

[52] M. S. Barnes, T. J. Cotler and M. E. Elta. A Staggered-Mesh Finite-Difference Numerical Method for Solving the Transport Equations in Low Pressure RF Glow Discharges. *J. Comput. Phys.*, 77:53–72, 1988.

[53] H. C. Kim and V. I. Manousiouthakis. Dually driven radio frequency plasma simulation with a three moment model. *J. Vac. Sci. Technol. A*, 16:2162–2172, 1998.

[54] M. H. Wilcoxson and V. I. Manousiouthakis. Simulation of a Three-Moment Fluid Model of a Two-Dimensional Radio Frequency Discharge. *Chem. Eng. Sci.*, 51:1089–1106, 1996.

[55] G. J. M. Hagelaar and L. C. Pitchford. Solving the Boltzmann equation to obtain electron transport coefficients and rate coefficients for fluid models. *Plasma Sources Sci. Technol.*, 14:722–733, 2005.

[56] T. Makabe, N. Nakano and Y. Yamaguchi. Modeling and diagnostics of the structure of rf glow discharges in Ar at 13.56 MHz. *Phys. Rev. A*, 45:2520–2531, 1992.

[57] J. D. P. Passchier and W. J. Goedheer. A two-dimensional fluid model for an argon rf discharge. *J. Appl. Phys.*, 74:3744–3751, 1993.

[58] M. Meyyappan and J. P. Kreskovsky. Glow discharge simulation through solutions to the moments of the Boltzmann transport equation. *J. Appl. Phys.*, 68:1506–1512, 1990.

Literaturverzeichnis

[59] M. Meyyappan and T. R. Govindan. Radio frequency discharge modeling: Moment equations approach. *J. Appl. Phys.*, 74:2250–2259, 1993.

[60] T. E. Nitschke and D. B. Graves. A comparison of particle in cell and fluid model simulations of low-pressure radio frequency discharges. *J. Appl. Phys.*, 76:5646–5660, 1994.

[61] G. J. Nienhuis, W. J. Goedheer, E. A. G. Hamers, W. G. J. H. M. van and J. Bezemer. A self-consistent fluid model for radio-frequency discharges in SiH4-H2 compared to experiments. *J. Appl. Phys.*, 82:2060–2071, 1997.

[62] J. P. Boeuf, P. Belenguer and T. Hbid. Plasma particle interactions. *Plasma Sources Sci. Technol.*, 3:407–417, 1994.

[63] L. L. Alves. Fluid modelling of the positive column of direct-current glow discharges. *Plasma Sources Sci. Technol.*, 16:557–569, 2007.

[64] M. Wendt, S. Peters, D. Loffhagen, A. Kloss and M. Kettlitz. Breakdown characteristics of high pressure xenon lamps. *J. Phys. D: Appl. Phys.*, 42: 185208(12pp), 2009.

[65] M. M. Becker, D. Loffhagen and W. Schmidt. A stabilized finite element method for modeling of gas discharges. *Comput. Phys. Commun.*, 180:1230–1241, 2009.

[66] G. K. Grubert, M. M. Becker and D. Loffhagen. Why the local-mean-energy approximation should be used in hydrodynamic plasma descriptions instead of the local-field approximation. *Phys. Rev. E*, 80:036405, 2009.

[67] M. Gnybida, D. Loffhagen and D. Uhrlandt. Fluid Modeling and Analysis of the Constriction of the DC Positive Column in Argon. *IEEE Trans. Plasma Sci.*, 37:1208–1218, 2009.

[68] A. L. Ward. Effect of Space Charge in Cold-Cathode Gas Discharges. *Phys. Rev.*, 112:1852–1857, 1958.

[69] A. L. Ward. Calculations of Cathode-Fall Characteristics. *J. Appl. Phys.*, 33: 2789–2794, 1962.

[70] I. P. Zviagin. Local approximations in the theory of hot electrons in spatially inhomogeneous systems. *Phys. Status Solidi B: Basic Res.*, 50:179–186, 1972.

[71] G. Steinle, D. Neundorf, W. Hiller and M. Pietralla. Two-dimensional simulation of filaments in barrier discharges. *J. Phys. D: Appl. Phys.*, 32:1350–1356, 1999.

[72] A. V. Phelps and Z. L. Petrovic. Cold-cathode discharges and breakdown in argon: surface and gas phase production of secondary electrons. *Plasma Sources Sci. Technol.*, 8:R21–R44, 1999.

[73] L. Papageorgiou, A. C. Metaxas and G. E. Georghiou. Three-dimensional numerical modelling of gas discharges at atmospheric pressure incorporating photoionization phenomena. *J. Phys. D: Appl. Phys.*, 44:045203, 2011.

[74] C. Li, U. Ebert and W. Hundsdorfer. Spatially hybrid computations for streamer discharges with generic features of pulled fronts: I. Planar fronts. *J. Comput. Phys.*, 229:200–220, 2010.

[75] J. V. DiCarlo and M. J. Kushner. Solving the spatially dependent Boltzmann's equation for the electron-velocity distribution using flux corrected transport. *J. Appl. Phys.*, 66:5763–5774, 1989.

[76] G. Simon and W. Bötticher. Two-dimensinal model of the ignition phase of high-pressure glow discharges. *J. Appl. Phys.*, 76:5036–5046, 1994.

[77] U. Kogelschatz. Atmospheric-pressure plasma technology. *Plasma Phys. Control. Fusion*, 46:B63, 2004.

[78] A. Fridman, A. Chirokov and A. Gutsol. Non-thermal atmospheric pressure discharges. *J. Phys. D: Appl. Phys.*, 38:R1–R24, 2005.

[79] J. Schäfer, R. Foest, A. Quade, A. Ohl and K. Weltmann. Chemical Composition of SiOx Films Deposited by an Atmospheric Pressure Plasma Jet (APPJ). *Plasma Polym.*, 6:S519–S524, 2009.

[80] S. Reuter, K. Niemi, V. Schulz-von and H. F. Döbele. Generation of atomic oxygen in the effluent of an atmospheric pressure plasma jet. *Plasma Sources Sci. Technol.*, 18:015006, 2009.

[81] V. Raballand, J. Benedikt, S. Hoffmann, M. Zimmermann and A. v. Keudell. Deposition of silicon dioxide films using an atmospheric pressure microplasma jet. *J. Appl. Phys.*, 105:083304, 2009.

[82] L. Bardos and H. Barankova. Cold atmospheric plasma: Sources, processes, and applications. *Thin Solid Films*, 518:6705–6713, 2010.

Literaturverzeichnis

[83] A. Vogelsang, A. Ohl, R. Foest, K. Schroeder and K. Weltmann. Deposition of Thin Films from Amino Group Containing Precursors with an Atmospheric Pressure Microplasma Jet. *Plasma Processes Polym.*, 8:77–84, 2011.

[84] K. Niemi, S. Reuter, L. M. Graham, J. Waskoenig and T. Gans. Diagnostic based modeling for determining absolute atomic oxygen densities in atmospheric pressure helium-oxygen plasmas. *Appl. Phys. Lett.*, 95:151504, 2009.

[85] J. Waskoenig, K. Niemi, N. Knake, L. M. Graham, S. Reuter, V. S. v. d. Gathen and T. Gans. Atomic oxygen formation in a radio-frequency driven micro-atmospheric pressure plasma jet. *Plasma Sources Sci. Technol.*, 19:045018, 2010.

[86] M. G. Kong, G. Kroesen, G. Morfill, T. Nosenko, T. Shimizu, J. v. Dijk and J. L. Zimmermann. Plasma medicine: an introductory review. *New J. Phys.*, 11:115012, 2009.

[87] H. W. Lee, S. H. Nam, A. H. Mohamed, G. C. Kim and J. K. Lee. Atmospheric Pressure Plasma Jet Composed of Three Electrodes: Application to Tooth Bleaching. *Plasma Processes Polym.*, 7:274–280, 2010.

[88] N. Y. Babaeva and M. J. Kushner. Intracellular electric fields produced by dielectric barrier discharge treatment of skin. *J. Phys. D: Appl. Phys.*, 43:185206, 2010.

[89] J. Ehlbeck, U. Schnabel, M. Polak, J. Winter, T. v. Woedtke, R. Brandenburg, T. v. Hagen and K. D. Weltmann. Low temperature atmospheric pressure plasma sources for microbial decontamination. *J. Phys. D: Appl. Phys.*, 44:013002, 2011.

[90] Y. Sakiyama and D. B. Graves. Neutral gas flow and ring-shaped emission profile in non-thermal RF-excited plasma needle discharge at atmospheric pressure. *Plasma Sources Sci. Technol.*, 18:025022(11pp), 2009.

[91] D. Petrovic, T. Martens, J. van, W. J. M. Brok and A. Bogaerts. Fluid modelling of an atmospheric pressure dielectric barrier discharge in cylindrical geometry. *J. Phys. D: Appl. Phys.*, 42:205206, 2009.

[92] D. Mihailova, J. v. Dijk, M. Grozeva, G. J. M. Hagelaar and J. J. A. M. v. Mullen. A hollow cathode discharge for laser applications: influence of the cathode length. *J. Phys. D: Appl. Phys.*, 43:145203, 2010.

Literaturverzeichnis

[93] J. Gregorio, C. Boisse-Laporte and L. L. Alves. Fluid modeling of a microwave micro-plasma at atmospheric pressure. *Eur. Phys. J. AP*, 49:13102, 2010.

[94] R. Morrow and J. J. Lowke. Streamer propagation in air. *J. Phys. D: Appl. Phys.*, 30:614–627, 1997.

[95] J. P. Boeuf, Y. Lagmich and L. C. Pitchford. Contribution of positive and negative ions to the electrohydrodynamic force in a dielectric barrier discharge plasma actuator operating in air. *J. Appl. Phys.*, 106:023115, 2009.

[96] J. Jansky, F. Tholin, Z. Bonaventura and A. Bourdon. Simulation of the discharge propagation in a capillary tube in air at atmospheric pressure. *J. Phys. D: Appl. Phys.*, 43:395201, 2010.

[97] J. Choi, F. Iza, J. K. Lee and C. M. Ryu. Electron and Ion Kinetics in a DC Microplasma at Atmospheric Pressure. *IEEE Trans. Plasma Sci.*, 35: 1274–1278, 2007.

[98] Y. J. Hong, M. Yoon, F. Iza, G. C. Kim and J. K. Lee. Comparison of fluid and particle-in-cell simulations on atmospheric pressure helium microdischarges. *J. Phys. D: Appl. Phys.*, 41:245208, 2008.

[99] O. Chanrion and T. Neubert. A PIC-MCC code for simulation of streamer propagation in air. *J. Comput. Phys.*, 227:7222–7245, 2008.

[100] N. Balcon, G. J. M. Hagelaar and J. P. Boeuf. Numerical Model of an Argon Atmospheric Pressure RF Discharge. *IEEE Trans. Plasma Sci.*, 36:2782–2787, 2008.

[101] D. P. Lymberopoulos and D. J. Economou. Modeling and simulation of glow discharge plasma reactors. *J. Vac. Sci. Technol. A*, 12:1229–1236, 1994.

[102] J. L. Neuringer. Analysis of the cathode fall in high-voltage low-current gas discharges. *J. Appl. Phys.*, 49:590–592, 1978.

[103] R. E. Robson, R. D. White and Z. L. Petrovic. Colloquium: Physically based fluid modeling of collisionally dominated low-temperature plasmas. *Rev. Mod. Phys.*, 77:1303–1320, 2005.

[104] E. Gogolides, H. H. Sawin and R. A. Brown. Direct calculation of time-periodic states of continuum models of radio-frequeny plasmas. *Chem. Eng. Sci.*, 47: 3839–3855, 1992.

Literaturverzeichnis

[105] E. E. Kunhardt and C. Wu. Towards a more accurate flux corrected transport algorithm. *J. Comput. Phys.*, 68:127–150, 1987.

[106] P. Steinle and R. Morrow. An Implicit Flux-Corrected Transport Algorithm. *J. Comput. Phys.*, 80:61–71, 1989.

[107] P. Steinle, R. Morrow and A. Roberts. Use of Implicit and Explicit Flux-Corrected Transport Algorithms in Gas-Discharge Problems Involving Non-Uniform Velocity-Fields. *J. Comput. Phys.*, 85:493–499, 1989.

[108] C. Soria-Hoyo, F. Pontiga and A. Castellanos. Two dimensional numerical simulation of gas discharges: comparison between particle-in-cell and FCT techniques. *J. Phys. D: Appl. Phys.*, 41:205206, 2008.

[109] K. Kim. Numerical simulation of capillary plasma flow generated by high-current pulsed power. *Int. J. Therm. Sci.*, 44:1039–1046, 2005.

[110] P. S. Pirgov and I. N. Iotov. Application of flux limiting techniques for numerical simulation of streamer like situations. *Bulg. J. Phys.*, 25:1–19, 1998.

[111] O. Ducasse, L. Papageorghiou, O. Eichwald, N. Spyrou and M. Yousfi. Critical Analysis on Two-Dimensional Point-to-Plane Streamer Simulations Using the Finite Element and Finite Volume Methods. *IEEE Trans. Plasma Sci.*, 35:1287–1300, 2007.

[112] N. Sato and H. Tagashira. A hybrid Monte Carlo/fluid model of RF plasmas in a SiH4/H2 mixture. *IEEE Trans. Plasma Sci.*, 19:102–112, 1991.

[113] R. Morrow. Space-charge effects in high-density plasmas. *J. Chem. Phys.*, 46:454–461, 1982.

[114] R. Morrow. Numerical solution of hyperbolic equations for electron drift in strongly non-uniform electric fields. *J. Comput. Phys.*, 43:1–15, 1981.

[115] R. Morrow and L. E. Cram. Flux-corrected transport and diffusion on a non-uniform mesh. *J. Comput. Phys.*, 57:129–136, 1985.

[116] P. A. Vitello, B. M. Penetrante and J. N. Bardsley. Simulation of negative-streamer dynamics in nitrogen. *Phys. Rev. E*, 49:5574–5598, 1994.

[117] G. E. Georghiou, A. P. Papadakis, R. Morrow and A. C. Metaxas. Numerical modelling of atmospheric pressure gas discharges leading to plasma production. *J. Phys. D: Appl. Phys.*, 38:R303, 2005.

Literaturverzeichnis

[118] G. E. Georghiou, R. Morrow and A. C. Metaxas. The effect of photoemission on the streamer development and propagation in short uniform gaps. *J. Phys. D: Appl. Phys.*, 34:200–208, 2001.

[119] G. E. Georghiou, R. Morrow and A. C. Metaxas. A two-dimensional, finite-element, flux-corrected transport algorithm for the solution of gas discharge problems. *J. Phys. D: Appl. Phys.*, 33:2453–2466, 2000.

[120] S. K. Dhali and P. F. Williams. Two-dimensional studies of streamers in gases. *J. Appl. Phys.*, 62:4696–4707, 1987.

[121] W. K. Min, J. B. Park, S. C. Choi and J. Kang. Numerical Analysis of Gas Discharge Using FEM-FCT on Unstructured Grid. *J. Korean Phys. Soc.*, 42: 908–915, 2003.

[122] M. Davoudabadi, J. S. Shrimpton and F. Mashayek. On accuracy and performance of high-order finite volume methods in local mean energy model of non-thermal plasmas. *J. Comput. Phys.*, 228:2468–2479, 2009.

[123] Y. V. Yurgelenas. Two-dimensional high-resolution schemes and their application in the modeling of ionizing waves in gas discharges. *Comp. Math. Math. Phys.*, 50:1350–1366, 2010.

[124] Y. P. Raizer. *Gas Discharge Physics*. Springer, Berlin, Heidelberg, New York, 1991.

[125] G. Francis. The glow discharge at low pressure. In S. Flügge, editor, *Encyclopedia of Physics: Gas Discharges II*, volume 22, pages 53–208. Springer, Berlin, Göttingen, Heidelberg, 1956.

[126] S. Chapman and T. G. Cowling. *The mathematical theory of non-uniform gases: An account of the kinetic theory of viscosity, thermal conduction and diffusion in gases*. Cambridge Univ. Press, Cambridge, 3. edition, 1998.

[127] R. E. Robson. *Introductory transport theory for charged particles in gases*. World Scientific, Hackensack, NJ, 2006.

[128] R. E. Robson. Physics of reacting particle swarms in gases. *J. Chem. Phys.*, 85:4486–4501, 1986.

[129] F. Cap. *Einführung in die Plasmaphysik I*. Akad.-Verl., Berlin, 2. edition, 1975.

Literaturverzeichnis

[130] M. Surendra and M. Dalvie. Moment analysis of rf parallel-plate-discharge simulations using the particle-in-cell with Monte Carlo collisions technique. *Phys. Rev. E*, 48:3914–3924, 1993.

[131] J. F. Luciani, P. Mora and J. Virmont. Nonlocal heat transport due to steep temperature gradients. *Phys. Rev. Lett.*, 51:1664–1667, 1983.

[132] G. W. Hammett and F. W. Perkins. Fluid moment models for Landau damping with application to the ion-temperature-gradient instability. *Phys. Rev. Lett.*, 64:3019–3022, 1990.

[133] P. Chabert, J. L. Raimbault, J. M. Rax and M. A. Lieberman. Self-consistent nonlinear transmission line model of standing wave effects in a capacitive discharge. *Phys. Plasmas*, 11:1775–1785, 2004.

[134] P. Nicoletopoulos and R. E. Robson. Periodic Electron Structures in Gases: A Fluid Model of the Window Phenomenon. *Phys. Rev. Lett.*, 100:124502, 2008.

[135] T. Holstein. Imprisonment of Resonance Radiation in Gases. *Phys. Rev.*, 72: 1212–1233, 1947.

[136] T. Holstein. Imprisonment of Resonance Radiation in Gases. II. *Phys. Rev.*, 83:1159–1168, 1951.

[137] Y. B. Golubovskii, I. A. Porokhova, H. Lange and D. Uhrlandt. Metastable and resonance atom densities in a positive column: I. Distinctions in diffusion and radiation transport. *Plasma Sources Sci. Technol.*, 14:36–44, 2005.

[138] R. Arslanbekov and V. Kolobov. Two-dimensional simulations of the transition from Townsend to glow discharge and subnormal oscillations. *J. Phys. D: Appl. Phys.*, 36:2986–2994, 2003.

[139] W. Bötticher, H. Lück, S. Niesner and A. Schwabedissen. Small volume coaxial discharge as precision testbed for 0D-models of XeCl lasers. *Appl. Phys. B*, 54:295–302, 1992.

[140] H. Lück, D. Loffhagen and W. Bötticher. Experimental verification of a zero-dimensional model of the ionization kinetics of XeCl discharges. *Appl. Phys. B*, 58:123–132, 1994.

[141] T. Hoder, D. Loffhagen, C. Wilke, H. Grosch, J. Schäfer, K. D. Weltmann and R. Brandenburg. Striated microdischarges in an asymmetric barrier discharge in argon at atmospheric pressure. *Phys. Rev. E*, 84:046404, 2011.

[142] F. Sigeneger and R. Winkler. Nonlocal Transport and Dissipation Properties of Electrons in Inhomogeneous Plasmas. *IEEE Trans. Plasma Sci.*, 27:1254–1261, 1999.

[143] H. Leyh, D. Loffhagen and R. Winkler. A new multi-term solution technique for the electron Boltzmann equation weakly ionized steady-state plasmas. *Comput. Phys. Commun.*, 113:33–48, 1998.

[144] C. Hirsch. *Numerical computation of internal and external flows: Fundamentals of computational fluid dynamics*. Elsevier/Butterworth-Heinemann, Amsterdam, 2. edition, 2007.

[145] P. Wesseling. *Principles of computational fluid dynamics*, volume 29 of *Springer series in computational mathematics*. Springer, Berlin, 2001.

[146] C.-D. Munz and T. Westermann. *Numerische Behandlung gewöhnlicher und partieller Differenzialgleichungen: Ein interaktives Lehrbuch für Ingenieure*. Springer, Berlin, Heidelberg, 2006.

[147] B. Gustafsson and A. Sundström. Incompletely Parabolic Problems in Fluid Dynamics. *SIAM J. Appl. Math.*, 35:343–357, 1978.

[148] J. C. Strikwerda. Initial boundary value problems for incompletely parabolic systems. *Commun. Pur. Appl. Math.*, 30:797–822, 1977.

[149] K. Burg and H. Haf. *Partielle Differentialgleichungen und funktionalanalytische Grundlagen: Höhere Mathematik für Ingenieure, Naturwissenschaftler und Mathematiker*. Vieweg+Teubner Verlag, Wiesbaden, 5. edition, 2010.

[150] K. W. Morton. *Numerical solution of convection-diffusion problems*, volume 12 of *Applied mathematics and mathematical computation*. Chapman & Hall, London, 1. edition, 1996.

[151] S. Larsson, V. Thomée and M. Krieger-Hauwede. *Partielle Differentialgleichungen und numerische Methoden*. Springer, Berlin, 2005.

[152] P. L. G. Ventzek, T. J. Sommerer, R. J. Hoekstra and M. J. Kushner. Two-dimensional hybrid model of inductively coupled plasma sources for etching. *Appl. Phys. Lett.*, 63:605–607, 1993.

[153] G. Hagelaar and G. Kroesen. Speeding up fluid models for gas discharges by implicit treatment of the electron energy source term. *J. Comput. Phys.*, 159:1–12, 2000.

Literaturverzeichnis

[154] J. C. Sutherland and C. A. Kennedy. Improved boundary conditions for viscous, reacting, compressible flows. *J. Comput. Phys.*, 191:502–524, 2003.

[155] M. H. Wilcoxson and V. I. Manousiouthakis. Well-posedness of continuum models for weakly ionized plasmas. *IEEE Trans. Plasma Sci.*, 21:213–222, 1993.

[156] H. O. Kreis. Initial boundary value problems for hyperbolic systems. *Commun. Pur. Appl. Math.*, 23:277–298, 1970.

[157] K. W. Thompson. Time dependent boundary conditions for hyperbolic systems. *J. Comput. Phys.*, 68:1–24, 1987.

[158] T. J. Poinsot and S. K. Lele. Boundary conditions for direct simulations of compressible viscous flows. *J. Comput. Phys.*, 101:104–129, 1992.

[159] M. Baum, T. Poinsot and D. Thevenin. Accurate Boundary Conditions for Multicomponent Reactive Flows. *J. Comput. Phys.*, 116:247–261, 1994.

[160] C. H. Bruneau and E. Creuse. Towards a transparent boundary condition for compressible Navier-Stokes equations. *Int. J. Numer. Meth. Fl.*, 36:807–840, 2001.

[161] E. Godlewski and P.-A. Raviart. *Numerical approximation of hyperbolic systems of conservation laws*, volume 118 of *Applied Mathematical Sciences*. Springer, New York, 1996.

[162] G. J. M. Hagelaar, F. J. d. Hoog and G. M. W. Kroesen. Boundary conditions in fluid models of gas discharges. *Phys. Rev. E*, 62:1452–1454, 2000.

[163] D. Braun, V. Gibalov and G. Pietsch. Two-dimensional modelling of the dielectric barrier discharge in air. *Plasma Sources Sci. Technol.*, 1:166–174, 1992.

[164] G. J. M. Hagelaar, G. M. W. Kroesen, U. v. Slooten and H. Schreuders. Modeling of the microdischarges in plasma addressed liquid crystal displays. *J. Appl. Phys.*, 88:2252–2262, 2000.

[165] C. Hirsch. *Numerical computation of internal and external flows: Computational methods for inviscid and viscous flows*, volume 2 of *Wiley series in numerical methods in engineering*. Wiley, Chichester, 2002.

[166] M. M. Becker, G. K. Grubert and D. Loffhagen. Boundary conditions for the electron kinetic equation using expansion techniques. *Eur. Phys. J. AP*, 51: 11001, 2010.

Literaturverzeichnis

[167] P. Lax and B. Wendroff. Systems of Conservation Laws. *Commun. Pur. Appl. Math.*, 13:217–237, 1960.

[168] B. v. Leer. Towards the ultimate conservative difference scheme. V. A second-order sequel to Godunov's method. *J. Comput. Phys.*, 32:101–136, 1979.

[169] A. Harten, B. Engquist, S. Osher and S. R. Chakravarthy. Uniformly high order accurate essentially non-oscillatory schemes, III. *J. Comput. Phys.*, 71:231–303, 1987.

[170] C.-W. Shu and S. Osher. Efficient implementation of essentially non-oscillatory shock-capturing schemes. *J. Comput. Phys.*, 77:439–471, 1988.

[171] X.-D. Liu, S. Osher and T. Chan. Weighted Essentially Non-oscillatory Schemes. *J. Comput. Phys.*, 115:200–212, 1994.

[172] G.-S. Jiang and C.-W. Shu. Efficient Implementation of Weighted ENO Schemes. *J. Comput. Phys.*, 126:202–228, 1996.

[173] P. Colella and P. R. Woodward. The Piecewise Parabolic Method (PPM) for gas-dynamical simulations. *J. Comput. Phys.*, 54:174–201, 1984.

[174] B. Cockburn, S. Y. Lina and C. W. Shub. TVB Runge-Kutta local projection discontinuous Galerkin finite element method for conservation laws III: One-dimensional systems. *J. Comput. Phys.*, 84:90–113, 1989.

[175] C.-W. Shu. High-order Finite Difference and Finite Volume WENO Schemes and Discontinuous Galerkin Methods for CFD. *Int. J. Comput. Fluid D.*, 17:107–118, 2003.

[176] G. K. Grubert. *Kinetik der Ladungsträger und neutralen Spezies in anisothermen, molekularen Entladungsplasmen.* Dissertation, Universität Greifswald, Greifswald, 2009.

[177] H. Storr. *Modellierung der Entstehung rotationssymmetrischer Filamente in der Zündphase großvolumiger Hochdruckglimmentladungen.* Dissertation, Universität Hannover, Hannover, 2000.

[178] J. P. Boris and D. L. Book. Flux-corrected transport. I. SHASTA, a fluid transport algorithm that works. *J. Comput. Phys.*, 11:38–69, 1973.

[179] G. Toth and D. Odstrcil. Comparison of Some Flux Corrected Transport and Total Variation Diminishing Numerical Schemes for Hydrodynamic and Magnetohydrodynamic Problems. *J. Comput. Phys.*, 128:82–100, 1996.

Literaturverzeichnis

[180] R. Löhner, K. Morgan, J. Peraire and M. Vahdati. Finite element flux-corrected transport (FEM-FCT) for the euler and Navier-Stokes equations. *Int. J. Numer. Meth. Fl.*, 7:1093–1109, 1987.

[181] D. Kuzmin and S. Turek. Flux Correction Tools for Finite Elements. *J. Comput. Phys.*, 175:525–558, 2002.

[182] R. Courant, K. Friedrichs and H. Lewy. Über die partiellen Differenzengleichungen der mathematischen Physik. *Math. Ann.*, 100:32–74, 1928.

[183] J. v. Neumann and R. D. Richtmyer. A Method for the Numerical Calculation of Hydrodynamic Shocks. *J. Appl. Phys.*, 21:232–237, 1950.

[184] J. Crank and P. Nicolson. A practical method for numerical evaluation of solutions of partial differential equations of the heat-conduction type. *Adv. Comput. Math.*, 6:207–226, 1996.

[185] J. H. Ferziger and M. Peric. *Computational Methods for Fluid Dynamics.* Springer, Berlin, Göttingen, 2 edition, 1999.

[186] L. Mangolini, C. Anderson, J. Heberlein and U. Kortshagen. Effects of current limitation through the dielectric in atmospheric pressure glows in helium. *J. Phys. D: Appl. Phys.*, 37:1021–1030, 2004.

[187] B. Srinivasan and U. Shumlak. Analytical and computational study of the ideal full two-fluid plasma model and asymptotic approximations for Hall-magnetohydrodynamics. *Phys. Plasmas*, 18:092113, 2011.

[188] D. Kuzmin, R. Löhner and S. Turek, editors. *Flux-Corrected Transport: Principles, Algorithms, and Applications.* Springer, Berlin, Heidelberg, 2005.

[189] S. Turek and D. Kuzmin. Algebraic Flux Correction III: Incompressible Flow Problems. In Kuzmin et al. [188], pages 251–296.

[190] A. M. P. Valli, G. F. Carey and A. L. G. A. Coutinho. Control strategies for timestep selection in finite element simulation of incompressible flows and coupled reaction-convection-diffusion processes. *Int. J. Numer. Meth. Fl.*, 47: 201–231, 2005.

[191] J. Stoer and R. Bulirsch. *Numerische Mathematik 2: Eine Einführung - unter Berücksichtigung von Vorlesungen von F.L. Bauer.* Springer-Verlag Berlin Heidelberg, Berlin, Heidelberg, 5. edition, 2005.

Literaturverzeichnis

[192] R. Courant, E. Isaacson and M. Rees. On the solution of nonlinear hyperbolic differential equations by finite differences. *Commun. Pur. Appl. Math.*, 5: 243–255, 1952.

[193] D. L. Scharfetter and H. K. Gummel. Large-signal analysis of a silicon Read diode oscillator. *IEEE Trans. Elec. Dev.*, 16:64–77, 1969.

[194] M. Becker. *Stabilität bei partiellen Differenzialgleichungen, die das Verhalten von Plasmen beschreiben*. Bachelorarbeit, Universität Greifswald, Greifswald, 2006.

[195] J. Boris. Flux-corrected transport modules for generalized continuity equations. Technical Report Memorandom Report 3237, Naval Research Laboratory, 1976.

[196] J. P. Boris and D. L. Book. Flux-Corrected Transport. III. Minimal-Error FCT Algorithms. *J. Comput. Phys.*, 20:397–431, 1976.

[197] N. A. Phillips. An example of non-linear computational instability. In B. Bolin, editor, *The atmosphere and the sea in motion*. The Rockefeller Institute Press, 1959.

[198] E. S. Oran and J. P. Boris. *Numerical simulation of reactive flow*. Cambridge Univ. Press, Cambridge, UK, 2. edition, 2001.

[199] D. L. Book. The Conception, Gestation, Birth, and Infancy of FCT. In Kuzmin et al. [188], pages 5–27.

[200] D. L. Book, J. P. Boris and K. Hain. Flux-Corrected Transport II : Generalizations of the Method. *J. Comput. Phys.*, 18:248–283, 1975.

[201] J. P. Boris, A. M. Landsberg, E. S. Oran and J. H. Gardner. LCPFCT - Flux-Corrected Transport Algorithm for Solving Generalized Continuity Equations. Technical Report 6410-93-7192, Naval Research Laboratory, Washington, DC, 1993.

[202] S. T. Zalesak. Fully multidimensional flux-corrected transport algorithms for fluids. *J. Comput. Phys.*, 31:335–362, 1979.

[203] D. Odstrcil. A New Optimized FCT Algorithm for Shock Wave Problems. *J. Comput. Phys.*, 91:71–93, 1990.

Literaturverzeichnis

[204] D. Odstrcil. Improved FCT Algorithm for Shock Hydrodynamics. *J. Comput. Phys.*, 108:218–225, 1993.

[205] J. W. Thomas. *Numerical Partial Differential Equations: Finite difference methods*, volume 22 of *Texts in Applied Mathematics*. Springer, New York, NY, 2. edition, 1998.

[206] G. Patnaik, R. H. Guirguis, J. P. Boris and E. S. Oran. A barely implicit correction for flux-corrected transport. *J. Comput. Phys.*, 71:1–20, 1987.

[207] A. Quarteroni, R. Sacco and F. Saleri. *Numerical mathematics*. Springer, Berlin, 2. edition, 2007.

[208] P. G. Ciarlet and J. L. Lions, editors. *Handbook of numerical analysis: Finite element methods*, volume 2. North-Holland, Amsterdam, 2003.

[209] O. C. Zienkiewicz, R. L. Taylor and J. Z. Zhu. *The Finite Element Method - its Basis and Fundamentals*, volume 1 of *The finite element method*. Elsevier Butterworth-Heinemann, Amsterdam, 6. edition, 2006.

[210] O. C. Zienkiewicz, R. L. Taylor and P. Nithiarasu. *The Finite Element Method for Fluid Dynamics*, volume 3 of *The finite element method*. Elsevier Butterworth-Heinemann, Amsterdam, 6. edition, 2006.

[211] A. Quarteroni and A. Valli. *Numerical approximation of partial differential equations: With 17 tables*, volume 23 of *Springer series in computational mathematics*. Springer, Berlin, 1994.

[212] C. A. J. Fletcher. The group finite element formulation. *Comput. Meth. Appl. Mech. Eng.*, 37:225–244, 1983.

[213] C. A. J. Fletcher. *Computational techniques for fluid dynamics 1: Fundamental and general techniques*. Springer, Berlin, 2. edition, 2003.

[214] I. Christie, D. F. Griffith, A. R. Mitchell and O. C. Zienkiewicz. Finite element methods for second order differential equations with significant first derivatives. *Int. J. Numer. Meth. Eng.*, 10:1389–1396, 1976.

[215] S. R. Idelsohn, J. C. Heinrich and E. Onate. Petrov-Galerkin methods for the transient advective-diffusive equation with sharp gradients. *Int. J. Numer. Meth. Eng.*, 39:1455–1473, 1996.

[216] P. Nadukandi, E. Onate and J. Garcia. A high-resolution Petrov-Galerkin method for the 1D convection-diffusion-reaction problem. *Comput. Meth. Appl. Mech. Eng.*, 199:525–546, 2010.

[217] K. W. Morton and A. K. Parrott. Generalised Galerkin methods for first-order hyperbolic equations. *J. Comput. Phys.*, 36:249–270, 1980.

[218] M. J. Ng-Stynes, E. ORiordan and M. Stynes. Numerical methods for time-dependent convection-diffusion equations. *J. Comput. Appl. Math.*, 21:289–310, 1988.

[219] R. Sacco and M. Stynes. Finite element methods for convection-diffusion problems using exponential splines on triangles. *Comput. Math. Appl.*, 35:35–45, 1998.

[220] O. C. Zienkiewicz and J. Wu. A general explicit or semi-explicit algorithm for compressible and incompressible flows. *Int. J. Numer. Meth. Eng.*, 35:457–479, 1992.

[221] J. Donea. A Taylor-Galerkin method for convective transport problems. *Int. J. Numer. Meth. Eng.*, 20:101–119, 1984.

[222] B. Cockburn. Discontinuous Galerkin methods. *ZAMM-Z. Angew. Math. Me.*, 83:731–754, 2003.

[223] F. Brezzi, B. Cockburn, L. D. Marini and E. Süli. Stabilization mechanisms in discontinuous Galerkin finite element methods. *Comput. Meth. Appl. Mech. Eng.*, 195:3293–3310, 2006.

[224] V. Dolejsi, M. Feistauer and V. Sobotikova. Analysis of the discontinuous Galerkin method for nonlinear convection-diffusion problems. *Comput. Meth. Appl. Mech. Eng.*, 194:2709–2733, 2005.

[225] M. Dumbser, D. S. Balsara, E. F. Toro and C. D. Munz. A unified framework for the construction of one-step finite volume and discontinuous Galerkin schemes on unstructured meshes. *J. Comput. Phys.*, 227:8209–8253, 2008.

[226] C. L. Bottasso, S. Micheletti and R. Sacco. A multiscale formulation of the Discontinuous Petrov–Galerkin method for advective–diffusive problems. *Comput. Meth. Appl. Mech. Eng.*, 194:2819–2838, 2005.

[227] A. N. Brooks and T. J. R. Hughes. Streamline upwind Petrov-Galerkin formulations for convection dominated flows with particular emphasis on the

Literaturverzeichnis

incompressible Navier-Stokes equations. *Comput. Meth. Appl. Mech. Eng.*, 32: 199–259, 1982.

[228] M. Stynes and L. Tobiska. Using rectangular Qp elements in the SDFEM for a convection-diffusion problem with a boundary layer. *Appl. Numer. Math.*, 58:1789–1802, 2008.

[229] D. Z. Turner, K. B. Nakshatrala and K. D. Hjelmstad. A stabilized formulation for the advection-diffusion equation using the Generalized Finite Element Method. *Int. J. Numer. Meth. Fl.*, 66:64–81, 2011.

[230] V. John and P. Knobloch. On spurious oscillations at layers diminishing (SOLD) methods for convection-diffusion equations: Part I - A review. *Comput. Meth. Appl. Mech. Eng.*, 196:2197–2215, 2007.

[231] V. John and E. Schmeyer. Finite element methods for time-dependent convection-diffusion-reaction equations with small diffusion. *Comput. Meth. Appl. Mech. Eng.*, 198:475–494, 2008.

[232] A. K. Parrott and M. A. Christie. FCT applied to the 2-D finite element solution of tracer transport by single phase flow in a porous medium. In *ICFD Conference on Numerical Methods in Fluid Dynamics*, pages 609–619, London, 1986. Oxford, Univ. Press.

[233] R. Löhner. The efficient simulation of strongly unsteady flows by the finite element method. *AIAA 25th Aerospace Sciences Meeting, January 12-15, 1987, Reno, Nevada*, 1987.

[234] R. Löhner, K. Morgan, M. Vahdati, J. P. Boris and D. L. Book. FEM-FCT: combining unstructured grids with high resolution. *Commun. Appl. Numer. M.*, 4:717–729, 1988.

[235] G. E. Georghiou, R. Morrow and A. C. Metaxas. An improved finite-element flux-corrected transport algorithm. *J. Comput. Phys.*, 148:605–620, 1999.

[236] D. Kuzmin, M. Moller and S. Turek. Multidimensional FEM-FCT schemes for arbitrary time stepping. *Int. J. Numer. Meth. Fl.*, 43:265–295, 2003.

[237] D. Kuzmin. On the design of general-purpose flux limiters for finite element schemes. I. Scalar convection. *J. Comput. Phys.*, 219:513–531, 2006.

Literaturverzeichnis

[238] M. Möller, D. Kuzmin and D. Kourounis. Implicit FEM-FCT algorithms and discrete Newton methods for transient convection problems. *Int. J. Numer. Meth. Fl.*, 57:761–792, 2008.

[239] D. Kuzmin. Explicit and implicit FEM-FCT algorithms with flux linearization. *J. Comput. Phys.*, 228:2517–2534, 2009.

[240] A. C. Hindmarsh. ODEPACK, A Systematized Collection of ODE Solvers. In R. S. Stepleman, editor, *IMACS Transactions on Scientific Computation*, volume 1, pages 55–64. Scientific Computing, Amsterdam, North-Holland, 1983.

[241] P. L. G. Ventzek, R. J. Hoekstra and M. J. Kushner. Two-dimensional modeling of high plasma density inductively coupled sources for materials processing. *J. Vac. Sci. Technol. B*, 12:461–477, 1994.

[242] R. Basner, F. Sigeneger, D. Loffhagen, G. Schubert, H. Fehske and H. Kersten. Particles as probes for complex plasmas in front of biased surfaces. *New J. Phys.*, 11:013041, 2009.

[243] M. Tatanova, G. Thieme, R. Basner, M. Hannemann, Y. B. and H. Kersten. About the EDF formation in a capacitively coupled argon plasma. *Plasma Sources Sci. Technol.*, 15:507–516, 2006.

[244] C. E. Moore. *Atomic Energy Levels Vol. I*, volume 467 of *Circular of the National Bureau of Standards*. U. S. Government Printing Office, Washington, D.C., 1949.

[245] P. Millet, A. Birot, H. Brunet, H. Dijols, J. Galy and Y. Salamero. Spectroscopic and kinetic analysis of the VUV emissions of argon and argon-xenon mixtures. I. Study of pure argon. *J. Phys. B: At. Mol. Phys.*, 15:2935–2944, 1982.

[246] M. M. Becker and D. Loffhagen. Flux-corrected-transport methods for modelling of gas discharge plasmas. *Proc. Appl. Math. Mech.*, 10:641–642, 2010.

[247] H. Holden, K. H. Karlsen, K. A. Lie and N. H. Risebro. *Splitting methods for partial differential equations with rough solutions: Analysis and MATLAB programs*. Europ. Math. Soc., Zürich, 2010.

[248] M. Surendra, D. B. Graves and G. M. Jellum. Self-consistent model of a direct-current glow discharge: Treatment of fast electrons. *Phys. Rev. A*, 41: 1112–1125, 1990.

Literaturverzeichnis

[249] S. Hashiguchi. Numerical simulations of dc glow-discharge using self-consistent beam model. *Jpn. J. Appl. Phys.*, 32:2865–2872, 1993.

[250] D. Loffhagen, F. Sigeneger and R. Winkler. The effect of a field reversal on the spatial transition of the electrons from an active plasma to a field-free remote plasma. *Eur. Phys. J. AP*, 25:45–56, 2004.

[251] Z. S. Zhu, K. X. Lin, X. Y. Lin, G. M. Qui and Y. P. Yu. Spatial distribution of electron characteristic in argon rf glow discharges. *Chin. Phys.*, 15:969–974, 2006.

[252] N. S. J. Braithwaite, N. M. P. Benjamin and J. E. Allen. An electrostatic probe technique for RF plasma. *J. Phys. E: Sci. Ins.*, 20:1046–1049, 1987.

[253] A. Bogaerts, R. Gijbels, G. Gamez and G. H. Hieftje. Fundamental studies on a planar-cathode direct current glow discharge. Part II: numeric modeling and comparison with laser scattering experiments. *Spectrochim. Acta B: At. Spectrosc.*, 59:449–460, 2004.

[254] A. Bogaerts, R. D. Guenard, B. W. Smith, J. D. Winefordner, W. W. Harrison and R. Gijbels. Three-dimensional density profiles of argon metastable atoms in a direct current glow discharge: experimental study and comparison with calculations. *Spectrochim. Acta B: At. Spectrosc.*, 52:219–229, 1997.

[255] G. Gamez, A. Bogaerts, F. Andrade and G. M. Hieftje. Fundamental studies on planar-cathode direct current glow discharge. Part I: characterization via laser scattering techniques. *Spectrochim. Acta B: At. Spectrosc.*, 59:435–447, 2004.

[256] K. Blotekjaer. Transport equations for electrons in two-valley semiconductors. *IEEE Trans. Elec. Dev.*, 17:38–47, 1970.

[257] B. N. Chapman. *Glow discharge processes: Sputtering and plasma etching.* Wiley, New York, 1980.

[258] T. J. Sommerer and M. J. Kushner. Numerical investigation of the kinetics and chemistry of rf glow discharge plasmas sustained in He, N2, O2, He/N2/O2, He/CF4/O2, and SiH4/NH3 using a Monte Carlo-fluid hybrid model. *J. Appl. Phys.*, 71:1654–1673, 1992.

[259] K. Weltmann, R. Brandenburg, T. v. Woedtke, J. Ehlbeck, R. Foest, M. Stieber and E. Kindel. Antimicrobial treatment of heat sensitive products by

miniaturized atmospheric pressure plasma jets (APPJs). *J. Phys. D: Appl. Phys.*, 41:194008, 2008.

[260] F. Sigeneger, D. Loffhagen, R. Basner and H. Kersten. Analysis of an asymmetric RF discharge used for mirco-particle treatment. In *Proceedings of the XVI International Conference on Gas Discharges and their Applications*, pages 469–472, Xi'an, China, 2006.

[261] K.-H. Spatschek. *Theoretische Plasmaphysik: Eine Einführung*. Teubner, Stuttgart, 1990.

[262] A. v. Engel. *Ionized gases*. AIP Press, New York, 2. edition, 1994.

[263] M. M. Becker and D. Loffhagen. Analysis of an argon glow discharge at atmospheric pressure. In *Proceedings of the XVIII International Conference on Gas Discharges and their Applications*, pages 380–383, Greifswald, 2010.

[264] A. Belasri, J. P. Boeuf and L. C. Pitchford. Cathode sheath formation in a discharge-sustained XeCl laser. *J. Appl. Phys.*, 75:1553–1567, 1993.

[265] D. Staack, B. Farouk, A. Gutsol and A. Friedmann. DC normal glow discharges in atmospheric pressure atomic and molecular gases. *Plasma Sources Sci. Technol.*, 17:025013, 2008.

[266] A. Bogaerts. The afterglow mystery of pulsed glow discharges and the role of dissociative electron-ion recombination. *J. Anal. Atom. Spectrom.*, 22:502–512, 2007.

[267] J. P. Boeuf and L. Pitchford. Field reversal in the negative glow of a DC glow discharge. *J. Phys. D: Appl. Phys.*, 28:2083–2088, 1995.

[268] M. Pinheiro. Electron trapping by electric field reversal and Fermi mechanism. *Phys. Rev. E*, 70:056409, 2004.

[269] J. N. Bardsley and M. A. Biondi. Dissociative recombination. *Adv. At. Mol. Phys.*, 6:1–57, 1970.

[270] N. Merbahi, N. Sewraj, F. Marchal, Y. Salamero and P. Millet. Luminescence of argon in a spatially stabilized mono-filamentary dielectric barrier microdischarge: spectroscopic and kinetic analysis. *J. Phys. D: Appl. Phys.*, 37: 1664–1678, 2004.

Literaturverzeichnis

[271] X. Xu. Dielectric barrier discharge - properties and applications. *Thin Solid Films*, 390:237–242, 2001.

[272] V. A. Maiorov and Y. B. Golubovskii. Modelling of atmospheric pressure dielectric barrier discharges with emphasis on stability issues. *Plasma Sources Sci. Technol.*, 16:S67–S75, 2007.

[273] T. Hoder, C. Wilke, D. Loffhagen and R. Brandenburg. Observation of Striated Structures in Argon Barrier Discharges at Atmospheric Pressure. *IEEE Trans. Plasma Sci.*, 39:2158–2159, 2011.

[274] V. I. Kolobov. Striations in rare gas plasmas. *J. Phys. D: Appl. Phys.*, 39: R487–R506, 2006.

[275] V. Perina. Existence regions of ionization waves (Moving striations) in helium, neon and argon. *Czech. J. Phys.*, 26:764–768, 1976.

[276] L. Tsendin. Electron kinetics in non-uniform glow discharge plasmas. *Plasma Sources Sci. Technol.*, 4:200–211, 1995.

[277] F. Iza and J. A. Hopwood. Self-organized filaments, striations and other non-uniformities in nonthermal atmospheric microwave excited microdischarges. *IEEE Trans. Plasma Sci.*, 33:306–307, 2005.

[278] Y. Yang, J. J. Shi, J. E. Harry, J. Proctor, C. P. Garner and M. G. Kong. Multilayer plasma patterns in atmospheric pressure glow discharges . *IEEE Trans. Plasma Sci.*, 33:302–303, 2005.

[279] S. Feng, F. He and J. T. Ouyang. Mechanism of striation in dielectric barrier discharge. *Chin. Phys. Lett.*, 24:2304–2308, 2007.

[280] J. Schäfer, R. Foest, A. Ohl and K. Weltmann. Miniaturized non-thermal atmospheric pressure plasma jet—characterization of self-organized regimes. *Plasma Phys. Control. Fusion*, 51:124045(11pp), 2009.

[281] X. C. Li, P. Y. Jia and N. Zhao. Spatial-Temporal Patterns in a Dielectric Barrier Discharge under Narrow Boundary Conditions in Argon at Atmospheric Pressure. *Chin. Phys. Lett.*, 23:045203, 2011.

[282] T. Hoder, M. M. Becker, H. Grosch, D. Loffhagen, J. Schäfer, C. Wilke and R. Brandenburg. Investigation of a striated mircodischarge in argon barrier discharges at atmospheric pressure. In *Proceedings of the XVIII International*

Literaturverzeichnis

Conference on Gas Discharges and their Applications, pages 244–247, Greifswald, 2010.

[283] M. M. Becker, T. Hoder, C. Wilke, R. Brandenburg and D. Loffhagen. Hydrodynamic modelling of microdischarges in asymmetric barrier discharges in argon. In *Proceedings of the XXX International Conference on Phenomena in Ionized Gases*, Belfast, 2011.

[284] P. Y. Cheung and A. Y. Wong. Chaotic behavior and period doubling in plasmas. *Phys. Rev. Lett.*, 59:551–554, 1987.

[285] F. Greiner, T. Klinger, H. Klostermann and A. Piel. Experiments and particle-in-cell simulation on self-oscillations and period doubling in thermionic discharges at low pressure. *Phys. Rev. Lett.*, 70:3071–3074, 1993.

[286] Z. Donkó and L. Szalai. Chaotic current oscillations with broadband $1/f^\alpha$ spectrum in a glow discharge plasma. *Chaos Soliton. Fract.*, 7:777–783, 1996.

[287] R. B. Wilson and N. K. Podder. Observation of period multiplication and instability in a dc glow discharge. *Phys. Rev. E*, 76:046405, 2007.

[288] T. Hayashi. Mixed-Mode Oscillations and Chaos in a Glow Discharge. *Phys. Rev. Lett.*, 84:3334–3337, 2000.

[289] D. Sijacic, U. Ebert and I. Rafatov. Oscillations in dc driven barrier discharges: Numerical solutions, stability analysis, and phase diagram. *Phys. Rev. E*, 71: 066402, 2005.

[290] J. Zhang, Y. Wang and D. Wang. Numerical study of period multiplication and chaotic phenomena in an atmospheric radio-frequency discharge. *Phys. Plasmas*, 17:043507, 2010.

[291] H. Shi, Y. Wang and D. Wang. Nonlinear behavior in the time domain in argon atmospheric dielectric-barrier discharges. *Phys. Plasmas*, 15:122306, 2008.

[292] Y. Wang, H. Shi, J. Sun and D. Wang. Period-two discharge characteristics in argon atmospheric dielectric-barrier discharges. *Phys. Plasmas*, 16:063507, 2009.

[293] M. Mikikian, M. Cavarroc, L. Couedel, Y. , T. and L. Boufendi. Mixed-Mode Oscillations in Complex-Plasma Instabilities. *Phys. Rev. Lett.*, 100:225005, 2008.

Literaturverzeichnis

[294] T. Hoder. Private Mitteilung, INP Greifswald e.V.

[295] S. V. Avtaeva and E. B. Kulumbaev. Effect of the scheme of plasmachemical processes on the calculated characteristics of a barrier discharge in xenon. *Plasma Phys. Reports*, 34:452–470, 2008.

[296] E. Wagenaars, R. Brandenburg, W. J. M. Brok, M. D. Bowden and H. E. Wagner. Experimental and modelling investigations of a dielectric barrier discharge in low-pressure argon. *J. Phys. D: Appl. Phys.*, 39:700–711, 2006.

[297] Y. T. Zhang, D. Z. Wang and M. G. Kong. Complex dynamic behaviors of nonequilibrium atmospheric dielectric-barrier discharges. *J. Appl. Phys.*, 100: 063304, 2006.

[298] R. Brandenburg, Z. Navratil, J. Jansky, P. Stahel, D. Trunec and H. E. Wagner. The transition between different modes of barrier discharges at atmospheric pressure. *J. Phys. D: Appl. Phys.*, 42:085208, 2009.

[299] J. L. Walsh, F. Iza, N. B. Janson, V. J. Law and M. G. Kong. Three distinct modes in a cold atmospheric pressure plasma jet. *J. Phys. D: Appl. Phys.*, 43: 075201, 2010.

[300] Q. Li, W. C. Zhu, X. M. Zhu and Y. K. Pu. Effects of Penning ionization on the discharge patterns of atmospheric pressure plasma jets. *J. Phys. D: Appl. Phys.*, 43:382001, 2010.

A Reaktionskinetisches Modell für Argon

Da bei den betrachteten Plasmen die „Temperatur" der Elektronen deutlich höher ist als die Temperatur der Schwerteilchen, ist die Entladung nicht im thermodynamischen Gleichgewicht. Aufgrund der hohen Energie der Elektronen sind die Anregungs- und Ionisationsraten trotz der niedrigen Schwerteilchentemperatur hoch, so dass zur Beschreibung „kalter" anisothermer Plasmen eine detaillierte Reaktionskinetik berücksichtigt werden muss [1]. Eine Liste der neben den Elektronen berücksichtigten Spezies findet sich in der Tabelle A.1. Die atomaren Argonzustän-

Tabelle A.1: Liste der berücksichtigten Argonspezies

Index	Spezies	Energieniveau [eV]
1	$Ar[1p_0]$	0
2	$Ar[1s_5]$	11.54
3	$Ar[1s_4]$	11.62
4	$Ar[1s_3]$	11.72
5	$Ar[1s_2]$	11.82
6	$Ar[2p]$	12.90
7	$Ar[2p']$	13.28
8	$Ar^*[hl]$	13.94
9	Ar^+	15.75
10	$Ar_2^*[^3\Sigma_u^+, v = 0]$	9.76
11	$Ar_2^*[^1\Sigma_u^+, v = 0]$	9.84
12	$Ar_2^*[^3\Sigma_u^+, v \gg 0]$	11.37
13	$Ar_2^*[^1\Sigma_u^+, v \gg 0]$	11.45
14	Ar_2^+	14.50

de werden in der Paschen-Notation (vgl. z. B. [2]) und die Excimer-Moleküle in Anlehnung an Millet et al. [3] bezeichnet. In dem 2p-Niveau sind die Energieniveaus $2p_{10}$–$2p_5$ und in dem 2p'-Niveau die Energieniveaus $2p_4$–$2p_1$ zusammengefasst. Das hl-Niveau umfasst alle höher liegenden Energieniveaus.

Neben den in der Tabelle A.2 aufgeführten elastischen, unelastischen und superelastischen Stößen, werden die in der Tabelle A.3 zusammengefassten Schwerteilchenstöße und Strahlungsprozesse berücksichtigt. Da in schwach ionisierten Plasmen die Stoßfrequenz von Stößen zwischen geladenen und neutralen Teilchen deutlich

A Reaktionskinetisches Modell für Argon

größer ist als die Stoßfrequenz von Stößen der geladenen Teilchen untereinander [4], können Elektron-Elektronstöße vernachlässigt werden. Die verwendeten Wirkungsquerschnitte der Elektronenstoßprozesse sind in den Abbildungen A.1 und A.2 dargestellt.

Den in den Abschnitten 5.1 und 6.2.1 diskutierten Modellergebnissen liegt das in Tabelle A.4 zusammengefasste reduzierte Reaktionsschema für Argon zugrunde. Die zugehörigen Transportkoeffizienten der Elektronen und die Ratenkoeffizienten der Elektronenstoßprozesse werden in [5] gezeigt.

Tabelle A.2: Liste der Elektron-Neutralteilchenstoßprozesse, die bei der Modellierung von Argonentladungen berücksichtigt werden. Die dritte Spalte gibt an, für welchen Energiebereich Querschnittsdaten aus den genannten Quellen verwendet wurden. Benötigte Daten außerhalb des angegebenen Bereichs wurden mittels Extrapolation bestimmt. Die Wirkungsquerschnitte für superelastische Stoßprozesse wurden auf Basis eines detaillierten Gleichgewichts bestimmt.

Index	Prozess	Energiebereich [eV]	Datenquelle
Elastische Stoßprozesse			
1	$Ar[1p_0] + e \longrightarrow Ar[1p_0] + e$	0–10000	[6]
An- und abregende Stoßprozesse			
2, 3	$Ar[1p_0] + e \longleftrightarrow Ar[1s_5] + e$	11.54–30; 35–1000	[7]; [6, 8]
4, 5	$Ar[1p_0] + e \longleftrightarrow Ar[1s_4] + e$	11.62-30; 50–1000	[7]; [6, 8]
6, 7	$Ar[1p_0] + e \longleftrightarrow Ar[1s_3] + e$	11.72–30; 35–400	[7]; [6, 8]
8, 9	$Ar[1p_0] + e \longleftrightarrow Ar[1s_2] + e$	11.82–30; 35–1000	[7]; [6, 8]
10, 11	$Ar[1p_0] + e \longleftrightarrow Ar[2p] + e$	12.9–30; 30–1000	[7]; [6, 8]
12, 13	$Ar[1p_0] + e \longleftrightarrow Ar[2p'] + e$	13.28–30; 30–1000	[7]; [6, 8]
14, 15	$Ar[1p_0] + e \longleftrightarrow Ar^*[hl] + e$	13.84–1000	[6, 8]
16, 17	$Ar[1s_5] + e \longleftrightarrow Ar[1s_4] + e$	0.07–18; >18	[7, 9]; [10]
18, 19	$Ar[1s_5] + e \longleftrightarrow Ar[1s_3] + e$	0.17–18; >18	[7, 9]; [10]
20, 21	$Ar[1s_5] + e \longleftrightarrow Ar[1s_2] + e$	0.28–18; >18	[7, 9]; [10]
22, 23	$Ar[1s_5] + e \longleftrightarrow Ar[2p] + e$	1.36–18; >18	[7, 11]; [10]
24, 25	$Ar[1s_5] + e \longleftrightarrow Ar[2p'] + e$	1.73–18; >18	[7, 11]; [10]
26, 27	$Ar[1s_5] + e \longleftrightarrow Ar^*[hl] + e$	≥ 2.91	[10]

Fortsetzung auf folgender Seite

Tabelle A.2 – Fortsetzung der letzten Seite

Index	Prozess	Energiebereich [eV]	Datenquelle
28, 29	$Ar[1s_4] + e \longleftrightarrow Ar[1s_3] + e$	0.1–18; >18	[7]; [10]
30, 31	$Ar[1s_4] + e \longleftrightarrow Ar[1s_2] + e$	0.2–18; >18	[7]; [10]
32, 33	$Ar[1s_4] + e \longleftrightarrow Ar[2p] + e$	1.28–18; >18	[7]; [10]
34, 35	$Ar[1s_4] + e \longleftrightarrow Ar[2p'] + e$	1.66–18; >18	[7]; [10]
36, 37	$Ar[1s_4] + e \longleftrightarrow Ar^*[hl] + e$	$\geq$2.84	[10]
38, 39	$Ar[1s_3] + e \longleftrightarrow Ar[1s_2] + e$	0.1–18; >18	[7]; [10]
40, 41	$Ar[1s_3] + e \longleftrightarrow Ar[2p] + e$	1.18–18; >18	[7]; [10]
42, 43	$Ar[1s_3] + e \longleftrightarrow Ar[2p'] + e$	1.56–18; >18	[7]; [10]
44, 45	$Ar[1s_3] + e \longleftrightarrow Ar^*[hl] + e$	$\geq$2.74	[10]
46, 47	$Ar[1s_2] + e \longleftrightarrow Ar[2p] + e$	1.08–18; >18	[7]; [10]
48, 49	$Ar[1s_2] + e \longleftrightarrow Ar[2p'] + e$	1.45–18; >18	[7]; [10]
50, 51	$Ar[1s_2] + e \longleftrightarrow Ar^*[hl] + e$	$\geq$2.63	[10]
52, 53	$Ar[2p] + e \longleftrightarrow Ar[2p'] + e$	0.38–18; >18	[7]; [10]
54, 55	$Ar[2p] + e \longleftrightarrow Ar^*[hl] + e$	$\geq$0.94	[10]
56, 57	$Ar[2p'] + e \longleftrightarrow Ar^*[hl] + e$	$\geq$0.56	[10]
Ionisierende Stoßprozesse			
58	$Ar[1p_0] + e \longrightarrow Ar^+ + 2e$	15.75–1000	[12]
59	$Ar[1s_5] + e \longrightarrow Ar^+ + 2e$	$\geq$4.21	[10]
60	$Ar[1s_4] + e \longrightarrow Ar^+ + 2e$	$\geq$4.13	[10]
61	$Ar[1s_3] + e \longrightarrow Ar^+ + 2e$	$\geq$4.21	[10]
62	$Ar[1s_2] + e \longrightarrow Ar^+ + 2e$	$\geq$4.1	[10]
63	$Ar[2p] + e \longrightarrow Ar^+ + 2e$	$\geq$2.49	[10]
64	$Ar[2p'] + e \longrightarrow Ar^+ + 2e$	$\geq$2.46	[10]
65	$Ar^*[hl] + e \longrightarrow Ar^+ + 2e$	$\geq$1.6	[10]
66	$Ar_2^*[^3\Sigma_u^+, v \gg 0] + e \longrightarrow Ar_2^+ + 2e$	3.23–50; >50	[13]; [10]
67	$Ar_2^*[^1\Sigma_u^+, v \gg 0] + e \longrightarrow Ar_2^+ + 2e$	3.15–50; >50	[13]; [10]

A Reaktionskinetisches Modell für Argon

Tabelle A.3: Liste der Strahlungs-, Rekombinations- und Schwerteilchenstoßprozesse die bei der Modellierung von Argonentladungen berücksichtigt werden. Die Ratenkoeffizienten von Zwei-Teilchenstoßprozessen sind in der Einheit cm^3/s und die von Drei-Teilchenstoßprozessen in der Einheit cm^6/s gegeben. Die Emissionsraten haben die Einheit s^{-1}; d bezeichnet den Elektrodenabstand in cm und T_e ist die Elektronentemperatur in Kelvin, die unter der Annahme einer Maxwell-Verteilung bestimmt wird als $k_B T_e = 2\varepsilon/3$.

Index	Prozess	Ratenkoeffizient	Datenquelle
Elektron-Ion-Rekombination			
68	$Ar_2^+ + e \longrightarrow Ar[2p] + Ar[1p_0]$	$6.7 \times 10^{-7} (T_e/300)^{-2/3}$	[14]
Chemo-Ionisation			
69	$Ar[1s_5] + Ar[1s_5] \longrightarrow Ar^+ + e + Ar[1p_0]$	1.3×10^{-9}	[15]
70	$Ar[1s_5] + Ar[1s_4] \longrightarrow Ar^+ + e + Ar[1p_0]$	4.5×10^{-10}	[15]
71	$Ar[1s_5] + Ar[1s_3] \longrightarrow Ar^+ + e + Ar[1p_0]$	1.3×10^{-9}	[15]
72	$Ar[1s_5] + Ar[1s_2] \longrightarrow Ar^+ + e + Ar[1p_0]$	4.5×10^{-10}	[15]
73	$Ar[1s_4] + Ar[1s_4] \longrightarrow Ar^+ + e + Ar[1p_0]$	4.5×10^{-10}	[15]
74	$Ar[1s_4] + Ar[1s_3] \longrightarrow Ar^+ + e + Ar[1p_0]$	4.5×10^{-10}	[15]
75	$Ar[1s_4] + Ar[1s_2] \longrightarrow Ar^+ + e + Ar[1p_0]$	4.5×10^{-10}	[15]
76	$Ar[1s_3] + Ar[1s_3] \longrightarrow Ar^+ + e + Ar[1p_0]$	1.3×10^{-9}	[15]
77	$Ar[1s_3] + Ar[1s_2] \longrightarrow Ar^+ + e + Ar[1p_0]$	4.5×10^{-10}	[15]
78	$Ar[1s_2] + Ar[1s_2] \longrightarrow Ar^+ + e + Ar[1p_0]$	4.5×10^{-10}	[15]
Ladungsaustausch			
79	$Ar^+ + 2Ar[1p_0] \longrightarrow Ar_2^+ + Ar[1p_0]$	2.5×10^{-31}	[16]
Weitere Neutralteilchenstöße			
80	$Ar^*[hl] + Ar[1p_0] \longrightarrow Ar[2p'] + Ar[1p_0]$	1.0×10^{-11}	abgeschätzt
81	$Ar[2p'] + Ar[1p_0] \longrightarrow Ar[2p] + Ar[1p_0]$	1.7×10^{-11}	[17]
82	$Ar[2p] + Ar[1p_0] \longrightarrow Ar[1s_2] + Ar[1p_0]$	2.5×10^{-12}	[17]
83	$Ar[1s_2] + Ar[1p_0] \longrightarrow Ar[1s_3] + Ar[1p_0]$	1.5×10^{-14}	[3]
84	$Ar[1s_3] + Ar[1p_0] \longrightarrow Ar[1s_4] + Ar[1p_0]$	5.3×10^{-15}	[18]
85	$Ar[1s_4] + Ar[1p_0] \longrightarrow Ar[1s_5] + Ar[1p_0]$	1.5×10^{-14}	[3]
86	$Ar[1s_4] + 2Ar[1p_0]$		

Fortsetzung auf folgender Seite

A Reaktionskinetisches Modell für Argon

Tabelle A.3 – Fortsetzung von letzter Seite

Index	Prozess	Ratenkoeffizient	Datenquelle
	$\longrightarrow Ar_2^*[^1\Sigma_u^+, v \gg 0] + Ar[1p_0]$	1.5×10^{-33}	[3]
87	$Ar[1s_5] + Ar[1p_0] \longrightarrow Ar[1s_4] + Ar[1p_0]$	2.5×10^{-15}	[3]
88	$Ar[1s_5] + Ar[1p_0] \longrightarrow Ar[1p_0] + Ar[1p_0]$	1.5×10^{-14}	[3]
89	$Ar[1s_5] + 2Ar[1p_0]$		
	$\longrightarrow Ar_2^*[^3S_u^+, v \gg 0] + Ar[1p_0]$	1.3×10^{-32}	[3]
90	$Ar_2^*[^1\Sigma_u^+, v \gg 0] + Ar[1p_0]$		
	$\longrightarrow Ar_2^*[^1\Sigma_u^+, v = 0] + Ar[1p_0]$	1.7×10^{-11}	[19]
91	$Ar_2^*[^3\Sigma_u^+, v \gg 0] + Ar[1p_0]$		
	$\longrightarrow Ar_2^*[^3\Sigma_u^+, v = 0] + Ar[1p_0]$	1.7×10^{-11}	[19]

Strahlungsprozesse

Index	Prozess	Ratenkoeffizient	Datenquelle
92	$Ar[1s_4] \longrightarrow Ar[1p_0] + h\nu$	$6.2/\sqrt{d} \times 10^4$	[20]
93	$Ar[1s_2] \longrightarrow Ar[1p_0] + h\nu$	$2.5/\sqrt{d} \times 10^5$	[20]
94	$Ar[2p] \longrightarrow Ar[1s_5] + h\nu$	2.0×10^7	[21]
95	$Ar[2p] \longrightarrow Ar[1s_4] + h\nu$	1.1×10^7	[21]
96	$Ar[2p] \longrightarrow Ar[1s_3] + h\nu$	4.0×10^5	[21]
97	$Ar[2p] \longrightarrow Ar[1s_2] + h\nu$	1.5×10^6	[21]
98	$Ar[2p'] \longrightarrow Ar[1s_5] + h\nu$	3.3×10^6	[21]
99	$Ar[2p'] \longrightarrow Ar[1s_4] + h\nu$	4.0×10^6	[21]
100	$Ar[2p'] \longrightarrow Ar[1s_3] + h\nu$	7.6×10^6	[21]
101	$Ar[2p'] \longrightarrow Ar[1s_2] + h\nu$	2.0×10^7	[21]
102	$Ar^*[hl] \longrightarrow Ar[1s_5] + h\nu$	5.0×10^5	[22][1]
103	$Ar^*[hl] \longrightarrow Ar[1s_4] + h\nu$	2.9×10^5	[22]
104	$Ar^*[hl] \longrightarrow Ar[1s_3] + h\nu$	1.0×10^5	[22]
105	$Ar^*[hl] \longrightarrow Ar[1s_2] + h\nu$	3.0×10^5	[22]
106	$Ar_2^*[^1\Sigma_u^+, v \gg 0] \longrightarrow 2Ar[1p_0] + h\nu$	2.4×10^8	[3]

Fortsetzung auf folgender Seite

---

[1]Der Ratenkoeffizient der Reaktion 102 wurde nachträglich von $5 \times 10^6\,\mathrm{s}^{-1}$ auf $5 \times 10^5\,\mathrm{s}^{-1}$ korrigiert. Vergleichsrechnungen haben gezeigt, dass diese Änderung keinen entscheidenden Einfluss auf die in dieser Arbeit gezeigten Ergebnisse hat.

A Reaktionskinetisches Modell für Argon

Tabelle A.3 – Fortsetzung von letzter Seite

Index	Prozess	Ratenkoeffizient	Datenquelle
107	$Ar_2^*[^3\Sigma_u^+, v \gg 0] \longrightarrow 2Ar[1p_0] + h\nu$	6.2×10^6	[3]
108	$Ar_2^*[^1\Sigma_u^+, v = 0] \longrightarrow 2Ar[1p_0] + h\nu$	2.4×10^8	[3]
109	$Ar_2^*[^3\Sigma_u^+, v = 0] \longrightarrow 2Ar[1p_0] + h\nu$	3.5×10^5	[3]

Aufgrund der langen Lebensdauer der metastabilen Argonatome werden die Strahlungsübergänge aus den $Ar[1s_5]$- und $Ar[1s_3]$-Niveaus vernachlässigt. Für die Strahlungsübergänge aus den Resonanzniveaus $Ar[1s_4]$ und $Ar[1s_2]$ in den Grundzustand wird der Ansatz einer effektiven Lebensdauer gemäß der Holsteinschen Strahlungstheorie verwendet. Die effektiven Lebensdauern τ_4^{eff} und τ_2^{eff} werden bestimmt gemäß der Formel [23]

$$\tau_l^{\text{eff}} = \left(\frac{2\sqrt{2}}{3} \frac{\tau_l^{-1}}{\sqrt{\pi k_{0,l} d}} \right)^{-1}, \qquad l = 2, 4 \tag{A.1}$$

mit den natürlichen Lebensdauern $\tau_4 = 8.6\,\text{ns}$ und $\tau_2 = 2.15\,\text{ns}$ nach Lawrence [24]. Die Absorptionskoeffizienten $k_{0,l}$, $l = 2, 4$ werden in Analogie zu Golubovski *et al.* [20] bestimmt als

$$k_{0,l} = \frac{2\lambda_0}{2.1\tau_l} \left(\frac{g_2}{g_1} \right)^{3/2} \frac{m_e c_0 \varepsilon_0}{e_0^2 f_{21}}, \tag{A.2}$$

wobei λ_0 die Vakuumwellenlänge, g_1 und g_2 die statistischen Gewichte, f_{21} die Oszillatorstärke und c_0 die Lichtgeschwindigkeit bezeichnen.

A Reaktionskinetisches Modell für Argon

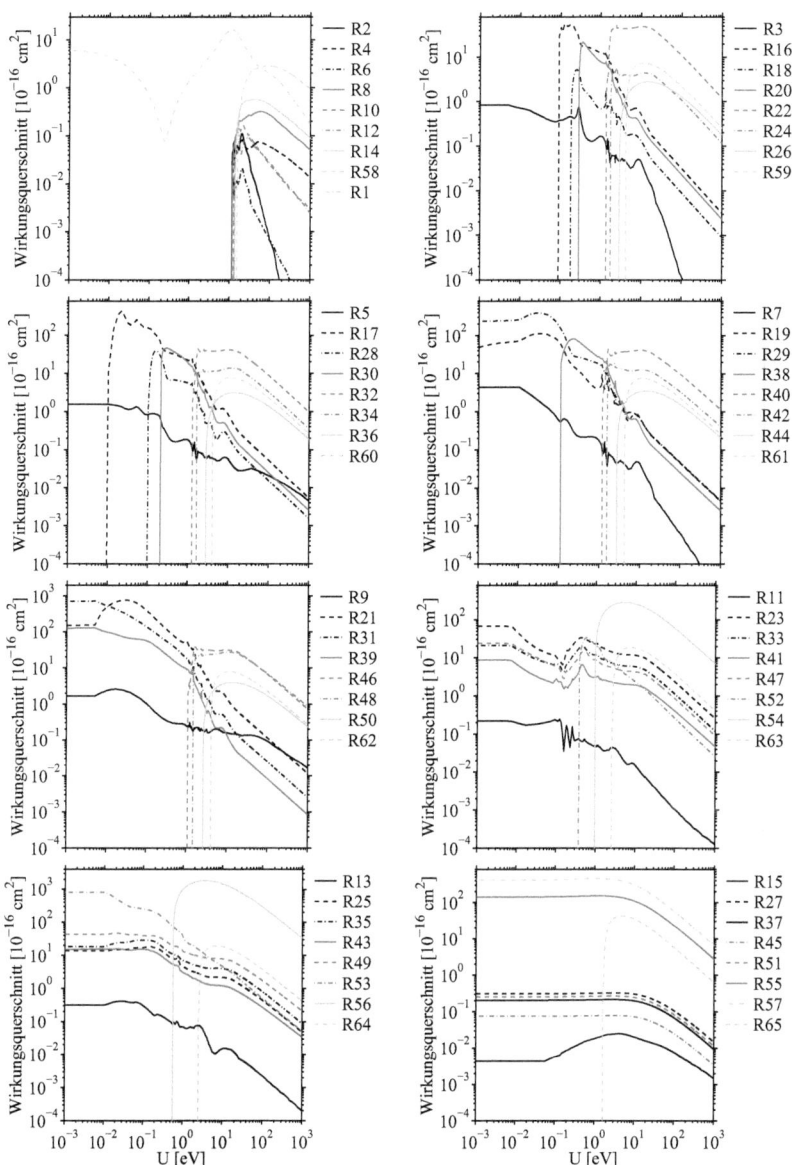

Abbildung A.1: Querschnitte der in der Tabelle A.2 aufgeführten Elektron-Atomstöße

A Reaktionskinetisches Modell für Argon

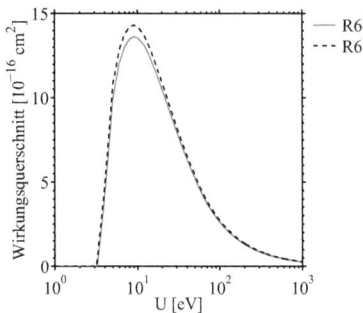

Abbildung A.2: Querschnitte der in der Tabelle A.2 aufgeführten Elektron-Molekülstöße

Tabelle A.4: Reduziertes reaktionskinetisches Modell. Der Energieverlust in elastischen Stößen sowie die Ratenkoeffizienten der Elektronenstoßprozesse werden durch Lösen der stationären 0D-Boltzmann-Gleichung (BE) bestimmt.

Index	Prozess	Koeffizient
1	$Ar[1p_0] + e \longrightarrow Ar[1p_0] + e$	BE
2, 3	$Ar[1p_0] + e \longleftrightarrow Ar^* + e$	BE
4	$Ar[1p_0] + e \longrightarrow Ar^+ + 2e$	BE
5	$Ar^* + e \longrightarrow Ar^+ + 2e$	BE
6	$Ar^* + Ar^* \longrightarrow Ar^+ + e + Ar[1p0]$	0.81×10^{-9} cm^3/s
7	$Ar^* \longrightarrow Ar[1p0]$	10^6 s^{-1}

Zur Untersuchung des Einflusses von Näherungen bei der Modellbildung, zum Vergleich unterschiedlicher Fluid-Modelle und zum Test numerischer Methoden wird das Referenzmodell einer anomalen Glimmentladung in Argon mit den in Tabelle A.5 zusammengefassten Entladungsparametern verwendet.

A Reaktionskinetisches Modell für Argon

Tabelle A.5: Entladungsparameter des Referenzmodells

Parameter	Bedeutung	Wert
p	Gasdruck	1 Torr
T_g	Schwerteilchentemperatur	300 K
d	Elektrodenabstand	1 cm
V_0	angelegte Spannung	-250 V
τ_Φ	Einschaltzeit	10^{-9}
γ	Sekundärelektronenemission	0.06
ε^γ	mittlere Energie der Sekundärelektronen	5 eV
r_e	Reflexionskoeffizient der Elektronen	0.3
r_i	Reflexionskoeffizient der Ionen	5×10^{-4}
r_m	Reflexionskoeffizient der metastabilen Teilchen	0.3

B Anhang zu Kapitel 2

B.1 Herleitung der allgemeinen Momentengleichung

Bei der Herleitung der allgemeinen Momentengleichung aus der Boltzmann-Gleichung (2.4) wird im Folgenden der Index s und die rechte Seite unterdrückt, um die Notation zu vereinfachen. Wird

$$\partial_t f + \boldsymbol{v} \cdot \nabla f + \frac{q}{m} \boldsymbol{E} \cdot \nabla_v f = 0 \tag{B.1}$$

mit $\Theta = \Theta(\boldsymbol{v})$ multipliziert und über den Geschwindigkeitsraum integriert, resultiert die Beziehung

$$\int \Theta \partial_t f \, \mathrm{d}\boldsymbol{v} + \int \Theta \boldsymbol{v} \cdot \nabla f \, \mathrm{d}\boldsymbol{v} + \int \Theta \frac{q}{m} \boldsymbol{E} \cdot \nabla_v f \, \mathrm{d}\boldsymbol{v} = 0\,. \tag{B.2}$$

Da Θ unabhängig von $\boldsymbol{r}$ und t ist und

$$\boldsymbol{v} \cdot \nabla f = \nabla \cdot (\boldsymbol{v} f) - f \nabla \cdot \boldsymbol{v} = \nabla \cdot (\boldsymbol{v} f) \tag{B.3}$$

(da $\boldsymbol{v}$ unabhängige Variable) sowie

$$\boldsymbol{E} \cdot \nabla_v f = \nabla_v \cdot (\boldsymbol{E} f) - f \nabla_v \cdot \boldsymbol{E} = \nabla_v \cdot (\boldsymbol{E} f) \tag{B.4}$$

(da $\boldsymbol{E}$ unabhängig von $\boldsymbol{v}$) gilt, folgt

$$\partial_t \int \Theta f \, \mathrm{d}\boldsymbol{v} + \nabla \cdot \int \Theta \boldsymbol{v} f \, \mathrm{d}\boldsymbol{v} + \frac{q}{m} \int \Theta \nabla_v \cdot (\boldsymbol{E} f) \, \mathrm{d}\boldsymbol{v} = 0 \tag{B.5a}$$

$$\Leftrightarrow \quad \partial_t \int \Theta f \, \mathrm{d}\boldsymbol{v} + \nabla \cdot \int \Theta \boldsymbol{v} f \, \mathrm{d}\boldsymbol{v} + \frac{q}{m} \int \Big(\nabla_v \cdot (\Theta \boldsymbol{E} f) - f \boldsymbol{E} \cdot \nabla_v \Theta \Big) \, \mathrm{d}\boldsymbol{v} = 0 \tag{B.5b}$$

$$\Leftrightarrow \quad \partial_t \int \Theta f \, \mathrm{d}\boldsymbol{v} + \nabla \cdot \int \Theta \boldsymbol{v} f \, \mathrm{d}\boldsymbol{v} + \frac{q}{m} \oint (\Theta \boldsymbol{E} f) \cdot \mathrm{d}\boldsymbol{\sigma} - \int f \boldsymbol{E} \cdot \nabla_v \Theta \, \mathrm{d}\boldsymbol{v} = 0 \tag{B.5c}$$

$$\Leftrightarrow \quad \partial_t \big(n \langle \Theta \rangle \big) + \nabla \cdot \big(n \langle \Theta \boldsymbol{v} \rangle \big) - n \frac{q}{m} \langle \boldsymbol{E} \cdot \nabla_v \Theta \rangle = 0\,. \tag{B.5d}$$

Die Gleichung (B.5c) resultiert mit Verwendung des Gaußschen Integralsatzes. Das Oberflächenintegral in dieser Gleichung ist identisch Null aufgrund der Beziehung

$$f \equiv 0 \quad \text{für } v_k = \pm\infty,\, k = x, y, z\,. \tag{B.6}$$

Diese muss gelten, da andernfalls die Verteilungsfunktion einen unendlichen Energieinhalt beschreiben würde.

B.2 Herleitung der Impulsbilanzgleichung für die Elektronen

Wird in die allgemeine Momentengleichung (2.6) die Funktion $\Theta = v_k$ eingesetzt, resultiert für die Elektronen ($s = e$) die Gleichung

$$\partial_t\big(n_e \bar{v}_{k,e}\big) + \nabla \cdot \big(n_e \langle v_k \boldsymbol{v}\rangle_e\big) + \frac{e_0}{m_e} n_e \langle \boldsymbol{E} \cdot \nabla_v v_k\rangle_e$$
$$= \int v_k \sum_h \Big(C_h^{el}(f_s) + \sum_r C_{h,r}^{in}(f_s) \Big) \mathrm{d}\boldsymbol{v}, \qquad (B.7)$$

wobei $\bar{\boldsymbol{v}}_e := \langle \boldsymbol{v}\rangle_e$ die mittlere Geschwindigkeit der Elektronen bezeichnet. Die rechte Seite dieser Gleichung wird approximiert gemäß

$$\int v_k \sum_h \Big(C_h^{el}(f_s) + \sum_r C_{h,r}^{in}(f_s) \Big) \mathrm{d}\boldsymbol{v} \approx -\nu_e \Gamma_{k,e}. \qquad (B.8)$$

Hier bezeichnet ν_e die Impulsübertragungsfrequenz der Elektronen (vgl. Anhang B.5). Mit $\Gamma_{k,e} = n_e \bar{v}_{k,e}$ kann (B.7) umgeschrieben werden zu

$$\partial_t \Gamma_{k,e} + \nabla \cdot \big(n_e \langle v_k \boldsymbol{v}\rangle_e\big) = -\frac{e_0}{m_e} n_e E_k - \nu_e \Gamma_{k,e}. \qquad (B.9)$$

Wird im zweiten Term auf der linken Seite dieser Gleichung die Beziehung $\boldsymbol{v} = \langle \boldsymbol{v}\rangle + \tilde{\boldsymbol{v}}$ eingesetzt, resultiert wegen $\langle \tilde{\boldsymbol{v}}\rangle = 0$ die Gleichung

$$\partial_t \Gamma_{k,e} + \nabla \cdot \Big(\Gamma_{k,e} \bar{\boldsymbol{v}}_e + \frac{\mathsf{p}_{k,e}}{m_e} \Big) = -\frac{e_0}{m_e} n_e E_k - \nu_e \Gamma_{k,e} \qquad (B.10)$$

mit dem Spannungstensor $\mathsf{p}_{k,e} = n_e m_e \langle \tilde{v}_{k,e} \tilde{\boldsymbol{v}}_e\rangle_e$, $k = x, y, z$. Ist die Verteilungsfunktion über die Relativgeschwindigkeit $\tilde{\boldsymbol{v}}_e$ isotrop, gilt [25]

$$\langle \tilde{v}_x^2\rangle_e = \langle \tilde{v}_y^2\rangle_e = \langle \tilde{v}_z^2\rangle_e = \frac{1}{3}\langle \tilde{v}^2\rangle_e \qquad (B.11a)$$

$$\langle \tilde{v}_k \tilde{v}_l\rangle_e = 0 \text{ für } k \neq l \text{ und } k, l = x, y, z \qquad (B.11b)$$

und somit $\mathsf{p}_{kl,e} = p_e \delta_{kl}$ mit dem skalaren Druck

$$p_e = \frac{1}{3} n_e m_e \langle \tilde{v}_e^2\rangle_e. \qquad (B.12)$$

B Anhang zu Kapitel 2

Aufgrund der Relation

$$v^2 = \langle v \rangle^2 + 2\langle \boldsymbol{v} \rangle \cdot \tilde{\boldsymbol{v}} + \tilde{v}^2 \quad \Rightarrow \quad \langle v^2 \rangle = \langle v \rangle^2 + \langle \tilde{v}^2 \rangle \tag{B.13}$$

kann p_e wegen $w_e = n_e m_e \langle v^2 \rangle_e / 2$ im Rahmen eines Drei-Momenten-Modells bestimmt werden gemäß

$$p_e = \frac{2}{3} w_e - \frac{m_e}{3} n_e \bar{v}_e^2. \tag{B.14}$$

Für die Teilchenstromdichte der Elektronen $\boldsymbol{\Gamma}_e = (\Gamma_{x,e}, \Gamma_{y,e}, \Gamma_{z,e})$ wird somit die Gleichung

$$\partial_t \boldsymbol{\Gamma}_e + \nabla \cdot \left(\bar{\boldsymbol{v}}_e \otimes \boldsymbol{\Gamma}_e \right) + \nabla \left(\frac{p_e}{m_e} \right) = -\frac{e_0}{m_e} n_e \boldsymbol{E} - \nu_e \boldsymbol{\Gamma}_e \tag{B.15}$$

mit dem Druck $p_e = (2w_e - m_e n_e \bar{v}_e^2)/3$ und der mittleren Geschwindigkeit der Elektronen $\bar{\boldsymbol{v}}_e = \boldsymbol{\Gamma}_e / n_e$ gelöst.

B.3 Herleitung der Energiebilanzgleichung für die Elektronen

Das Einsetzen von $\Theta = m_e v^2/2$ in die allgemeine Momentengleichung (2.6) liefert für die Energiedichte der Elektronen $w_e = n_e m_e \langle v^2 \rangle_e / 2 = n_e \varepsilon$ die Gleichung

$$\partial_t w_e + \nabla \cdot \boldsymbol{Q}_e + e_0 n_e \boldsymbol{E} \cdot \bar{\boldsymbol{v}}_e = \tilde{S}_e, \tag{B.16}$$

mit der Energiestromdichte $\boldsymbol{Q}_e = n_e m_e \langle v^2 \boldsymbol{v} \rangle_e / 2$ der Elektronen. $\tilde{S}_e$ bezeichnet eine geeignete Approximation des Energiegewinns und Energieverlusts durch Stoßprozesse. Die Energiestromdichte ist ein Moment dritter Ordnung und kann somit im Rahmen eines Drei-Momenten-Modells nicht exakt bestimmt werden. Mit der Annahme $\mathrm{p}_{kl,e} = p_e \delta_{kl}$ folgt für die Energiestromdichte

$$\boldsymbol{Q}_e = n_e \frac{m_e}{2} \langle v^2 \boldsymbol{v} \rangle_e \tag{B.17a}$$

$$= n_e \frac{m_e}{2} \langle v^2 (\bar{\boldsymbol{v}}_e + \tilde{\boldsymbol{v}}_e) \rangle_e \tag{B.17b}$$

$$= n_e \frac{m_e}{2} \langle v^2 \rangle \bar{\boldsymbol{v}}_e + n_e \frac{m_e}{2} \langle v^2 \tilde{\boldsymbol{v}}_e \rangle_e \tag{B.17c}$$

$$= w_e \bar{\boldsymbol{v}}_e + n_e \frac{m_e}{2} \langle (\bar{\boldsymbol{v}}_e + \tilde{\boldsymbol{v}}_e) \cdot (\bar{\boldsymbol{v}}_e + \tilde{\boldsymbol{v}}_e) \tilde{\boldsymbol{v}}_e \rangle_e \tag{B.17d}$$

$$= w_e \bar{\boldsymbol{v}}_e + n_e m_e \langle (\bar{\boldsymbol{v}}_e \cdot \tilde{\boldsymbol{v}}_e) \tilde{\boldsymbol{v}}_e \rangle_e + n_e \frac{m_e}{2} \langle \tilde{v}_e^2 \tilde{\boldsymbol{v}}_e \rangle_e \tag{B.17e}$$

$$= (w_e + p_e) \bar{\boldsymbol{v}}_e + \dot{\boldsymbol{q}}_e, \tag{B.17f}$$

wobei $\dot{\boldsymbol{q}}_\mathrm{e} = n_\mathrm{e} m_\mathrm{e} \langle \tilde{v}_\mathrm{e}^2 \tilde{\boldsymbol{v}}_\mathrm{e} \rangle_\mathrm{e}/2$ die Wärmestromdichte der Elektronen bezeichnet. Zur Bestimmung der Energiedichte der Elektronen ergibt sich somit die Gleichung

$$\partial_t w_\mathrm{e} + \nabla \cdot \left((w_\mathrm{e} + p_\mathrm{e}) \bar{\boldsymbol{v}}_\mathrm{e} + \dot{\boldsymbol{q}}_\mathrm{e} \right) = -e_0 \boldsymbol{E} \cdot \boldsymbol{\Gamma}_\mathrm{e} + \tilde{S}_\mathrm{e} \,. \tag{B.18}$$

B.4 Entwicklungsansatz zur Herleitung von Bilanzgleichungen

Wird (2.33) mit einer endlichen Anzahl N_l an Entwicklungstermen in die Boltzmanngleichung (2.4) eingesetzt und die Entwicklungskoeffizienten $\tilde{f}_l$ gemäß der Beziehung

$$f_l(x, U, t) = 2\pi \left(\frac{2}{m_\mathrm{e}} \right)^{3/2} \tilde{f}_l\bigl(x, |v|, t\bigr) \tag{B.19}$$

in den Raum der kinetischen Energie $U = m_\mathrm{e} v^2/2$ der Elektronen transformiert, resultiert bei geeigneter Approximation der Stoßintegrale das System partieller Differenzialgleichungen [26, 27]

$$\left(\frac{m_\mathrm{e}}{2} \right)^{1/2} U^{1/2} \partial_t f_0(x, U, t) + \frac{U}{3} \partial_x f_1(x, U, t) - \frac{e_0}{3} E(x, t) \partial_U \bigl(U f_1(x, U, t) \bigr)$$
$$- 2\partial_U \left(\sum_h \frac{m_\mathrm{e}}{m_h} U^2 n_h Q_h^\mathrm{d}(U) f_0(x, U, t) \right)$$
$$+ \sum_h \sum_r U n_h Q_{h,r}^\mathrm{in}(U) f_0(x, U, t)$$
$$= \sum_h \sum_r (U + U_{h,r}^\mathrm{in}) n_h Q_{h,r}^\mathrm{in}(U + U_{h,r}^\mathrm{in}) f_0(x, U + U_{h,r}^\mathrm{in}, t) \tag{B.20a}$$

$$\left(\frac{m_\mathrm{e}}{2} \right)^{1/2} U^{1/2} \partial_t f_l(x, U, t)$$
$$+ \frac{l}{2l-1} U \left(\partial_x f_{l-1}(x, U, t) - e_0 E(x, t) U^{(l-1)/2} \partial_U \left(U^{-(l-1)/2} f_{l-1}(x, U, t) \right) \right)$$
$$+ \frac{l+1}{2l+3} U \left(\partial_x f_{l+1}(x, U, t) - e_0 E(x, t) U^{-(l+2)/2} \partial_U \left(U^{(l+2)/2} f_{l+1}(x, U, t) \right) \right)$$
$$= -\sum_h U n_h \left(Q_h^\mathrm{d}(U) + \sum_r Q_{h,r}^\mathrm{in}(U) \right) f_l(x, U, t), \quad 1 \leq l \leq N_l - 1 \tag{B.20b}$$

$$f_{N_l}(x, U, t) \equiv 0 \tag{B.20c}$$

für die Entwicklungskoeffizienten f_l, $l = 0, \ldots, N_l - 1$. Hier sind $Q_{h,r}^\mathrm{d}$ und $Q_{h,r}^\mathrm{in}$ verallgemeinerte Wirkungsquerschnitte elastischer und unelastischer Stöße mit Schwerteilchen der Spezies h, wobei angenommen wird, dass diese ruhen. Die rechte Seite der Gleichung (B.20a) beschreibt die Änderung der f_0-Komponente aufgrund von unelastischen und superelastischen Stoßprozessen mit dem zugehörigen Energiever-

B Anhang zu Kapitel 2

lust $U_{h,r}^{\text{in}}$, wobei $U_{h,r}^{\text{in}}$ für superelastische Stöße negativ ist. Unter der Annahme einer isotropen Streuung in unelastischen Stößen verschwinden die entsprechenden Beiträge für $l \geq 1$.

Ist die Impulsdissipation in Stoßprozessen deutlich schneller als die Änderung des elektrischen Feldes, kann die Zeitableitung in Gleichung (B.20b) für $l = 1$ vernachlässigt werden, so dass diese nach $U f_1$ aufgelöst werden kann. Einsetzen des entsprechende Ausdrucks in

$$\Gamma_{\text{e}}(x,t) = \int v f_{\text{e}}(x,\boldsymbol{v},t)\,\mathrm{d}\boldsymbol{v} = \frac{1}{3}\left(\frac{2}{m_{\text{e}}}\right)^{1/2} \int_0^\infty U f_1(x,U,t)\,\mathrm{d}U \qquad (\text{B.21})$$

liefert die konventionelle Drift-Diffusionsnäherung

$$\Gamma_{\text{e}}(x,t) = -\partial_x\Big(D_{\text{e}}(x,t) n_{\text{e}}(x,t)\Big) - b_{\text{e}}(x,t) E(x,t) n_{\text{e}}(x,t) \qquad (\text{B.22})$$

mit den Transportkoeffizienten (2.43a) und (2.43c). Die mittlere freie Weglänge $l_{\text{e}}(U)$ in diesen Ausdrücken ist gegeben durch

$$l_{\text{e}}(U) = \left(\sum_h n_h \Big(Q_h^{\text{d}}(U) + \sum_r Q_{h,r}^{\text{in}}(U)\Big)\right)^{-1}. \qquad (\text{B.23})$$

Die Gleichheit der beiden Integralausdrücke in Gleichung (B.21) ergibt sich aus der Orthogonalitätseigenschaft der Legendre-Polynome bezüglich des L^2-Skalarproduktes auf dem Intervall $[-1,1]$. Diese führt dazu, dass die Terme nullter Ordnung und höherer Ordnung als Eins der Legendre-Polynomentwicklung verschwinden.

Analog zu der Herleitung der Drift-Diffusionsnäherung für die Teilchenstromdichte der Elektronen, kann die Näherung

$$Q_{\text{e}}(x,t) = -\partial_x\Big(\tilde{D}_{\text{e}}(x,t) n_{\text{e}}(x,t)\Big) - \tilde{b}_{\text{e}}(x,t) E(x,t) n_{\text{e}}(x,t) \qquad (\text{B.24})$$

für die Energiestromdichte

$$Q_{\text{e}}(x,t) = \frac{1}{3}\left(\frac{2}{m_{\text{e}}}\right)^{1/2} \int_0^\infty U^2 f_1(x,U,t)\,\mathrm{d}U \qquad (\text{B.25})$$

der Elektronen hergeleitet werden. Der Diffusionskoeffizient $\tilde{D}_{\text{e}}$ und die Beweglichkeit $\tilde{b}_{\text{e}}$ für den Energietransport der Elektronen sind mit den Ausdrücken (2.43b) und (2.43d) gegeben. Wie die Teilchen- und Energietransportkoeffizienten in der Praxis bestimmt werden, wird im Anhang B.5 angegeben.

Zur Herleitung des in Abschnitt 2.3.2 vorgestellten Vier-Momenten-Modells, wird

B.4 Entwicklungsansatz zur Herleitung von Bilanzgleichungen

die Gleichung (B.20b) mit

$$\frac{1}{3}\left(\frac{2}{m_\mathrm{e}}\right)U^{1/2} \quad \text{bzw.} \quad \frac{1}{3}\left(\frac{2}{m_\mathrm{e}}\right)U^{3/2} \tag{B.26}$$

multipliziert und anschließend über den Energieraum integriert. Dieses Vorgehen liefert mit den Beziehungen (B.21) und (B.25) die beiden Bilanzgleichungen

$$\partial_t \Gamma_\mathrm{e}(x,t) + \partial_x \left(\frac{2}{3 m_\mathrm{e}} \int_0^\infty U^{3/2}\left(f_0(x,U,t) + \frac{2}{5}f_2(x,U,t)\right)\mathrm{d}U \right)$$
$$= -\frac{e_0}{m_\mathrm{e}} E n_\mathrm{e} - \frac{2}{3 m_\mathrm{e}} \int_0^\infty U^{3/2} f_1(x,U,t)\bigl(l_\mathrm{e}(U)\bigr)^{-1}\mathrm{d}U \tag{B.27}$$

$$\partial_t Q_\mathrm{e}(x,t) + \partial_x \left(\frac{2}{3 m_\mathrm{e}} \int_0^\infty U^{5/2}\left(f_0(x,U,t) + \frac{2}{5}f_2(x,U,t)\right)\mathrm{d}U \right)$$
$$= -e_0 E \frac{2}{3 m_\mathrm{e}} \int_0^\infty U^{3/2}\left(\frac{5}{2}f_0(x,U,t) + \frac{2}{5}f_2(x,U,t)\right)\mathrm{d}U$$
$$- \frac{2}{3 m_\mathrm{e}} \int_0^\infty U^{5/2} f_1(x,U,t)\bigl(l_\mathrm{e}(U)\bigr)^{-1}\mathrm{d}U \,. \tag{B.28}$$

Mit Einführung der Koeffizienten (2.36) und der Ausnutzung der Beziehungen

$$n_\mathrm{e}(x,t) = \int_0^\infty U^{1/2} f_0(x,U,t)\,\mathrm{d}U \tag{B.29}$$

$$w_\mathrm{e}(x,t) = \int_0^\infty U^{3/2} f_0(x,U,t)\,\mathrm{d}U \tag{B.30}$$

ergeben sich die Gleichungen (2.35b) und (2.35d) des Systems (2.35). Die Teilchen- und Energiebilanzgleichungen (2.35a) und (2.35c) sind in Übereinstimmung mit den Gleichungen (2.28a) und (2.28c) des Drei-Momenten-Modells (2.28), können aber auch unmittelbar aus (B.20) hergeleitet werden. Dazu wird die Gleichung (B.20a) mit

$$\left(\frac{2}{m_\mathrm{e}}\right)^{1/2} \quad \text{bzw.} \quad \left(\frac{2}{m_\mathrm{e}}\right)^{1/2} U \tag{B.31}$$

multipliziert und anschließend über den Energieraum integriert. Die entsprechenden makroskopischen Bilanzgleichungen ergeben sich aus den Beziehungen (B.21) und (B.29) bzw. (B.25) und (B.30).

Werden die Zeitableitungen in (B.27) und (B.28) vernachlässigt, ergibt sich mit den Koeffizienten (2.36) und (2.38) unmittelbar die quasistationäre Form (2.37) der Teilchen- und Energiestromdichte.

B Anhang zu Kapitel 2

B.5 Transport- und Ratenkoeffizienten

B.5.1 Transportkoeffizienten der Elektronen und Ratenkoeffizienten der Elektron-Neutralteilchenstöße

Die Transportkoeffizienten der Elektronen und die Ratenkoeffizienten der Elektron-Neutralteilchenstöße werden mittels der lokalen mittleren Energienäherung bestimmt. Dazu wird das System (B.20) unter Vernachlässigung der Orts- und Zeitableitungen für einen weiten Bereich reduzierter Feldstärken E/N gelöst. Die als Integrale über die Lösungsgrößen f_l gegebenen Transport- und Ratenkoeffizienten werden als Funktion der entsprechenden mittleren Energie in einer Tabelle abgelegt. Zur Lösung des Systems wird eine angepasste Variante des in [28] veröffentlichten Verfahrens eingesetzt. Die Berechnung der Koeffizienten war nicht Gegenstand dieser Arbeit und wurde von D. Loffhagen durchgeführt. Folgend werden die Ausdrücke aufgeführt, nach denen die in dieser Arbeit verwendeten Koeffizienten bestimmt werden. Die dabei auftretenden Entwicklungskoeffizienten und makroskopischen Größen sind der jeweiligen Lösung für die gegebene elektrische Feldstärke zugehörig und unabhängig vom Ort und von der Zeit.

- Diffusionskoeffizient der Elektronen (vgl. Abbildung B.1)

$$D_\mathrm{e} = \frac{1}{3}\left(\frac{2}{m_\mathrm{e}}\right)^{1/2} \int_0^\infty l_\mathrm{e}(U) U \left(f_0(U) + \frac{2}{5} f_2(U)\right) \mathrm{d}U \bigg/ n_\mathrm{e} \tag{B.32}$$

- Beweglichkeit der Elektronen (vgl. Abbildung B.1)

$$b_\mathrm{e} = -\frac{1}{3E}\left(\frac{2}{m_\mathrm{e}}\right)^{1/2} \int_0^\infty U f_1(U)\, \mathrm{d}U \bigg/ n_\mathrm{e} \tag{B.33}$$

- Diffusionskoeffizient der Elektronenenergie (vgl. Abbildung B.1)

$$\tilde{D}_\mathrm{e} = \frac{1}{3}\left(\frac{2}{m_\mathrm{e}}\right)^{1/2} \int_0^\infty l_\mathrm{e}(U) U^2 \left(f_0(U) + \frac{2}{5} f_2(U)\right) \mathrm{d}U \bigg/ n_\mathrm{e} \tag{B.34}$$

- Beweglichkeit der Elektronenenergie (vgl. Abbildung B.1)

$$\tilde{b}_\mathrm{e} = -\frac{1}{3E}\left(\frac{2}{m_\mathrm{e}}\right)^{1/2} \int_0^\infty U^2 f_1(U)\, \mathrm{d}U \bigg/ n_\mathrm{e} \tag{B.35}$$

B.5 Transport- und Ratenkoeffizienten

- Impulsübertragungsfrequenz der Elektronen (vgl. Abbildung 2.6)

$$\nu_e = \frac{2}{3\,m_e} \int_0^\infty U^{3/2} f_1(U) \bigl(l_e(U)\bigr)^{-1} \mathrm{d}U \bigg/ \Gamma_e \qquad (\text{B.36})$$

- Dissipationsfrequenz der Elektronenenergiestromdichte (vgl. Abbildung 2.6)

$$\tilde{\nu}_e = \frac{2}{3\,m_e} \int_0^\infty U^{5/2} f_1(U) \bigl(l_e(U)\bigr)^{-1} \mathrm{d}U \bigg/ Q_e \qquad (\text{B.37})$$

- ξ-Koeffizienten der neuen Modellansätze (vgl. Abbildung B.2)

$$\xi_1 = \frac{4}{15\,m_e} \int_0^\infty U^{3/2} f_2(U)\, \mathrm{d}U \bigg/ n_e \qquad (\text{B.38})$$

$$\xi_2 = \frac{4}{15\,m_e} \int_0^\infty U^{3/2} f_2(U)\, \mathrm{d}U \bigg/ \frac{\Gamma_e^2}{n_e} \qquad (\text{B.39})$$

$$\tilde{\xi}_0 = \frac{2}{3\,m_e} \int_0^\infty U^{5/2} f_0(U)\, \mathrm{d}U \bigg/ n_e \qquad (\text{B.40})$$

$$\tilde{\xi}_1 = \frac{2}{3\,m_e} \int_0^\infty U^{5/2} \left(f_0(U) + \frac{2}{5} f_2(U) \right) \mathrm{d}U \bigg/ n_e \qquad (\text{B.41})$$

$$\tilde{\xi}_2 = \frac{4}{15\,m_e} \int_0^\infty U^{5/2} f_2(U)\, \mathrm{d}U \bigg/ \frac{Q_e \Gamma_e}{n_e} \qquad (\text{B.42})$$

- Energieverlust in elastischen Stößen mit Schwerteilchen im Grundzustand (vgl. Abbildung B.4)

$$P^{\text{el}} = 2\frac{m_e}{m_h} \left(\frac{2}{m_e}\right)^{1/2} \int_0^\infty U^2 N Q_h^{\text{d}}(U) f_0(U)\, \mathrm{d}U \qquad (\text{B.43})$$

- Ratenkoeffizient eines unelastischen Elektron-Neutralteilchenstoßes mit einem Schwerteilchen der Spezies h (vgl. Abbildung B.5)

$$k_{h,r} = \left(\frac{2}{m_e}\right)^{1/2} \int_0^\infty U f_0(U) Q_{h,r}^{\text{in}}(U)\, \mathrm{d}U \bigg/ n_e \qquad (\text{B.44})$$

Der hier verwendete Ausdruck für die Beweglichkeiten b_e und $\tilde{b}_e$ ergibt sich mit der Annahme der räumlichen Homogenität unmittelbar aus der Gleichung (B.21) bzw. (B.25). Bei der Bestimmung der Koeffizienten wurden die ersten acht Entwicklungskoeffizienten berücksichtigt.

B Anhang zu Kapitel 2

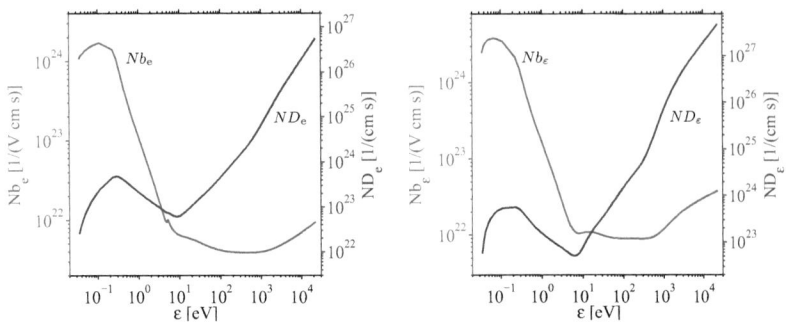

Abbildung B.1: Darstellung der Diffusionskoeffizienten und Beweglichkeiten der Elektronen. Es ist $D_\varepsilon := \tilde{D}_e/\varepsilon$ und $b_\varepsilon := \tilde{b}_e/\varepsilon$.

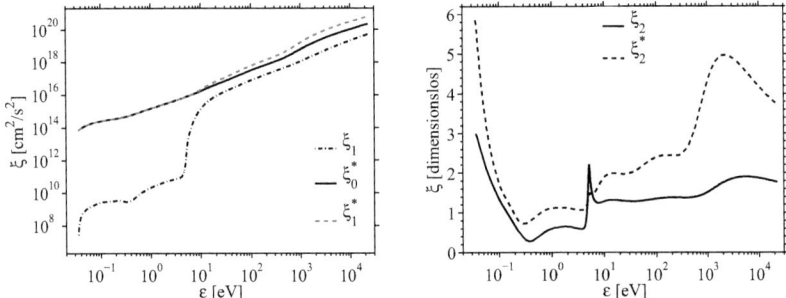

Abbildung B.2: Darstellung der ξ-Koeffizienten der neuen Modellansätze. Es ist $\xi_k^* := \tilde{\xi}_k/\varepsilon$

B.5 Transport- und Ratenkoeffizienten

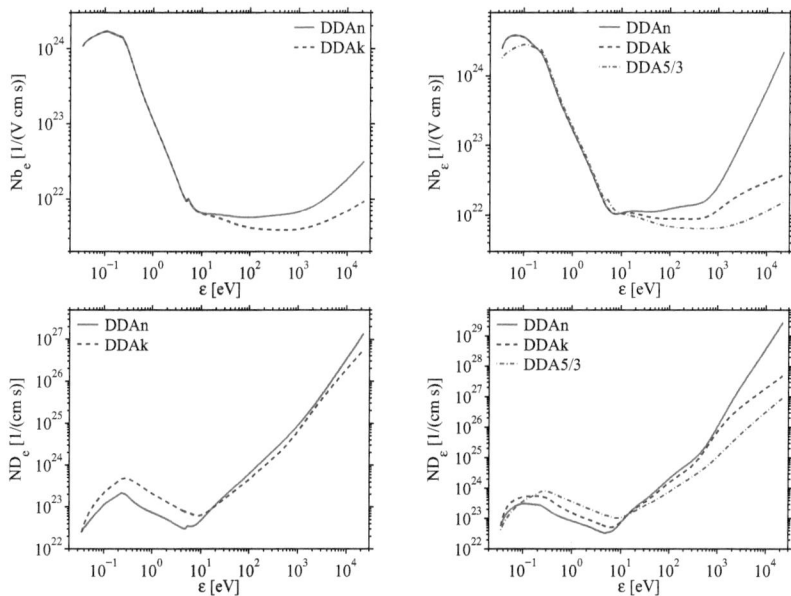

Abbildung B.3: Vergleich der Transportkoeffizienten der in Abschnitt 6.2.2 betrachteten neuen (DDAn) und konventionellen (DDAk / DDA5/3) Drift-Diffusionsmodelle. Zum Vergleich der Diffusionskoeffizienten wird für DDAn das Produkt des äußeren und des inneren Diffusionskoeffizienzten gebildet.

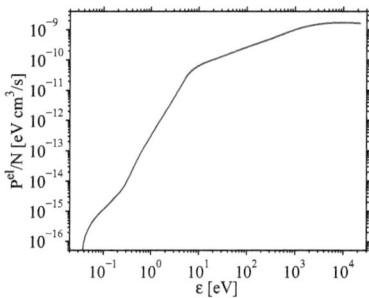

Abbildung B.4: Energieverlust in elastischen Stößen

B Anhang zu Kapitel 2

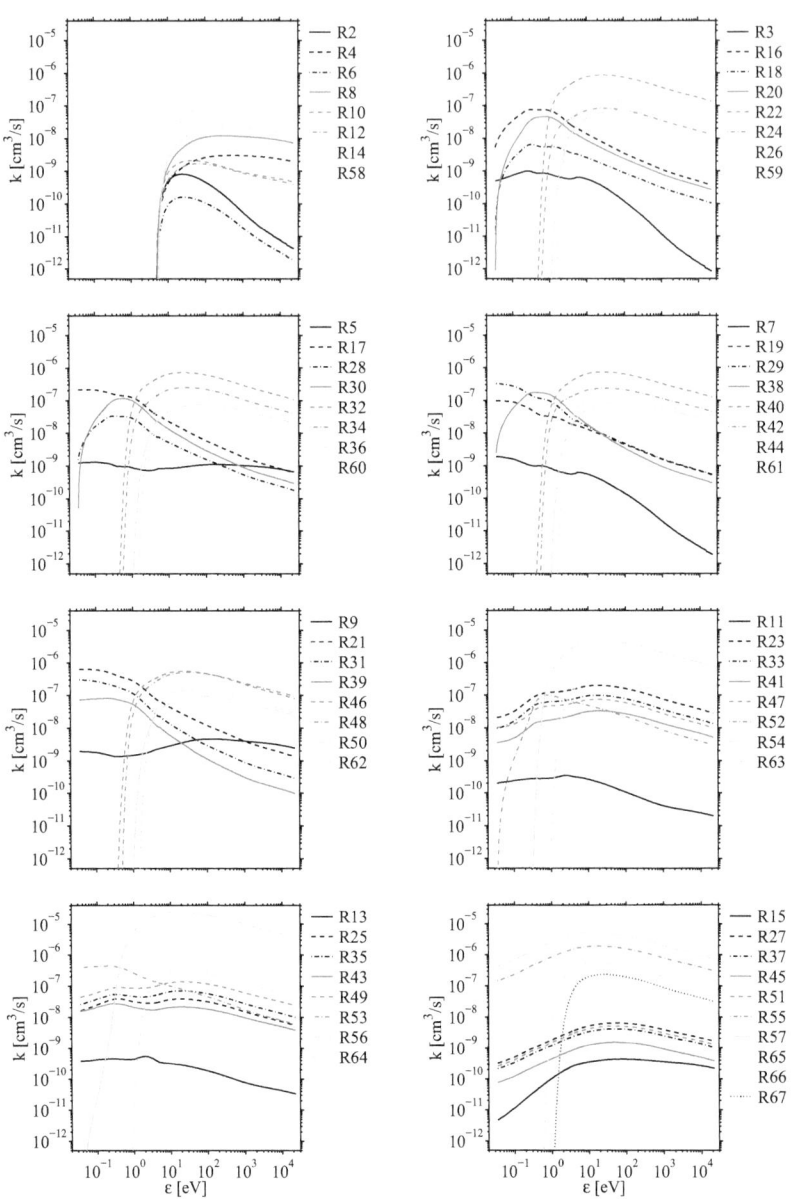

Abbildung B.5: Ratenkoeffizienten der Elektron-Neutralteilchenstoßprozesse

B.5.2 Transportkoeffizienten der Schwerteilchen

Die Beweglichkeit der Ar^+-Ionen sowie der Diffusionskoeffizient der metastabilen Argonatome wird nach Phelps und Petrović [29] bestimmt. Zur Bestimmung der Beweglichkeit der Ar_2^+-Ionen wird auf Daten aus [30] zurückgegriffen. Die Beweglichkeiten sind in Abhängigkeit von der reduzierten elektrischen Feldstärke E/N gegeben und in Abbildung B.6 dargestellt. Die Diffusionskoeffizienten der Ionen werden bestimmt gemäß der Einstein-Relation

$$D_\text{i} = \frac{k_\text{B} T_\text{i}}{e_0} b_\text{i} \,. \tag{B.45}$$

Der Diffusionskoeffizient der metastabilen Argonatome wird als konstant angenommen und hat den Wert $ND_\text{m} = 1.738 \times 10^{18}\ \text{cm}^{-1}\text{s}^{-1}$).

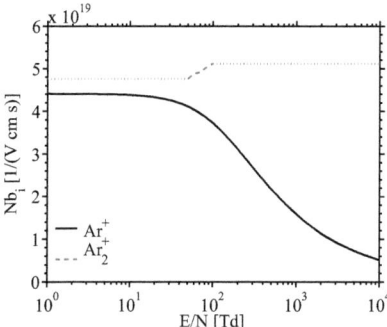

Abbildung B.6: Beweglichkeit der Ionen in Abhängigkeit von der reduzierten elektrischen Feldstärke E/N

C Anhang zu Kapitel 4

Ausgehend von der Publikation [31] von Hagelaar *et al.* wird im Folgenden gezeigt, wie der Term $-\partial_x\big(D_e n_e\big)$ in der Randbedingung

$$\Gamma_e \cdot \nu = (1 - r_e)\bigg(\llbracket -b_e E \cdot \nu n_e, 0 \rrbracket + \frac{1}{4} v_{\text{th},e} n_e - \frac{1}{2}\partial_x\big(D_e n_e\big) \cdot \nu\bigg) - \gamma \sum_i \llbracket \Gamma_i \cdot \nu, 0 \rrbracket \quad \text{(C.1)}$$

mittels Substitution ersetzt werden kann, wenn die Drift-Diffusionsnäherung

$$\Gamma_e = -\partial_x\big(D_e n_e\big) - b_e E n_e \quad \text{(C.2)}$$

zur Bestimmung der Teilchenstromdichte verwendet wird. Multiplikation von (C.2) mit der äußeren Einheitsnormalen ν und Gleichsetzen des resultierenden Ausdrucks mit (C.1) liefert

$$\begin{aligned}
&-\partial_x\big(D_e n_e\big) \cdot \nu - b_e E \cdot \nu n_e \\
&= (1 - r_e)\bigg(\llbracket -b_e E \cdot \nu n_e, 0 \rrbracket + \frac{1}{4} v_{\text{th},e} n_e - \frac{1}{2}\partial_x\big(D_e n_e\big) \cdot \nu\bigg) - \gamma \sum_i \llbracket \Gamma_i \cdot \nu, 0 \rrbracket \\
\Leftrightarrow \quad &-\frac{1}{2}\partial_x\big(D_e n_e\big) \cdot \nu\big(2 - (1 - r_e)\big) = b_e E \cdot \nu n_e \\
&\quad + (1 - r_e)\bigg(\llbracket -b_e E \cdot \nu n_e, 0 \rrbracket + \frac{1}{4} v_{\text{th},e} n_e\bigg) - \gamma \sum_i \llbracket \Gamma_i \cdot \nu, 0 \rrbracket \\
\Leftrightarrow \quad &-\frac{1}{2}\partial_x\big(D_e n_e\big) \cdot \nu(1 + r_e) = b_e E \cdot \nu n_e \\
&\quad + (1 - r_e)\bigg(\llbracket -b_e E \cdot \nu n_e, 0 \rrbracket + \frac{1}{4} v_{\text{th},e} n_e\bigg) - \gamma \sum_i \llbracket \Gamma_i \cdot \nu, 0 \rrbracket \\
\Leftrightarrow \quad &-\frac{1}{2}\partial_x\big(D_e n_e\big) \cdot \nu = \frac{1}{1 + r_e} b_e E \cdot \nu n_e \\
&\quad + \frac{1 - r_e}{1 + r_e}\bigg(\llbracket -b_e E \cdot \nu n_e, 0 \rrbracket + \frac{1}{4} v_{\text{th},e} n_e\bigg) - \frac{\gamma}{1 + r_e} \sum_i \llbracket \Gamma_i \cdot \nu, 0 \rrbracket. \quad \text{(C.3)}
\end{aligned}$$

C Anhang zu Kapitel 4

Wird (C.3) in (C.1) eingesetzt folgt

$$\begin{aligned}
\Gamma_e \cdot \nu &= (1 - r_e)\bigg(\llbracket -b_e E \cdot \nu n_e, 0 \rrbracket + \frac{1}{4} v_{\text{th},e} n_e \\
&\quad + \frac{1}{1 + r_e} b_e E \cdot \nu n_e + \frac{1 - r_e}{1 + r_e}\Big(\llbracket -b_e E \cdot \nu n_e, 0 \rrbracket + \frac{1}{4} v_{\text{th},e} n_e\Big) \\
&\quad - \frac{\gamma}{1 + r_e} \sum_i \llbracket \Gamma_i \cdot \nu, 0 \rrbracket\bigg) - \gamma \sum_i \llbracket \Gamma_i \cdot \nu, 0 \rrbracket \\
&= \frac{1 - r_e}{1 + r_e}\bigg(\llbracket -b_e E \cdot \nu n_e, 0 \rrbracket(1 + r_e) + \llbracket -b_e E \cdot \nu n_e, 0 \rrbracket(1 - r_e) + b_e E \cdot \nu n_e \\
&\quad + \frac{1}{4} v_{\text{th},e} n_e(1 + r_e) + \frac{1}{4} v_{\text{th},e} n_e(1 - r_e)\bigg) - \frac{2\gamma}{1 + r_e} \sum_i \llbracket \Gamma_i \cdot \nu, 0 \rrbracket \\
&= \frac{1 - r_e}{1 + r_e}\bigg(|b_e E \cdot \nu n_e| + \frac{1}{2} v_{\text{th},e} n_e\bigg) - \frac{2\gamma}{1 + r_e} \sum_i \llbracket \Gamma_i \cdot \nu, 0 \rrbracket. \quad\quad \text{(C.4)}
\end{aligned}$$

Der Ausdruck (C.4) kann bei Verwendung der Drift-Diffusionsnäherung als Randbedingung für die Teilchenbilanzgleichung der Elektronen gesetzt werden. Die Herleitung einer entsprechenden Randbedingung bei Verwendung der neuen Drift-Diffusionsnäherung (2.37) erfolgt analog. Ebenso kann die Randbedingung (4.26) für die Teilchenstromdichte der Schwerteilchen äquivalent umgeformt werden zu (4.28).

D Anhang zu Kapitel 5

D.1 Herleitung von EFCT

Das Einsetzen von $u_j^k = \xi^k \mathrm{e}^{\mathrm{i}j\beta}$ mit dem Phasenwinkel $\beta = \bar{k}\Delta x$ in das Differenzenschema (5.28) liefert die Gleichung

$$\begin{aligned}
\xi^{k+1}\mathrm{e}^{\mathrm{i}j\beta} = {}& \xi^k \mathrm{e}^{\mathrm{i}j\beta} - \frac{C}{2}\xi^k\big(\mathrm{e}^{\mathrm{i}(j+1)\beta} - \mathrm{e}^{\mathrm{i}(j-1)\beta}\big) \\
& + (\zeta - \mu)\xi^k\big(\mathrm{e}^{\mathrm{i}(j+1)\beta} - 2\mathrm{e}^{\mathrm{i}j\beta} + \mathrm{e}^{\mathrm{i}(j-1)\beta}\big) \\
& + \mu\frac{C}{2}\xi^k\big(\mathrm{e}^{\mathrm{i}(j+2)\beta} - 2\mathrm{e}^{\mathrm{i}(j+1)\beta} + 2\mathrm{e}^{\mathrm{i}(j-1)\beta} - \mathrm{e}^{\mathrm{i}(j-2)\beta}\big) \\
& - \mu\eta\xi^k\big(\mathrm{e}^{\mathrm{i}(j+2)\beta} - 4\mathrm{e}^{\mathrm{i}(j+1)\beta} + 6\mathrm{e}^{\mathrm{i}j\beta} - 4\mathrm{e}^{\mathrm{i}(j-1)\beta} + \mathrm{e}^{\mathrm{i}(j-2)\beta}\big).
\end{aligned} \qquad (\mathrm{D}.1)$$

Division beider Seiten dieser Gleichung durch $\xi^k \mathrm{e}^{\mathrm{i}j\beta}$ liefert für den Verstärkungsfaktor $G = \xi^{k+1}/\xi^k$ des Differenzenschemas den Ausdruck

$$\begin{aligned}
G = {}& 1 - \frac{C}{2}\big(\mathrm{e}^{\mathrm{i}\beta} - \mathrm{e}^{-\mathrm{i}\beta}\big) \\
& + (\zeta - \mu)\big(\mathrm{e}^{\mathrm{i}\beta} - 2 + \mathrm{e}^{-\mathrm{i}\beta}\big) \\
& + \mu\frac{C}{2}\big(\mathrm{e}^{2\mathrm{i}\beta} - 2(\mathrm{e}^{\mathrm{i}\beta} - \mathrm{e}^{-\mathrm{i}\beta}) - \mathrm{e}^{-2\mathrm{i}\beta}\big) \\
& - \mu\eta\big(\mathrm{e}^{2\mathrm{i}\beta} - 4(\mathrm{e}^{\mathrm{i}\beta} + \mathrm{e}^{-\mathrm{i}\beta}) + 6 + \mathrm{e}^{-2\mathrm{i}\beta}\big).
\end{aligned} \qquad (\mathrm{D}.2)$$

Mit Ausnutzung der aus der Eulerschen Formel

$$\mathrm{e}^{\mathrm{i}\varphi} = \cos(\varphi) + \mathrm{i}\sin(\varphi) \qquad (\mathrm{D}.3)$$

resultierenden Beziehungen

$$\mathrm{e}^{\mathrm{i}\varphi} + \mathrm{e}^{-\mathrm{i}\varphi} = 2\cos(\varphi) \qquad \text{und} \qquad \mathrm{e}^{\mathrm{i}\varphi} - \mathrm{e}^{-\mathrm{i}\varphi} = 2\mathrm{i}\sin(\varphi), \qquad (\mathrm{D}.4)$$

kann (D.2) vereinfacht werden zu

$$\begin{aligned}
G = {}& 1 - 2(\zeta - \mu)\big(1 - \cos(\beta)\big) - 2\mu\eta\big(3 - 4\cos(\beta) + \cos(2\beta)\big) \\
& - \mathrm{i}C\big((1 + 2\mu)\sin(\beta) - \mu\sin(2\beta)\big).
\end{aligned} \qquad (\mathrm{D}.5)$$

D.1 Herleitung von EFCT

Um den Amplitudenfehler

$$\mathcal{E}^{\mathrm{amp}}(\bar{k}) = 1 - |G(\bar{k})|^2 \tag{D.6}$$

des Differenzenschemas (5.28) zu bestimmen, muss das Quadrat des Betrages $|G|^2 = G \cdot \overline{G}$ ausgewertet werden, wobei $\overline{G}$ die komplex Konjugierte von G bezeichnet. Die Funktion $|G|^2$ ist hier gegeben durch

$$|G|^2 = \Big(1 - 2(\zeta - \mu)\big(1 - \cos(\beta)\big) - 2\mu\eta\big(3 - 4\cos(\beta) + \cos(2\beta)\big)\Big)^2$$
$$+ C^2\Big((1 + 2\mu)\sin(\beta) - \mu\sin(2\beta)\Big)^2. \tag{D.7}$$

Zur Bestimmung des Phasenfehlers wird der Ausdruck

$$\tan\big(k\,\bar{x}_{\mathrm{n}}(\bar{k})\big) = -\frac{\mathrm{Im}\big(G(\bar{k})\big)}{\mathrm{Re}\big(G(\bar{k})\big)} \tag{D.8}$$

genauer untersucht. Die Entwicklung von Sinus, Kosinus und Arkustangens in einer Taylorreihe liefert für den Amplitudenfehler und den Phasenfehler die Abschätzungen[1]

$$\mathcal{E}^{\mathrm{amp}}(\bar{k}) = \Big(-C^2 - 2\mu + 2\zeta\Big)\beta^2$$
$$+ \frac{1}{6}\Big(C^2(2 - 12\mu) - 6\mu^2 - \zeta(1 + 6\zeta) + \mu\big(1 + 12(\eta + \zeta)\big)\Big)\beta^4 + \mathcal{O}(\beta^6) \tag{D.9}$$

$$\mathcal{E}^{\mathrm{ph}}(\bar{k}) = \left(-\frac{1}{6} - \frac{C^2}{3} + \zeta\right)\beta^2$$
$$+ \left(\frac{1}{120} + \frac{C^4}{5} + \eta\mu + C^2\left(\frac{1}{6} - \zeta\right) - \frac{\zeta}{4} - \mu\zeta + \zeta^2\right)\beta^4 + \mathcal{O}(\beta^5). \tag{D.10}$$

Das Nullsetzen der Terme zweiter Ordnung in (D.9) sowie der Terme zweiter und vierter Ordnung in (D.10) liefert die optimalen Parameter

$$\zeta = \frac{1}{6}\big(1 + 2C^2\big), \quad \mu = \frac{1}{6}\big(1 - C^2\big) \quad \text{und} \quad \eta = \frac{1}{5}\big(1 + C^2\big). \tag{D.11}$$

---

[1] Die Berechnungen dieser Ausdrücke wurde mit dem Computeralgebrasystem MATHEMATICA durchgeführt.

D Anhang zu Kapitel 5

D.2 Monotone Matrizen

Eine reguläre Matrix A heißt *monoton* wenn $A^{-1} \geq 0$ ist. Es gilt [32, 33]

$$A^{-1} \geq 0 \quad \Leftrightarrow \quad \left(A\boldsymbol{u} \geq \boldsymbol{0} \quad \Rightarrow \quad \boldsymbol{u} \geq \boldsymbol{0} \right). \tag{D.12}$$

Eine monotone Matrix A wird als *M-Matrix* bezeichnet, wenn $A_{ij} \leq 0 \, \forall \, j \neq i$ ist. Die gleichzeitige Gültigkeit der folgenden Bedingungen ist eine hinreichende Bedingung dafür, dass A eine M-Matrix ist:

1. Alle Diagonalelemente von A sind positiv, das heißt es ist

$$A_{ii} > 0 \quad \forall \, i\,. \tag{D.13a}$$

2. Alle Nebendiagonalelemente von A sind nicht positiv, das heißt es ist

$$A_{ij} \leq 0 \quad \forall \, j \neq i\,. \tag{D.13b}$$

3. A ist strikt diagonaldominant, das heißt es ist

$$\sum_j A_{ij} > 0 \quad \forall \, i\,. \tag{D.13c}$$

D.3 Modifizierter Thomas-Algorithmus

Wird zur Lösung linearer Gleichungssysteme mit Tridiagonalmatrix der Thomas-Algorithmus verwendet, muss dieser modifiziert werden, um in impliziten Zeitschrittverfahren Randwerte mittels Extrapolation bestimmen zu können.

Zur Herleitung einer entsprechenden Modifikation wird ein N-dimensionales lineares Gleichungssystem der Form

$$b_1 x_1 + c_1 x_2 + \gamma x_3 = d_1 \tag{D.14}$$

$$a_i x_{i-1} + b_i x_i + c_i x_{i+1} = d_i \quad i = 2, \ldots, N-1 \tag{D.15}$$

$$\alpha x_{N-2} + a_N x_{N-1} + b_N x_N = d_N \tag{D.16}$$

betrachtet. Der Thomas-Algorithmus führt für $i = 1, \ldots, N$ sukzessiv folgende Schritte aus:

1. Teile die i-te Gleichung durch $\tilde{b}_i$

2. subtrahiere das a_{i+1}-fache der i-ten Gleichung von der $i+1$-ten Gleichung

D.3 Modifizierter Thomas-Algorithmus

Dieses Vorgehen liefert explizite Ausdrücke für alle x_i, $i = 1, \ldots, N$, die ausschließlich von x_j mit $j > i$ abhängen, so dass mittels Rückwärtssubstitution anschließend alle x_i bestimmt werden können. Für $i = 1$ folgt

$$x_1 + \frac{c_1}{b_1}x_2 + \frac{\gamma}{b_1} = \frac{d_1}{b_1}. \tag{D.17}$$

Subtraktion des a_2-fachen dieser Gleichung von der Gleichung für x_2 liefert

$$a_2 x_1 + b_2 x_2 + c_2 x_3 - a_2 \left(x_1 + \frac{c_1}{b_1}x_2 + \frac{\gamma}{b_1}x_3 \right) = d_2 - a_2 \frac{d_1}{b_1} \tag{D.18}$$

$$\Leftrightarrow \quad \left(b_2 - a_2 \frac{c_1}{b_1} \right) x_2 + \left(c_2 - a_2 \frac{\gamma}{b_1} \right) x_3 = d_2 - a_2 \frac{d_1}{b_1} \tag{D.19}$$

$$\Leftrightarrow \quad \tilde{b}_2 x_2 + \tilde{c}_2 x_3 = \tilde{d}_2 \tag{D.20}$$

mit

$$\tilde{b}_2 = b_2 - a_2 \frac{c_1}{b_1} \tag{D.21}$$

$$\tilde{c}_2 = c_2 - a_2 \frac{\gamma}{b_1} \tag{D.22}$$

$$\tilde{d}_2 = d_2 - a_2 \frac{d_1}{b_1}. \tag{D.23}$$

Der zusätzliche Koeffizient γ ist somit bei der Bestimmung von $\tilde{c}_2$ zu berücksichtigen.

Um die nötige Modifikation zur Berücksichtigung des zusätzlichen Terms αx_{N-2} abzuleiten, wird die Gleichung zur Bestimmung von x_N

$$\alpha x_{N-2} + a_N x_{N-1} + b_N x_N = d_N \tag{D.24}$$

betrachtet. Hier müssen x_{N-2} und x_{N-1} eliminiert werden. Die entsprechenden expliziten Ausdrücke ergeben sich zu

$$x_{N-2} + \tilde{c}_{N-2} x_{N-1} = \tilde{d}_{N-2} \tag{D.25}$$

$$x_{N-1} + \tilde{c}_{N-1} x_N = \tilde{d}_{N-1}. \tag{D.26}$$

Mit Subtraktion des $\tilde{c}_{N-2}$-fachen der Gleichung (D.26) von Gleichung (D.25) folgt

$$x_{N-2} + \tilde{c}_{N-2} x_{N-1} - \tilde{c}_{N-2} x_{N-1} - \tilde{c}_{N-2} \tilde{c}_{N-1} x_N = \tilde{d}_{N-2} - \tilde{c}_{N-2} \tilde{d}_{N-1} \tag{D.27}$$

$$\Leftrightarrow \quad x_{N-2} - \tilde{c}_{N-2} \tilde{c}_{N-1} x_N = \tilde{d}_{N-2} - \tilde{c}_{N-2} \tilde{d}_{N-1}. \tag{D.28}$$

D Anhang zu Kapitel 5

Die Subtraktion des α-fachen der Gleichung (D.28) und des a_N-fachen der Gleichung (D.26) von Gleichung (D.24) liefert

$$\left(b_N - a_N \tilde{c}_{N-1} + \alpha \tilde{c}_{N-2} \tilde{c}_{N-1}\right) x_N$$
$$= d_N - \left(a_N - \alpha \tilde{c}_{N-2}\right) \tilde{d}_{N-1} - \alpha \tilde{d}_{N-2} \qquad (D.29)$$

$$\Leftrightarrow \qquad x_N = \frac{\tilde{d}_N}{\tilde{b}_N} \qquad (D.30)$$

mit

$$\tilde{b}_N = b_N - a_N \tilde{c}_{N-1} + \alpha \tilde{c}_{N-2} \tilde{c}_{N-1} \qquad (D.31)$$
$$\tilde{d}_N = d_N - \left(a_N - \alpha \tilde{c}_{N-2}\right) \tilde{d}_{N-1} - \alpha \tilde{d}_{N-2}. \qquad (D.32)$$

Somit müssen die Gleichungen zur Bestimmung von $\tilde{b}_N$ und $\tilde{d}_N$ gemäß (D.31) und (D.32) modifiziert werden.

E Anhang zu Kapitel 6

In Abschnitt 6.4 wurde das raumzeitliche Verhalten einer Atmosphärendruckglimmentladung untersucht. Dabei wurde bei der Darstellung der Ladungsträgerdichten sowie der Ionisations- und Rekombinationsraten ein Ausschnitt des Entladungsspalts gezeigt. Die Abbildung E.1 veranschaulicht die entsprechenden Ergebnisse für das gesamte Entladungsgebiet. Wie im Text bereits diskutiert, sind sowohl die Teilchendichten als auch die Raten außerhalb eines kleinen Bereichs vor den Elektroden räumlich homogen. Das Kathodengebiet bei $x = 0$ wurde im Abschnitt 6.4 genauer untersucht. Auf das Anodengebiet soll hier nicht weiter eingegangen werden.

E Anhang zu Kapitel 6

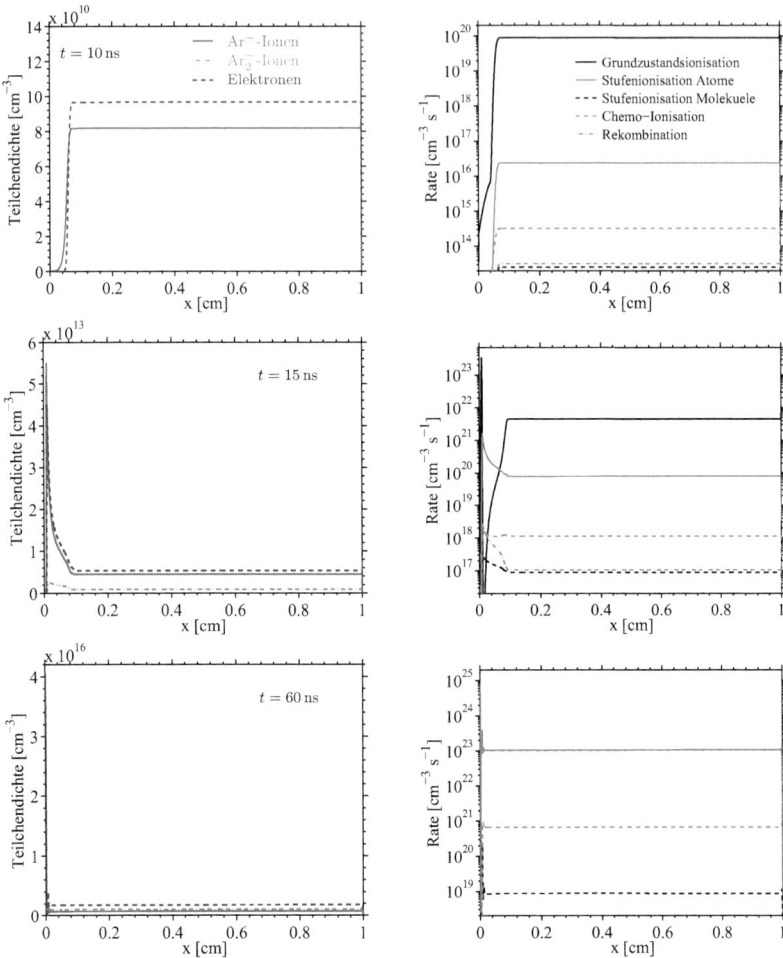

Abbildung E.1: Teilchendichten der Ladungsträger (links) sowie Elektronenerzeugungs- und Elektronenvernichtungsprozesse (rechts) bei $t = 10$ ns (Startphase), $t = 15$ ns (Zündphase) und $t = 60$ ns (quasistationärer Zustand).

Literaturverzeichnis des Anhangs

[1] D. B. Graves and K. F. Jensen. A Continuum Model of DC and RF Discharges. *IEEE Trans. Plasma Sci.*, 14:78–91, 1986.

[2] C. E. Moore. *Atomic Energy Levels Vol. I*, volume 467 of *Circular of the National Bureau of Standards*. U. S. Government Printing Office, Washington, D.C., 1949.

[3] P. Millet, A. Birot, H. Brunet, H. Dijolis, J. Galy and Y. Salamero. Spectroscopic and kinetic analysis of the VUV emissions of argon and argon-xenon mixtures. I. Study of pure argon. *J. Phys. B: At. Mol. Phys.*, 15:2935–2944, 1982.

[4] V. E. Golant, A. P. Zilinskij, I. E. Sacharov and S. C. Brown. *Fundamentals of plasma physics*. Wiley, New York, 1980.

[5] M. M. Becker, D. Loffhagen and W. Schmidt. A stabilized finite element method for modeling of gas discharges. *Comput. Phys. Commun.*, 180:1230–1241, 2009.

[6] M. Hayashi, 1994. Private Mitteilung.

[7] K. Bartschat, 1998. Private Mitteilung.

[8] M. Hayashi. Plasma Material Science Handbook Appendix 3. Technical report, Tokyo, 1992.

[9] O. Zatsarinny and K. Bartschat. B-spline Breit-Pauli R-matrix calculations for electron collisions with argon atoms. *J. Phys. B: Atom. Molec. Phys.*, 37: 4693–4706, 2004.

[10] L. Vriens and A. H. M. Smeets. Cross-section and rate formulas for electron-impact ionization, excitation, deexcitation, and total depopulation of excited atoms. *Phys. Rev. A*, 22:940–951, 1980.

[11] K. Bartschat and V. Zeman. Electron-impact excitation from the (3p(5)4s) metastable states of argon. *Phys. Rev. A*, 59:2552–2254, 1999.

[12] D. Rapp and P. Englander-Golden. Total Cross Sections for Ionization and Attachment in Gases by Electron Impact. I. Positive Ionization. *J. Chem. Phys.*, 43:1464–1479, 1965.

[13] M. R. Flannery and K. J. McCann. Cross sections for ionization of rare gas excimers by electron impact and atomic and molecular processes in excimer laser. Technical report, March 1980.

[14] J. N. Bardsley and M. A. Biondi. Dissociative recombination. *Adv. At. Mol. Phys.*, 6:1–57, 1970.

[15] N. B. Kolokolov, A. A. Kudrjavtsev and A. B. Blagoev. Interaction processes with creation of fast electrons in the low temperature plasma. *Physica Scripta*, 50:371–402, 1994.

[16] E. W. McDaniel. *Ion-molecule reactions*. Wiley-Interscience, New York, NY, 1970.

[17] R. S. F. Chang and D. W. Setser. Radiative lifetimes and two-body deactivation rate constants for Ar(3p5, 4p) and Ar(3p5,4p') states. *J. Chem. Phys.*, 69:3885–3897, 1978.

[18] J. H. Kolts and D. W. Setser. Decay rates of Ar(4s,3P2), Ar(4s',3P0), Kr(5s,3P2), and Xe(6s,3P2) atoms in argon. *J. Chem. Phys.*, 68:4848–4859, 1978.

[19] R. F. Firestone, T. Oka and S. Takao. Kinetics and mechanisms for the decay of Paschen (1s) resonance state argon atoms. *J. Chem. Phys.*, 70:123–130, 1979.

[20] Y. Golubovskii, S. Gorchakov, D. Loffhagen and D. Uhrlandt. Influence of the resonance radiation transport on plasma parameters. *Eur. Phys. J. AP*, 37:101–104, 2007.

[21] W. L. Wiese, J. W. Brault, K. Danzmann, V. Helbig and M. Kock. Unified set of atomic transition probabilities for neutral argon. *Phys. Rev. A*, 39:2461–2471, 1989.

[22] W. L. Wiese, M. W. Smith and B. M. Miles. Atomic transition probabilities vol. ii. Technical Report Natl. Stand. Ref. Data Ser., Natl. Bur. Stand. (U.S.) Circ No. NSRDS-NBS 22, U.S. GPO, 1969.

[23] L. M. Biberman. *Zh. Eksp. Teor. Fiz.*, 17:416–426, 1947.

[24] G. M. Lawrence. Radiance Lifetimes in the Resonance Series of Ar I. *Phys. Rev.*, 175:40–44, 1968.

[25] F. Cap. *Einführung in die Plasmaphysik I*. Akad.-Verl., Berlin, 2. edition, 1975.

[26] D. Loffhagen and R. Winkler. Multi-term treatment of the temporal electron relaxation in He, Xe and IMG plasmas. *Plasma Sources Sci. Technol.*, 5:710–719, 1996.

[27] D. Loffhagen, R. Winkler and G. L. Braglia. Two-Term and multi-term approximation of the nonstationary electron velocity distribution in an electric field in a gas. *Plasma Chem. Plasma Process.*, 16:287–300, 1996.

[28] H. Leyh, D. Loffhagen and R. Winkler. A new multi-term solution technique for the electron Boltzmann equation weakly ionized steady-state plasmas. *Comput. Phys. Commun.*, 113:33–48, 1998.

[29] A. V. Phelps and Z. L. Petrovic. Cold-cathode discharges and breakdown in argon: surface and gas phase production of secondary electrons. *Plasma Sources Sci. Technol.*, 8:R21–R44, 1999.

[30] H. W. Ellis, M. G. Thackston and E. W. McDaniel. Transport properties of gaseous ions over a wide energy range. Part III. *At. Data and Nucl. Data Tables*, 31:113–151, 1984.

[31] G. J. M. Hagelaar, F. J. d. Hoog and G. M. W. Kroesen. Boundary conditions in fluid models of gas discharges. *Phys. Rev. E*, 62:1452–1454, 2000.

[32] R. S. Varga. *Matrix iterative analysis*. Springer, Berlin, 2. edition, 2000.

[33] D. Kuzmin. Explicit and implicit FEM-FCT algorithms with flux linearization. *J. Comput. Phys.*, 228:2517–2534, 2009.

Literaturverzeichnis des Anhangs

Dank

Zuerst bedanke ich mich bei meinem Betreuer Priv.-Doz. Dr. Detlef Loffhagen, der mir die Möglichkeit gegeben hat, diese vielseitige und interessante Problemstellung zu bearbeiten. Ich bedanke mich dafür, dass jederzeit eine Diskussion stattfinden konnte, dass ich sehr dabei unterstützt wurde meine Ideen umzusetzen und dass ich besonders in den letzten Monaten motiviert wurde, diese Arbeit zu einem Abschluss zu bringen, was in Anbetracht der vielen interessanten Aufgabenstellungen am INP nicht immer einfach war. Zudem bedanke ich mich bei allen Kollegen und ehemaligen Kollegen am INP, die mich in meiner Arbeit unterstützt haben. Dazu zählen insbesondere Dr. Florian Sigeneger, Dr. Sergej Gorchakov, Dr. Gordon Grubert und Dr. Margarita Baeva.

Weiter bedanke ich mich bei Prof. Leonhard Bittner, Prof. Werner Schmidt, Prof. Bernd Kugelmann und den Mitarbeitern der Arbeitsgruppe Numerik am Institut für Mathematik für die Möglichkeit, im Forschungsseminar meine Ergebnisse und offenen Fragestellungen diskutieren zu können. Ein besonderer Dank geht an Prof. Werner Schmidt, dem ich es nach der intensiven Betreuung meiner Bachelor- und Diplomarbeiten und der Unterstützung meiner Bewerbung am INP mit zu verdanken habe, dass ich diese Dissertationsschrift anfertigen konnte.

Ein herzlicher Dank geht an meine Eltern und meine Schwestern, die mich seit dem Studium durch ihre Wertschätzung zu guten Leistungen motiviert haben und ganz besonders an meine liebe Frau Janina, die es uns ermöglicht hat, „neben meiner Arbeit" eine großartige Familie zu gründen.

i want morebooks!

Buy your books fast and straightforward online - at one of world's fastest growing online book stores! Environmentally sound due to Print-on-Demand technologies.

Buy your books online at
www.get-morebooks.com

Kaufen Sie Ihre Bücher schnell und unkompliziert online – auf einer der am schnellsten wachsenden Buchhandelsplattformen weltweit! Dank Print-On-Demand umwelt- und ressourcenschonend produziert.

Bücher schneller online kaufen
www.morebooks.de

VDM Verlagsservicegesellschaft mbH
Heinrich-Böcking-Str. 6-8   Telefon: +49 681 3720 174   info@vdm-vsg.de
D - 66121 Saarbrücken   Telefax: +49 681 3720 1749   www.vdm-vsg.de

Printed by Books on Demand GmbH, Norderstedt / Germany